教育部高等学校材料类专业教学指导委员会规划教材

土木工程材料系列教材

混凝土外加剂

冉千平 孔祥明 主编
舒 鑫 副主编

CONCRETE ADMIXTURES

化学工业出版社

·北 京·

内容简介

《混凝土外加剂》根据外加剂主要作用阶段（从混凝土浇筑、凝结、硬化到服役）和其发挥的主要功能进行了合理分类，介绍了流变调控类、水泥水化与凝结调控类、减缩抗裂类、耐久性提升类以及其他类型外加剂，最后介绍了外加剂的选择及在典型混凝土中的应用。

为便于读者学习和掌握，每类外加剂都介绍了与其功效发挥和作用机理密切相关的水泥化学、物理化学和混凝土材料等基础知识，以及外加剂定义与品种、作用机理及性能与应用技术，并结合新时代混凝土工程发展需求，适当增加了部分外加剂前沿研究与发展趋势的相关内容，并在此基础上以典型混凝土为实例，详细介绍了外加剂的选择与组合、应用效果。全书内容兼有广度、深度和实用性。

本书适合建筑材料、无机非金属材料、土木工程、交通工程、水利工程等专业的本科生和研究生作为教材使用，也可供从事水泥混凝土、混凝土外加剂研究的科技人员，从事混凝土结构设计、研究、施工的工程技术人员参考，同时对高分子材料、精细化工等其他学科的科技工作者和学生亦有借鉴价值。

图书在版编目（CIP）数据

混凝土外加剂 / 冉千平，孔祥明主编 ；舒鑫副主编.
北京 ： 化学工业出版社，2025. 5. -- （教育部高等学校材料类专业教学指导委员会规划教材）. -- ISBN 978-7-122-47569-5

Ⅰ. TU528.042

中国国家版本馆 CIP 数据核字第 2025S4R198 号

责任编辑：陶艳玲　窦　臻　　　　　文字编辑：张亿鑫
责任校对：宋　夏　　　　　　　　　装帧设计：史利平

出版发行：化学工业出版社
　　　　　（北京市东城区青年湖南街 13 号　邮政编码 100011）
印　　装：三河市君旺印务有限公司
787mm×1092mm　1/16　印张 14　字数 339 千字
2025 年 9 月北京第 1 版第 1 次印刷

购书咨询：010-64518888　　　　售后服务：010-64518899
网　　址：http://www.cip.com.cn
凡购买本书，如有缺损质量问题，本社销售中心负责调换。

定　　价：48.00 元　　　　　　　　版权所有　违者必究

土木工程材料系列教材编写委员会

编号	单位	编委	编号	单位	编委
41	长沙理工大学	吕松涛、高英力	56	北京服装学院	张力冉
42	长安大学	李晓光	57	北京城市学院	陈辉
43	兰州理工大学	张云升、乔红霞	58	青海大学	吴成友
44	沈阳建筑大学	戴民、张淼、赵宇	59	西北农林科技大学	李黎
45	安徽建筑大学	丁益、王爱国	60	北京建筑大学	宋少民、王琴、李飞
46	吉林建筑大学	肖力光	61	盐城工学院	罗驹华、胡月阳
47	山东建筑大学	徐丽娜、隋玉武	62	湖南工学院	袁龙华
48	湖北工业大学	贺行洋	63	贵州师范大学	杜向琴、陈昌礼
49	苏州科技大学	宋旭艳	64	北方民族大学	傅博
50	宁夏大学	王德志	65	深圳信息职业技术学院	金宇
51	重庆交通大学	梅迎军、郭鹏	66	中国建筑材料科学研究总院	张文生、叶家元
52	天津城建大学	荣辉	67	江苏苏博特新材料股份有限公司	舒鑫、于诚、乔敏
53	内蒙古科技大学	杭美艳	68	上海隧道集团	朱永明
54	华北理工大学	封孝信	69	建华建材（中国）有限公司	李彬彬
55	南京林业大学	张文华	70	北京预制建筑工程研究院有限公司	杨思忠

土木工程材料系列教材清单

序号	教材名称	主编	单位
1	《无机材料科学基础》	史才军 王晴	湖南大学 沈阳建筑大学
2	《土木工程材料》（英文版）	史才军 魏亚	湖南大学 清华大学
3	《现代胶凝材料学》	王发洲	武汉理工大学
4	《混凝土材料学》	刘加平 杨长辉	东南大学 重庆大学
5	《水泥与混凝土制品工艺学》	孙振平 崔素萍	同济大学 北京工业大学
6	《现代水泥基材料测试分析方法》	史才军 元强	湖南大学 中南大学
7	《功能建筑材料》	王冲 陈伟	重庆大学 武汉理工大学
8	《无机材料计算与模拟》	张云升	东南大学/兰州理工大学
9	《混凝土材料和结构的劣化与修复》	蒋正武 邢锋	同济大学 广州大学
10	《混凝土外加剂》	冉千平 孔祥明	东南大学 清华大学
11	《先进土木工程材料新进展》	史才军	湖南大学
12	《水泥混凝土化学》	沈晓冬	南京工业大学
13	《废弃物资源化与生态建筑材料》	王栋民 李辉	中国矿业大学（北京）西安建筑科技大学

《混凝土外加剂》编写人员

东南大学	冉千平
清华大学	孔祥明
同济大学	孙振平、卢子臣
重庆大学	黄 弘
哈尔滨工业大学	周春圣、赵 雷
长安大学	何 锐、陈华鑫、尹艳平
华南理工大学	胡 捷
长沙理工大学	向顺成
北京服装学院	张力冉
沈阳建筑大学	戴 民
北京交通大学	张艳荣
湖南工学院	王文革
内蒙古科技大学	杭美艳
深圳大学	王险峰
云南大学	任 骏
北京工业大学	刘 晓
西安建筑科技大学	史 琛
浙江大学	赖俊英
青岛理工大学	张 鹏
黑龙江省城乡建设研究所	朱广祥
江苏苏博特新材料股份有限公司	舒 鑫、李 华、乔 敏、蔡景顺、毛永琳、王 伟、于 诚、陈 健、胡 聪、张倩倩、周栋梁、刘金芝、杨 勇、张建纲、黄 振、曾鲁平、王育江、田 倩、高南箫、王文彬、穆 松、单广程、沈 斐、马 麒、刘 凯、陆加越、赵 爽、张守治、徐 文

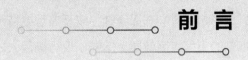

前　言

　　21 世纪以来，我国建成了世界最大的高速铁路网、高速公路网，同时，在机场、港口、水利、能源、信息等领域的基础设施建设方面取得了令世界瞩目的显著成就。水泥混凝土是支撑国家重大基础建设的物质基础，混凝土外加剂则是水泥混凝土技术的核心，没有混凝土外加剂，就没有现代混凝土。

　　混凝土外加剂是一类在混凝土拌制之前或拌制过程中加入的功能材料，它可以调控混凝土拌合物流变与施工性能，提高力学性能，改善体积稳定性和耐久性，还可大幅降低每立方米混凝土中水泥的用量，提高工业固废在混凝土中的利用率，是配制高流态、超高强、高抗裂和高耐久混凝土的关键组分。因此，混凝土外加剂在实现现代混凝土技术变革、助力水泥混凝土行业"碳达峰""碳中和"进程中发挥着不可替代的作用。党的二十大报告提出，要构建优势互补、高质量发展的区域经济布局和国土空间体系，加快建设西部陆海新通道，推动共建"一带一路"高质量发展；要加快发展方式绿色转型、积极稳妥推进"碳达峰""碳中和"，促进人与自然和谐共生。国土空间扩容使得重大混凝土结构工程面临更为严苛的服役环境，对混凝土性能和功能提出了过去难以实现的超高要求，促进新的外加剂品种不断涌现；国家资源环境约束趋紧、环保要求趋严，优质的天然砂石和粉煤灰等混凝土原材料日渐稀缺，机制砂等人工骨料和煤矸石、工业副产石膏等使用量与日俱增，增加了现代混凝土组成材料的多样性和不确定性，使得外加剂与原材料间的相互作用变得更为复杂。混凝土工程结构形式不同，施工和服役环境不同，原材料来源和性质各异，对混凝土外加剂的品种和性能要求也不尽相同，即混凝土外加剂的使用具有很强的针对性。这就要求从事混凝土及混凝土外加剂研究的科研人员以及从事混凝土结构设计、施工的工程技术人员不仅要具备较系统的混凝土理论知识，还要对混凝土外加剂及应用技术有深入了解。

　　混凝土外加剂品种繁多，功能各异，用途广泛，因此本书在编写过程中，按照外加剂主要作用阶段（浇筑、凝结、硬化、服役）和其发挥的主要功能，将其分为五大类：流变调控类外加剂、水泥水化与凝结调控类外加剂、减缩抗裂类外加剂、耐久性提升类外加剂以及其他类型外加剂。每类外加剂都先介绍了与其功效发挥和作用机理密切相关的水泥化学、物理化学和混凝土材料等相关基础知识，以及外加剂定义与品种、作用机理、性能与应用技术，部分外加剂还介绍了其发展趋势。随后，详细介绍了根据工程需求并兼顾外加剂对人、生态和环境影响的科学选择原则，以及典型或特种混凝土对外加剂的性能要求、组合方案及复合外加剂的工程应用效果。本书不仅可满足人才培养对知识的基本需要，还体现了新时代行业发展的最新需求和特点，内容兼有广度、深度和实用性。

本书是编者结合多年的科研实践、工程经验以及近年来国内外混凝土外加剂的研究成果编写而成的，共分7章，包括绪论、流变调控类外加剂、水泥水化与凝结调控类外加剂、减缩抗裂类外加剂、耐久性提升类外加剂、其他类型外加剂和外加剂的选择及在典型混凝土中的应用。第1章由冉千平、孙振平编写，第2章由舒鑫、冉千平、孔祥明、张力冉、乔敏、任骏、赵雷、陈健、胡聪、张倩倩、周栋梁、刘金芝、杨勇、黄振编写，第3章由孔祥明、王伟、黄弘、卢子臣、刘晓、于诚、史琛、张建纲、曾鲁平编写，第4章由李华、王育江、田倩、孙振平、孔祥明、张艳荣、高南箫、王文彬、何锐、赖俊英编写，第5章由蔡景顺、穆松、周春圣、乔敏、胡捷、陈华鑫、尹艳平、沈斐、马麒、刘凯、张鹏编写，第6章由乔敏、卢子臣、戴民、刘晓、单广程编写，第7章由毛永琳、冉千平、孙振平、张建纲、陆加越、赵爽、杭美艳、王文革、张守治、任骏、王险峰、刘晓、向顺成、李华、徐文、于诚、戴民、朱广祥、孔祥明、张力冉编写，全书由冉千平、舒鑫统稿。

本书入选了教育部高等学校材料类专业教学指导委员会规划教材建设项目，得到了东南大学学术专著和教材出版经费资助。湖南大学史才军教授和雷蕾教授、北京工业大学王子明教授、南京大学吴石山教授、东南大学秦鸿根教授和冯攀教授以及左文强教授对本书进行了审定，并提出了许多宝贵意见，在此向他们表示感谢。

鉴于土木工程正不断向深海、深地、深空等领域拓展，外加剂必将不断发展，原有的理论还在不断完善，新的机理也将出现，因此，与之相应的混凝土外加剂教材也不应是一成不变的。本书在撰写过程中，参考了诸多前辈和同行的书籍和公开发表的文献，在此表示感谢；此外，限于编者的水平，本书的内容仅能部分反映外加剂发展的现有水平，在内容的选取、编排和总结上，不足之处在所难免，敬请广大读者给予批评指正。

编者
2025年1月

目 录

第 1 章　绪论

第 2 章　流变调控类外加剂

第 3 章　水泥水化与凝结调控类外加剂

第 4 章　减缩抗裂类外加剂

第 5 章　耐久性提升类外加剂

第 6 章　其他类型外加剂

第 7 章　外加剂的选择及在典型混凝土中的应用

跨入 21 世纪以来，在党中央坚强领导下，广大科技工作者和一线建设者奋发有为、砥砺前行，创造了一个又一个工程建设的奇迹。全长 55 公里的港珠澳大桥，被誉为桥梁界的珠穆朗玛峰，从设计到建成历时 15 年，可抵御 16 级台风和 8 级地震，设计使用寿命长达 120 年，是世界上里程最长、综合建造难度最大的跨海大桥；全长约 2335 米，坝顶高程 185 米，正常蓄水高程 175 米的三峡水电站，是世界上建成的最大的水力发电工程，多项指标世界第一；世界高铁看中国，中国高铁看京沪，全长 1318 千米，纵贯我国东部七省市的京沪高铁，是世界上一次建成里程最长、标准最高的高速铁路，运营速度达 350 公里每小时，成为领跑世界的高铁标杆。此外，一大批超级工程正在建设或规划建设中，全长 1800 多公里、海拔落差 3000 多米，隧道比例大于 80%、最大埋深超 2000 米的某高原铁路，是人类历史上最具有挑战性的铁路工程；某水电基地，全线落差达 2000 米以上，理论装机容量可达 6000 万～7000 万千瓦，相当于约三个三峡水电站；全长 17.9 公里的胶州湾第二海底隧道是世界在建规模最大、长度最长的海底公路隧道，承受相当于最大水深约 100 米的海水压力，是世界上穿越大规模断层的最大断面海底隧道。这些不断刷新着世界纪录的史诗级重大工程，不仅彰显了中国速度和中国智慧，也生动诠释了中国人民为了实现中国梦而不懈奋斗的拼搏精神。

水泥混凝土是国家重大工程建设的主体，是实施"海洋强国""交通强国""区域协调发展"等国家战略和"一带一路"倡议的物质基础，对全面建成社会主义现代化强国、实现第二个百年奋斗目标至关重要。**混凝土外加剂**（concrete admixture）是近几十年来化学、材料、土木、建筑等多学科交叉发展起来的一类新材料，是水泥混凝土技术的核心。工程实践证明，外加剂用量小、作用大，可调控混凝土拌合物流变与施工性能，提高力学性能，改善体积稳定性和耐久性，还可大幅降低每立方米混凝土中的水泥用量，提高工业固体废渣利用率，是配制高流态、超高强、高抗裂和高耐久混凝土的关键组分。普遍应用的商品混凝土、高远程泵送混凝土、自密实混凝土、喷射混凝土、补偿收缩混凝土、高低温严苛环境下的混凝土，以及最新发展的超高性能混凝土均需掺入优质的混凝土外加剂。因此，外加剂已成为现代混凝土中除胶凝材料、砂、石、水以外的第五组分，在实现现代混凝土技术变革和水泥混凝土行业碳达峰碳中和中发挥着至关重要的作用。

1.1 混凝土外加剂的定义

与 20 世纪 80 年代前的水泥和混凝土相比，如今的水泥和混凝土中组分有所增加，如图 1.1 所示。传统水泥由水泥熟料与石膏共同磨细而成，石膏是延缓水泥凝结必不可少的组分。20 世纪 50 年代以来，为了生产较低强度等级（曾称为"标号"）的水泥并节省水泥生产中水泥熟料用量，部分混合材料（活性和非活性水泥混合材）逐渐开始掺加到水泥中。1999 年我国水泥产品标准向 ISO 标准靠拢以及 2009 年我国水泥工业更加注重节能减排措施的落实，推动了助磨剂在水泥粉磨过程中的应用。通常，将掺加混合材和/或助磨剂的水泥称作"现代水泥"。众所周知，水泥、细骨料（通常称为"砂"）、粗骨料（通常称为"石子"）和拌合水（通常称为"水"）是**传统混凝土**的四种主要原材料。外加剂开始应用于混凝土的配制时，人们将外加剂称作混凝土的"第五组分"。随后出现了混凝土掺合料（也称为矿物掺合料或矿物外加剂），人们将掺合料称作混凝土的"第六组分"。当今，制备彩色混凝土需要掺加颜料，制备功能型混凝土则需要掺加"功能材料"。本书将原材料组分比传统混凝土更为复杂的这类混凝土，称作"**现代混凝土**"。随着工程建设的不断发展，高流态、高强与高耐久等性能成为现代混凝土的发展方向，而混凝土外加剂则是实现这些性能的核心材料。

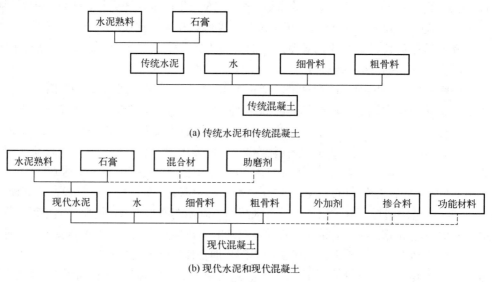

(a) 传统水泥和传统混凝土

(b) 现代水泥和现代混凝土

图 1.1　水泥和混凝土的组分

GB/T 8075—2017《混凝土外加剂术语》中定义：**混凝土外加剂**是混凝土中除胶凝材料、骨料、水和纤维组分以外，在混凝土拌制之前或拌制过程中加入的，用以改善新拌混凝土和（或）硬化混凝土性能，对人、生物及环境安全无有害影响的材料。混凝土外加剂简称"外加剂"。外加剂掺量多以外加剂占混凝土中胶凝材料总量（指每立方米混凝土中水泥和矿物掺合料质量的总和）的质量分数表示，一般不大于 5%（特殊情况除外）。

参照定义，混凝土拌合过程中掺入的掺合料（如粉煤灰、矿渣粉、硅灰、石灰石粉等）、纤维（如钢纤维、碳纤维、聚丙烯纤维、矿物纤维等）、颜料（又称着色剂）和功能材料（如磁性材料、荧光材料、光催化材料和灭菌材料等）都不属于外加剂范畴。此外，用于修补混凝土缺陷的水泥基渗透结晶型防水剂，以及用于提升混凝土黏结、抗折、抗渗、抗裂等性能的聚合物乳液，按照外加剂严格定义都不能算作外加剂，但是这些产品常用于提高混凝土的性能，大多由外加剂厂家售卖。宽泛起见，本书也将它们归入外加剂家族。

1.2　混凝土外加剂的发展历程

公元前的石灰建材中就有使用猪油的迹象。在罗马时代，也曾经把牛血、牛油、牛奶和动物尿之类的物质混入火山灰材料中进行工程建设。我国勤劳智慧的劳动人民早在秦代（公元前 221 年）修筑万里长城时就将糯米汁、鸡蛋清、猪血与黏土混合用于城墙的砌筑。宋代（公元 1170 年）修筑和州城时曾采用糯米汁与石灰混合配成胶凝材料。所以，广义来说，早在人类使用天然胶凝材料配制混凝土时就已开始使用外加剂提升其性能。

1.2.1 国外混凝土外加剂的发展

自 1824 年英国人 J. Aspdin 首先获得水泥生产专利以来，水泥混凝土开始广泛应用，并成为最主要的建筑材料之一。石膏作为调凝剂能够有效延长水泥的凝结时间是水泥能够广泛应用的一个关键技术突破。19 世纪末，人们已经摸索出掺加氯化钙、氯化钠等无机盐类物质调控混凝土凝结时间的方法。1935 年美国人 E. W. Scripture 以亚硫酸盐造纸废液为原料成功研制出木质素磺酸盐类塑化剂（plasticizer）；1937 年，美国开发了松香树脂酸类**引气剂**——文沙（Vinsol）树脂，这标志着现代意义上的混凝土外加剂历史的开端。19 世纪 40 年代，美国、英国、日本和苏联等国已经在公路、隧道和地下工程中使用引气剂、塑化剂、防冻剂和防水剂。自 1935 年至今，混凝土外加剂的发展已有九十年的历史。

混凝土外加剂的迅速发展和应用是从 20 世纪 60 年代开始的。随着混凝土建筑物日益增多，混凝土结构日趋复杂并向大型化发展，许多超大型的特种混凝土构筑物不断出现，如海上钻采平台、大跨度桥梁、贮油罐和大型钢筋混凝土塔等，仅靠已有的振动、加压、真空等工艺已不能满足工程需求。此类特种混凝土结构，不但要求混凝土具有更高强度，也需要具有更大的流动性，便于快捷施工。混凝土的高强度要求**水灰比**（水与水泥质量之比，water to cement ratio）或**水胶比**（水与胶凝材料质量之比，water to binder ratio）较低，而高流动性则要求提高混凝土用水量。**减水剂**（water reducer，亦称塑化剂，plasticizer）的发明和应用，成功解决了混凝土配制中的这一矛盾。60 年代初，日本研制出以 β-萘磺酸甲醛缩合物为主要成分的减水剂，简称萘系减水剂，联邦德国也研制出了磺化三聚氰胺甲醛缩合物减水剂，简称密胺系减水剂，与此同时，还出现了多环芳烃磺酸盐甲醛缩合物减水剂。萘系、密胺系和多环芳烃磺酸盐甲醛缩合物这三类减水剂对水泥具有强烈的分散作用，减水率达 20%以上，远超过以木质素磺酸盐为代表的塑化剂，增强效果好、引气量低，所以在当时称为**高效塑化剂**（superplasticizer）或**高效减水剂**（high range water-reducing agent）。高效减水剂的问世是继钢筋混凝土、预应力钢筋混凝土之后混凝土技术的第三次重大突破，将混凝土从塑性混凝土变成了坍落度 180～220mm 大流态混凝土，为混凝土泵送施工提供了技术保障。

日本采用**萘系减水剂**（掺量 1%～2%）在普通工艺条件下首次制备出抗压强度 80～120MPa 的高强混凝土；联邦德国在 20 世纪 70 年代初首先采用密胺系减水剂配制出流态混凝土，并垂直泵送到 310m，提高了混凝土施工效率，开启了混凝土泵送施工的新时代。进入 20 世纪 80 年代，全球经济的快速发展和宏大的建设规模极大地推动了混凝土外加剂的产业化，高效减水剂逐渐成为外加剂市场的主流品种。大流动性混凝土、自密实混凝土、高强与超高强混凝土等以前难以实现的混凝土技术，都因外加剂尤其是高效减水剂的成功发明而得以在实际工程中应用。20 世纪 90 年代初提出的高性能混凝土则又将外加剂的发展推向了新的高潮，**脂肪族减水剂**、**氨基磺酸盐减水剂**等高效减水剂新品种不断涌现。20 世纪 80 年代，日本触媒发明的**聚羧酸系减水剂**成功生产和应用，开创了混凝土外加剂的新纪元。不同于以往高效减水剂的线性分子结构，聚羧酸系减水剂分子是由含羧酸基团的主链和长聚醚侧链组成的梳型结构聚合物分子，具有掺量低、减水率高、坍落度保持性能好、有害离子含量低、分子结构可设计性强、高性能化空间大、生产过程清洁环保等优点，迅速受到了工程界、学术界的推崇，在日本和欧美已成为减水剂主流品种。

美国、日本、苏联等国家为改善混凝土的和易性、耐久性及其他性能，广泛使用引气剂（air entraining agent，简称 AE 剂）。在混凝土技术发展过程中，引气剂也起到了非常重要的作用。掺入极少量的引气剂（掺量约为胶凝材料总量的 0.001%~0.01%），可以使混凝土在加水搅拌过程中产生大量微小、封闭、独立、稳定的气泡，不仅改善了混凝土的和易性，更重要的是使硬化后混凝土的抗冻融性能提高了几十倍，耐久性大大改善。此外，为满足工程中对混凝土速凝、早强、缓凝、防水、抗裂、阻锈等性能的要求，各种外加剂品种层出不穷。为满足混凝土工程对外加剂多种功能的需求，还出现了集两种或两种以上功能于一体的复合型外加剂，如泵送剂、缓凝型减水剂、早强型减水剂、引气型减水剂等。

1.2.2　我国混凝土外加剂的发展

与发达国家相比，我国混凝土外加剂的研究工作始于 20 世纪 50 年代初期，起步较晚。到 80 年代，掺外加剂的混凝土仅占我国混凝土总量的 10%，90 年代末提高至近 30%。2020年，我国掺加外加剂的混凝土比例达到 70% 以上。至此，我国混凝土外加剂行业逐步发展成一个门类和品种齐全、标准体系健全的行业。这 70 多年来外加剂的发展大致可归结成 4 个阶段。

（1）20 世纪 50 年代初期到 60 年代中期为发展的起步阶段

这个阶段开发了芦苇浆尾液浓缩物、亚硫酸盐纸浆废液类减水剂，松香类引气剂，氯化钙早强剂，以及用制糖工业废液加工制成的糖钙缓凝减水剂。这些外加剂在塘沽新港及佛子岭水库等港口、水利工程的大体积混凝土中得到了应用，但未在工业及民用建筑中使用。由于外加剂使用过程中的一些技术问题没有很好解决而阻碍了其进一步发展，如氯化钙引起的钢筋锈蚀，引气剂质量不稳定而引起的混凝土强度损失，木质素磺酸钙减水剂掺量过大而引起的严重缓凝等。20 世纪 60 年代中期至 70 年代后期，我国混凝土外加剂技术停滞不前。

（2）20 世纪 70 年代后期至 90 年代中期为第二个阶段

由于国内生产建设恢复的需要，同时国际混凝土技术因减水剂的使用进入了第三次飞跃时期，我国也出现了混凝土外加剂发展的高潮，尤其是减水剂研究和生产应用。这一阶段成功开发了木质素磺酸盐减水剂、以染料分散剂亚甲基双萘磺酸钠（NNO）为主体的复合减水剂、萘系减水剂、密胺系减水剂、古马隆树脂减水剂，以及早强剂、防冻剂、引气、喷射混凝土用速凝剂等品种。同期以标准化为中心规范了外加剂的质量，相继制定了多种外加剂的国家标准和外加剂应用技术规范，使外加剂的生产和使用有章可循。同国外相比，国外常用的外加剂品种我国都相继研制成功。

（3）20 世纪 90 年代中期到 21 世纪初期为第三个阶段

这个时期，混凝土外加剂研发与产业化高速发展。预拌混凝土、高性能混凝土对外加剂的减水性能和坍落度保持能力提出了更高要求。马来酸酐-烯烃磺酸盐共聚物保坍剂、氨基磺酸盐类高效减水剂、脂肪族高效减水剂、丙烯酸接枝共聚类减水剂或坍落度保持剂，以及超缓凝剂、低碱速凝剂、低掺量低碱型膨胀剂、低碱有机-无机复合防冻剂相继成功开发。聚羧酸减水剂开始在润扬大桥、三峡大坝、东海大桥和杭州湾跨海大桥等一批国家重大工程中应用，并展现了独特的性能优势。大学、科研院所、企业纷纷进入这一领域进行研发，但国内企业生产的产品品种单一，性能同国外相比仍有差距。

（4）从21世纪初期至今为第四个阶段

本阶段，混凝土外加剂开始进入聚羧酸系高性能减水剂主导的新时代。2005年铁道部为大规模铁路建设出台了《客运专线高性能混凝土暂行技术条件》，对用于客运专线高性能混凝土的外加剂性能提出了13项技术指标，明确规定了对混凝土耐久性有影响的指标（如硫酸钠含量、氯离子含量、收缩率比等）要求。传统的高效减水剂很难同时满足这13项技术指标要求。2006年铁道部科技司下达了关于印发《客运专线高性能混凝土用外加剂产品检验细则》的通知，不仅要求外加剂生产和销售企业的产品必须满足客运专线混凝土外加剂的指标要求，同时还要求生产企业具有质量保证能力，对外加剂生产企业提出了较高的准入门槛。2007年JG/T 223—2007《聚羧酸系高性能减水剂》发布实施，为聚羧酸减水剂的生产、检验和使用提供了依据。这些举措促进了聚羧酸系高性能减水剂飞跃式发展，我国聚羧酸系高性能减水剂的用量从2003年1.63万吨增加到2021年的1142万吨，在合成减水剂总量中占比高达88%。聚羧酸减水剂已经成为我国的主流减水剂。

当前，我国混凝土外加剂的品种比较齐全，整体技术水平基本和国外相当，部分性能甚至处于领先地位，但外加剂的研究与应用方兴未艾。土木工程使用的水泥、砂石骨料、掺合料等原材料复杂多变，同时，人类活动正逐步向岩石覆盖厚度超2000m以上的深地、最大埋深超4000m的深海，甚至真空度仅为10~15Pa的外太空等领域拓展，极端与特殊施工和服役环境必然会对水泥混凝土的性能和功能提出超常规要求，加上碳达峰碳中和目标的紧迫性，新时代混凝土外加剂不仅需要增加原创性的新品种，也要朝更高性能、更多功能，甚至更智能的方向发展，从而推动我国从"建造大国"向"建造强国"快速迈进。

1.3 混凝土外加剂的分类与作用

1.3.1 混凝土外加剂的分类

按照化学物质的性质，外加剂可以分为无机类外加剂、有机类外加剂和无机有机复合类外加剂。按照产品性状，又可分为粉状外加剂和液体外加剂，液体外加剂又可进一步分为溶液外加剂和乳液外加剂。

某些种类的外加剂会根据其主要性能的差异进行细分，如减水剂根据减水效果分为普通减水剂（减水率≥8%）、高效减水剂（≥14%）和高性能减水剂（≥25%）三类，还会按照对混凝土凝结时间和早期强度发展速度的影响进行分类，如普通减水剂分为早强型、标准型和缓凝型三类，高效减水剂分为标准型和缓凝型两类，高性能减水剂分为早强型、标准型和缓凝型三类。

还有一些外加剂则是根据两种或两种以上的复合作用进行命名，如引气减水剂、减缩型高性能减水剂、防冻泵送剂等。更有一些外加剂，是按照含有或不含某些有害组分来命名的，如无氯盐防冻剂、有碱速凝剂、无碱速凝剂等。

本书为了方便读者基于水泥化学、物理化学和混凝土科学等基础理论，由浅入深地学习，将外加剂按照其主要作用阶段（浇筑、凝结、硬化、服役）和发挥的主要功能划分为如下几类。

（1）流变调控类外加剂

指主要用来调控混凝土拌合物流变性能的外加剂，使新拌混凝土不易发生离析、泌水，容易施工，保障混凝土浇筑密实、力学性能和耐久性优异，包括普通减水剂、高效减水剂、高性能减水剂、坍落度保持剂、黏度调节剂和触变剂等。

（2）水泥水化与凝结调控类外加剂

指主要用来调控水泥水化、凝结进程，从而使混凝土实现缓凝、速凝和早强等特征的外加剂，具体包括缓凝剂、早强剂和速凝剂等。

（3）减缩抗裂类外加剂

指主要用来降低混凝土的收缩变形和水化温升，从而提升混凝土自浇筑密实后的体积稳定性和抗裂性能的外加剂，具体包括膨胀剂、减缩剂，以及新型的水化温升抑制剂和高吸水性树脂内养护材料等。

（4）耐久性提升类外加剂

指主要通过改善硬化混凝土抗冻融循环性、抗化学物质侵蚀性、抗内部钢筋与金属预埋件锈蚀、抗渗防水性，提升混凝土结构耐久性的外加剂，具体包括引气剂、侵蚀抑制剂、阻锈剂和防水剂等。

（5）其他类型外加剂

指除了上述四类以外，其他各种常用的外加剂，具体包括防冻剂、消泡剂、发泡剂、水下不分散混凝土絮凝剂，以及聚合物乳液类外加剂等。

1.3.2 外加剂在现代混凝土中的作用

外加剂在混凝土中掺量低，但效果显著，主要作用可归纳如下。

（1）改善新拌混凝土的施工性能

可提高混凝土拌合物的流动性，减少拌合物的用水量，使混凝土拌合物易于浇筑、便于振捣；保持混凝土拌合物不泌水、不离析、不分层，坍落度经时损失小，提高混凝土拌合物可泵性，满足超高层、超远程泵送施工和异型结构或密集配筋混凝土的自密实浇筑；促进混凝土施工新工艺的实现，如混凝土喷射施工、混凝土水下浇筑、冬期负温混凝土施工、高强预应力混凝土管桩泵送施工等。

（2）提高硬化混凝土的力学性能

可大幅度提高混凝土早、中、后期强度，使抗压强度大于 120MPa 的超高性能混凝土（UHPC）、抗压强度可达 200MPa 甚至 800MPa 的活性粉末混凝土（RPC）变成现实，将传统混凝土技术不断推向新的高度。

（3）提高混凝土的抗裂性能

通过掺加外加剂，可大幅度减少混凝土收缩，提高混凝土体积稳定性和抗裂性能，大大提升水电站大坝、高层建筑的基础底板、桥梁墩台、核电反应堆外壳等结构尺寸较大的混凝土和地下防水工程混凝土的工程质量。

（4）提高混凝土的耐久性

调节含气量，增加混凝土抗冻融性；优化混凝土孔结构，提高密实性和抗介质渗透性；延缓钢筋锈蚀，提升受氯盐侵蚀钢筋混凝土的耐久性，从而满足海洋工程、北方和西部严酷环境下混凝土构筑物长寿命的工程需求。

（5）提高混凝土的经济与环保性能

保持混凝土强度不变时，每立方米混凝土可节约水泥用量 10%～30%，提高工业废渣在混凝土中的利用率，最高可替代 85% 的水泥熟料，拓宽可利用的工业废渣的品种，大幅度减少二氧化碳排放和能耗，实现混凝土的绿色低碳；大幅度提高混凝土强度，可缩小构筑物尺寸，提高混凝土耐久性，延长混凝土构筑物的服役寿命，降低建筑成本；实现特殊工艺施工，加快施工进度，降低施工成本。

总之，混凝土外加剂的应用，改变了过去仅调整水泥品种和用量来改变混凝土性能的落后状态。混凝土外加剂已成为现代混凝土必不可少的第五组分，对改善新拌和硬化混凝土的性能，实现水泥混凝土行业碳达峰碳中和具有决定性的作用。当今，外加剂已广泛用于水利水电、核电、国防、高铁、桥梁、道路、港口、码头、隧道、硐室、城市建设等重要领域。

思考题

1. 现代混凝土和传统混凝土在组成上有哪些区别？
2. 什么是混凝土外加剂？减水剂、助磨剂、脱模剂是否属于混凝土外加剂，并说明理由。
3. 按照外加剂对混凝土性能调控的主要作用进行划分，外加剂可分为哪几类，请举例说明。
4. 简要说明外加剂的主要作用和用途。
5. 论述在国家"双碳"目标大背景下，外加剂如何发挥作用。

第 2 章

流变调控类外加剂

合适的工作性不仅是保障混凝土顺利施工的前提，也是保障建筑质量和长期服役性能的关键。流变调控类外加剂是调控混凝土工作性的核心材料，其发明及大规模的工程应用被视为混凝土技术的第三次革命，使得混凝土由干硬性、塑性跨进流态化的新时代。本章将从混凝土工作性的宏观表现出发，结合混凝土流变学基本原理，对流变调控类外加剂（包括减水剂以及功能性流变调控外加剂）的分子结构、作用机制、性能和应用进行介绍。

2.1 混凝土流变学基础

本节主要介绍混凝土流变性能及其基本原理，涵盖浆体内部的物理化学作用、宏观流变学行为，以及基本流变参数与混凝土工作性宏观表现（流动性、稳定性等）的关联，为深入理解外加剂对混凝土流变性能的调控机制奠定基础。

2.1.1 混凝土工作性

长期以来，用于描述混凝土拌合、浇筑、振捣密实等加工操作难易程度的通用术语并非流动性，而是**工作性**（workability），它包含**流动性**（fluidity 或 flowability）、**振捣密实性**（compactability）和**稳定性**（stability）或**黏聚性**（cohesiveness）三个方面的内涵。工程中通常采用坍落度、扩展度等指标表征混凝土工作性。

不同的混凝土结构以及施工工艺对混凝土拌合物工作性的需求不同（表 2.1 和图 2.1）。如自密实混凝土要求大流动性以保障在高密度钢筋网或无法振捣的异形、复杂结构中充分填充；泵送混凝土（图 2.2）浇筑施工效率高，为了减小泵送阻力，通常使用大流动性混凝土；核电站核岛建设混凝土对稳定性、均匀性要求较高，通常选用流动性混凝土；采用盾构法施工的隧道、地铁等工程通常需要使用衬砌管片，这种上表面为弧形的混凝土管片制备时需要振动密实，一般选择塑性混凝土以防止弧顶塌模变形；碾压施工（图 2.2）的水电大坝等工程往往采用干硬性混凝土。

表 2.1 不同混凝土的流动性及其工程适用范围

类型	坍落度/mm	应用范围
大流动性混凝土	≥160	泵送混凝土，自密实混凝土，灌注、顶升工艺施工的混凝土等
流动性混凝土	100~150	核岛建设用混凝土、道路路面混凝土
塑性混凝土	10~90	混凝土预制构件（管桩、管片、电杆、管涵），水电站坝体、滑模施工混凝土等
干硬性混凝土	<10	碾压混凝土、挤压成型混凝土（路面砖、抽芯楼板等）

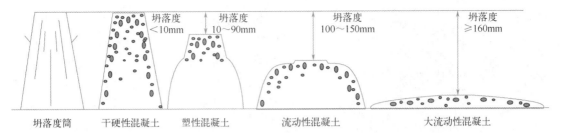

图 2.1   不同类型混凝土拌合物坍落度

图 2.2   泵送混凝土和碾压混凝土施工

　　流动性表示混凝土在自重或剪切条件下流动的能力，良好的流动性是保证混凝土顺利拌合、浇筑时穿过钢筋网不堵塞、密实充模的重要前提；振捣密实性则是混凝土浇筑完成后易于振捣排出气体的能力；稳定性是指混凝土保持均匀稳定的能力。稳定性差的混凝土容易发生**泌水**（bleeding）和**离析**（segregation）（图 2.3）等问题，其原因在于混凝土中各组分的密度差。泌水是指混凝土静置状态下，固体发生沉降，而水分从浆体中上浮的现象。水分上浮在混凝土中形成微通道或者集中在基体中形成水囊，硬化后形成连通孔道（图 2.4），导致混凝土在重力方向出现密度梯度，对耐久性和强度不利；此外，上浮的水中往往含有尺寸较小

图 2.3   混凝土表层泌水和离析（中间石子堆积）

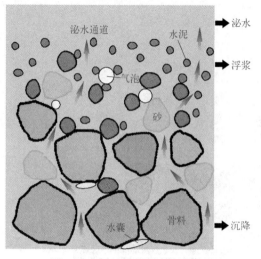

图 2.4　泌水和离析的材料分布

的颗粒（胶凝材料以及骨料中的微细颗粒），导致混凝土表面形成浮浆，其硬化后非常脆弱，妨碍混凝土浇筑时上下层的黏结[1]。离析则是一种更广泛的现象，典型表现为粗骨料在混凝土中的非均匀分布（局部富集），浇筑过程中的剪切作用以及静置时的重力作用均可能引起该现象产生，表现为粗骨料下沉或流动时粗骨料局部堆积。离析导致混凝土不均匀，不仅难以施工，而且影响其硬化后强度[2]。

实际应用中通常采用简单的实验方法测试混凝土的工作性。坍落度和维勃稠度试验（GB/T 50080—2016《普通混凝土拌合物性能试验方法标准》）是评价新拌混凝土工作性最常用的方法（图 2.5）。**坍落度**（slump）试验测量混凝土拌合物在坍落度筒提起后顶端坍塌下落的距离，即筒高与拌合物高度之差，来定量表征混凝土的流动性。对于流动性较大的混凝土一般同时测定其铺展直径，即**坍落扩展度**（slump flow）。维勃稠度适用于流动性小的（低塑性）混凝土，是指按标准方法成型的截头圆锥形混凝土拌合物，经振动至摊平状态的时间。维勃稠度越大，混凝土流动性越小。此外，混凝土的稠度和填充性还可以通过漏斗试验、扩展时间试验等方法评价。漏斗试验是指测量指定体积混凝土在指定形状的漏斗中流出的总时间；扩展时间试验是指测量指定体积混凝土坍落度试验中达到指定坍落扩展度所需时间。

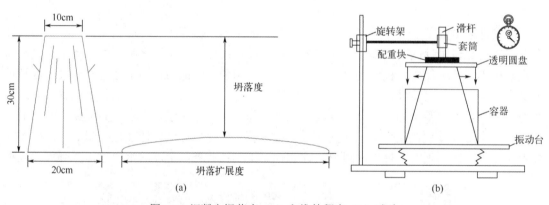

图 2.5　混凝土坍落度（a）和维勃稠度（b）试验

混凝土的泌水和离析可以通过直接观察进行判断，其泌水程度可采用混凝土泌水率指标评价，但离析尚无标准评价指标。依据 GB/T 50080—2016《普通混凝土拌合物性能试验方法标准》测量指定体积混凝土在静置条件下的总泌水量（不同坍落度混凝土可采用振动或插捣方式密实），计算其占相同体积混凝土用水量的比例即为泌水率。

2.1.2　混凝土流变行为基本原理

混凝土工作性的本质在于其流变特性（如屈服应力、表观黏度和触变性等），即在剪切作用下发生变形、流动的行为特性。新拌混凝土是一种多尺度、多相的分散体系，可以看作粗骨料悬浮分散在水泥砂浆中，细骨料均匀分散在水泥净浆中，水泥净浆则是水泥颗粒等细粉材料悬浮分散在连续介质水中。在静置、拌合、振捣等条件下，不同尺度材料之间的作用力相互平衡，使得混凝土表现出对外力不同的变形响应特性，最终对应不同的工作性。本节从流变学基本概念和参数开始，逐步介绍流变性能测试方法、混凝土流变性能和工作性的关系、混凝土流变性能与浆体流变性的关系以及浆体流变性能。

2.1.2.1　流变学基础

基于材料对外力的响应行为可以简单地将其划分为固体和流体。固体可以在无外力下维持自己的形状；流体（液体和气体）不能维持自己的形状，在没有限制的条件下，流体会在自重或外力作用下流动，其中液体几乎是不可压缩的，在容器中可以保持一定的体积，而气体是可压缩的。

变形是固体的主要性质之一，所谓变形是指对固体外加压力时，其内部各部分的形状和体积发生变化。此时，固体内部存在一种与外力相对抗的内力使其恢复原状，而单位面积上存在的内力则被称为**应力**（stress）。对于外部作用力导致的固体变形，当去除作用力时可恢复至原状的性质称为**弹性**（elasticity），这种可逆性变形则被称为**弹性变形**（elastic deformation），而非可逆性变形称为**塑性变形**（plastic deformation）。流体流动是一种不可逆的变形过程，其难易程度与内摩擦有关，表现为该流体的黏性。一些材料对外力的响应表现为弹性和黏性双重特性，亦即**黏弹性**（viscoelasticity）。

流变学是研究材料在剪切应力作用下的变形和流动的科学。如图 2.6 所示，将流体置于两层平行板之间，使顶板向单一方向滑动而保持底板不动。在剪切作用下，流体可以被划分为无数平行于板的不同的层，流体变形是由不同层的相对变形产生的，但无跨层运动。每一层的运动速率仅沿着垂直于板的方向变化，层内运动速率是一样的。层间的相对位移导致摩擦力作用于层，这些摩擦力即是**剪切力**（shear force），单位面积上的剪切力即为**剪切应力** τ（shear stress），单位为 Pa。

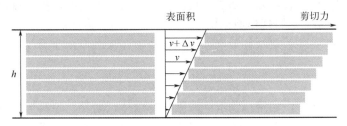

图 2.6　简单剪切流动模型

层与层之间存在位置差异，且与层间距有关，这种位置差异在垂直于层方向上的梯度即是**剪切变形**或**剪切应变**（γ, shear strain），它随着时间变化的快慢即**剪切速率** $\dot{\gamma}$（shear rate），剪切速率实际上代表了图 2.6 所示各层移动的**速度梯度**，单位为 s^{-1}。

流体的流变行为由剪切应力和剪切速率的关系来描述，最常见的流变曲线如图 2.7 所示。大部分流体（主要是纯液体和多数小分子溶液）的剪切应力与剪切速率的关系如式（2.1）所示，此类流体被称为**牛顿流体**（Newtonian fluid）。

$$\tau = \eta \times \dot{\gamma} \tag{2.1}$$

式中，η 为常数，即牛顿黏度，表示液体内部流动阻力的大小，在物理单位制（CGS）中其单位为泊（poise，P），但在国际单位制（SI）中其单位为 Pa·s（1P=0.1Pa·s）或 kg/（m·s）。牛顿黏度与剪切速率无关，但随温度升高而减小。

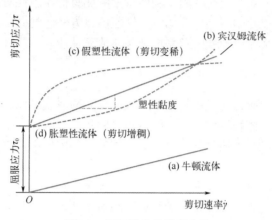

图 2.7　不同流体的流变曲线

另一部分流体不遵循牛顿黏度定律，表现出黏弹性，统称为**非牛顿流体**（non-Newtonian fluid）。其中，最简单的一种为**宾汉姆流体** [Bingham fluid，图 2.7 曲线（b）]，其特点是当剪切应力高于某一起始值后，即发生塑性变形，且剪切应力随剪切速率增加而线性增加。该起始值表示流体发生流动所需要的最小应力，称为**屈服应力** τ_0（yield stress，Pa），而剪切应力增量与剪切速率增量的比值称为**塑性黏度** μ_p（plastic viscosity，Pa·s），宾汉姆流体流变曲线可以用式（2.2）描述：

$$\tau = \tau_0 + \mu_p \times \dot{\gamma} \tag{2.2}$$

然而，一些流体的流变曲线并不遵循线性关系，其中，**表观黏度** μ_{app}（apparent viscosity，Pa·s）随着剪切应力增大而降低的流体称为**假塑性流体** [pseudo plastic fluid，图 2.7 曲线（c）]，表现出剪切变稀的特性；表观黏度随着剪切应力增大而增大的流体称为**胀塑性流体** [dilatant fluid，图 2.7 曲线（d）]，表现出剪切增稠的特性。不同于塑性黏度 μ_p，表观黏度 μ_{app} 依赖于剪切速率，为给定剪切速率条件下剪切应力与剪切速率的比值 [式（2.3）]。

$$\mu_{app} = \frac{\tau}{\dot{\gamma}} \tag{2.3}$$

绝大多数黏弹性流体，如聚合物溶液、聚合物熔体、油漆、涂料等，属于假塑性流体。剪切增稠特性常可在包含团聚体的流体中观察到，如泥浆、糖果合成物、玉米淀粉类与水的混合物以及砂/水混合物。假塑性流体与胀塑性流体均为非线性流体，修正宾汉姆模型 [modified Bingham model，式（2.4）]以及赫谢尔-巴克利模型 [Herschel-Bulkley model，式（2.5）]常被用于描述其流变行为。

$$\tau = \tau_0 + \mu_p \times \dot{\gamma} + c \times \dot{\gamma}^2 \tag{2.4}$$

$$\tau = \tau_0 + K \times \dot{\gamma}^n \tag{2.5}$$

式中，c 为二次系数，Pa·s²；K 为**稠度系数**（consistency factor），Pa·s^n；n 为剪切指数，当 $n<1$ 时流体表现为剪切变稀，$n>1$ 时流体表现为剪切增稠。

2.1.2.2　流变性能测试方法

　　材料的剪切应力-剪切速率关系曲线通常采用流变仪测得。测试时，通过装置本身连续的同方向剪切（对于转子式流变仪，通常为转子或转筒的旋转）对材料施加应变或应力以得到恒定的剪切速率，在剪切流动达到稳态时，测量由材料形变所产生的扭矩（或剪切应力）。这类方法具有扰动性，对材料的内部结构存在一定的破坏，但装置和测试比较简单，应用最广泛。旋转测试可分为控制剪切速率和控制剪切应力两种模式：控制剪切速率，即旋转速度（或剪切速率）为设定参数，扭矩（或剪切应力）为测试参数；控制剪切应力，即扭矩（或剪切应力）为设定参数，旋转速度（或剪切速率）为测试参数。根据所用预设测试参数的不同，可以获得不同的响应曲线。一般情况下，流变仪可配有不同的测试系统，如同轴圆筒（或同轴转子）、平板以及锥板等。

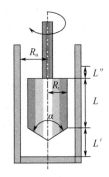

　　对于水泥基材料体系，从简单到复杂，分为不含骨料和含骨料体系，其测试方法存在差异。水泥浆体流变性能测试最常用的是同轴圆筒式流变仪（图 2.8），其测试方法分为两种：一种是转子以一定的速度旋转，外圆筒静止；另外一种是转子静止，外圆筒旋转。其中转子旋转在水泥净浆流变性能测试中更为普遍。一般地，净浆流变测试的转子和转筒的间距仅几毫米甚至更小，以保证流体剪切是层流。

图 2.8　同轴圆筒式流
变仪（转子旋转）

　　测量流变曲线的一种典型的瞬时变速程序和测试结果如图 2.9 所示，测试程序在 150～270s 的时间段中采用了典型的瞬时变速法，即在某一速率范围内，按照线性规律逐渐改变剪切速率（由低到高或由高到低），测试浆体的**剪切黏度**（shear viscosity，等同于表观黏度）、剪切应力随剪切速率变化的规律。一般取最后的剪切速率下降段 [图 2.9（a）中 210～270s]的数据，作为采用不同流变模型（宾汉姆模型、赫谢尔-巴克利模型等）拟合计算屈服应力、黏度等参数的有效数据。水泥净浆的微观结构包含剪切可恢复和不可恢复的部分，因此，剪切速率上升段和下降段对应的剪切应力是不同的，上升段剪切应力更高。屈服应力为 $0s^{-1}$ 的临界应力，但在上述测试中均只能通过将流变曲线拟合外推到 $0s^{-1}$ 时得出。因此，屈服应力与拟合模型、流变仪几何形状以及材料特性等有关。

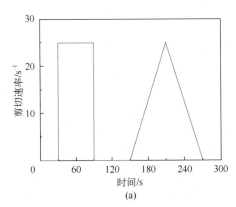

(a)

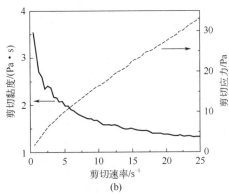

(b)

图 2.9　瞬时变速测试程序（a）和浆体流变性能测试结果（b）

砂浆/混凝土含有较大粒径的骨料，剪切间隙不足易导致测试过程中发生大颗粒咬合自锁，但较大的间隙又易引起栓塞流，这给流变性能测试带来了巨大挑战。流变测试中测试间隙通常不小于最大颗粒粒径的 5 倍，因此溶液/浆体流变仪剪切间隙仅几毫米甚至更小。考虑到水泥砂浆/混凝土中最大骨料粒径，流变仪测试间隙需要达到 50～100mm。针对不同骨料粒径的砂浆/混凝土，各类流变仪转子的几何形状和配置存在较大差异，目前尚无标准化的砂浆/混凝土流变性能测试方法。

混凝土流变仪中同轴流变仪（如 BML 系列）和桨叶式流变仪（如 ICAR）使用较多（图2.10）。BML 流变仪根据骨料粒径的大小配备了不同直径的测试筒（外圆柱筒）和内圆柱，测试过程中外圆柱筒旋转，内圆柱体保持静止并记录扭矩。桨叶式流变仪可视为圆柱转子被桨叶替代，桨叶一般由 4～6 个薄片组成，桨叶浸入筒中并旋转，测量新拌砂浆/混凝土对叶轮旋转的阻力。

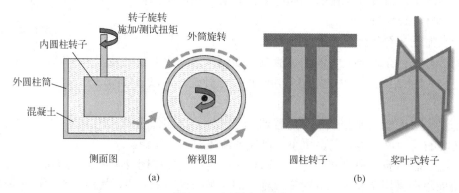

图 2.10　混凝土流变仪
（a）同轴流变仪测试原理；（b）常用转子类型

目前砂浆/混凝土流变性能测试方法主要是剪切速率控制，常用测试程序如图 2.11 所示。砂浆流变性能测试中最大剪切速率一般设置在 20～30s^{-1} 之间，而混凝土流变性能测试中最大速率一般在 0.5～1.0r/s 之间（对应于剪切速率 8～10s^{-1}）。对于混凝土流变仪，获得的原始数据为转速和扭矩，可通过设备几何参数（外筒内径、内圆柱或桨叶半径等）进行数据转换，最终得到剪切速率和剪切应力。

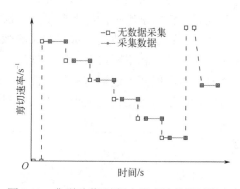

图 2.11　典型砂浆/混凝土流变性能测试程序

2.1.2.3　混凝土流变性和工作性的关系

新拌混凝土的流变行为通常采用宾汉姆模型描述，其特征参数为屈服应力和塑性黏度。混凝土的工作性与其屈服应力和塑性黏度密切相关。

混凝土的流动性反映了混凝土自填充能力（流动能力）以及拌合操作的难易程度（拌合阻力）。一般地，施工中总是倾向于使用最易于操作的混凝土（流动性大、拌合阻力小），不同操作过程中对混凝土的剪切速率见表 2.2。例如，现场混凝土浇筑成型过程中，人工翻拌不费力的混凝土会被认为操作容易；混凝土泵送过程中，则希望在相对较小的泵送压力下达到较大的泵送流量。在给定配合比条件下（密度一定），混凝土的自填充能力取决于其屈服应力，当屈服应力能抵消混凝土自重、维持其外形时才会停止流动；而拌合操作的难易程度取决于拌合阻力（剪切应力），当屈服应力一致时，取决于塑性黏度。一般情况下，屈服应力越小，混凝土流动所需的剪切应力越小，自填充能力越强；塑性黏度越低，混凝土流动时的黏滞阻力越小，流动速率越快，在泵送混凝土中表现为相同流速下泵压越小，或者相同泵压下流速越快。

表 2.2　不同操作过程中对混凝土的剪切速率[2]

操作	剪切速率/s⁻¹	操作	剪切速率/s⁻¹
搅拌制备	$10\sim60$	泵送①	$20\sim40$
混凝土搅拌车	约10	浇筑	$1\sim10$

① 混凝土泵送的剪切速率不包括润滑层剪切速率。

混凝土的稳定性也与流变性能密切相关。混凝土是否泌水取决于浆体的稳定性，受浆体流变性能影响；而是否离析则取决于混凝土的屈服应力，屈服应力高的混凝土骨料迁移阻力大，不易局部堆积或沉降，但其流动性差。因此，实际施工中常需兼顾工作性的各方面。

试验中测得的混凝土工作性指标是其流变性能的宏观体现。若将新拌混凝土视为宾汉姆流体，则坍落度、扩展度均与混凝土屈服应力大小有关［图 2.12（a）］；而漏斗时间、倒坍落度筒排空时间等与其塑性黏度大小直接相关。

混凝土屈服应力越大，坍落度越小。对于坍落度 50～200mm 的混凝土，其坍落度和屈服应力具有线性近似关系［式（2.6）］[3]：

$$S = 300 - 0.347 \frac{\tau_0 - 212}{\rho} \tag{2.6}$$

式中，S 为混凝土坍落度，mm；τ_0 为混凝土屈服应力，Pa；ρ 为混凝土相对密度（混凝土密度与水密度比值，4℃时水的密度为 1000kg/m³）；常数 0.347 量纲是 mm/Pa；212 量纲是 Pa。

对于自密实混凝土，L 型箱（L-box）常被用于评价其流动性以及匀质性（图 2.13）。将混凝土加入竖向的后槽中，静置 1min，提起闸板，混凝土开始填充横向的前槽，待混凝土停止流动后，测量混凝土在后槽和前槽的厚度分别记录为 h_1 和 h_2，h_2/h_1 越接近于 1，混凝土流动性越好，匀质性越高。CCES 02—2004《自密实混凝土设计与施工指南》中要求自密实混凝土 h_2/h_1 不小于 0.8。h_2/h_1 和混凝土的屈服应力与密度的比值密切相关［图 2.12（b）］。

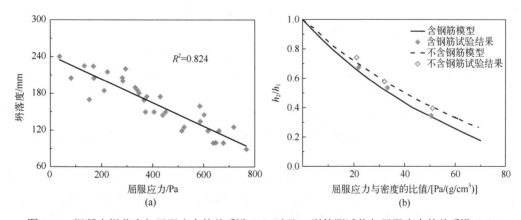

图 2.12　混凝土坍落度与屈服应力的关系[4]（a）以及 L 型箱测试值与屈服应力的关系[5]（b）

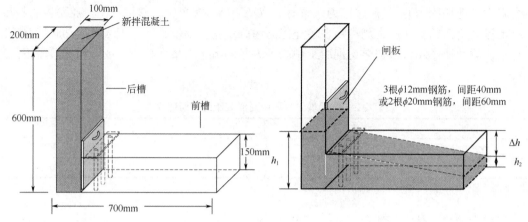

图 2.13　L 型箱测试

漏斗时间以及混凝土坍落扩展度测试时扩展度达到 50cm 的扩展时间 T_{50} 常被用于评价大流动性混凝土流动速率。一般情况下，低塑性黏度的混凝土具有较快的流动速率。给定配合比下，混凝土扩展时间 T_{50} 与塑性黏度具有较高的线性相关性（图 2.14）[6]。对于坍落度小于 10mm 的混凝土，往往通过维勃稠度试验评价混凝土在振动下的重塑能力。

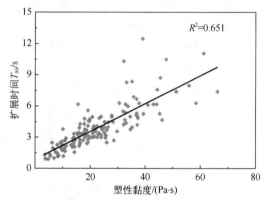

图 2.14　混凝土塑性黏度与扩展时间 T_{50} 的关系
（混凝土坍落扩展度 560～760mm）

2.1.2.4　混凝土流变性与水泥净浆流变性的关系

混凝土拌合物是粒径为几毫米到几厘米的粗细骨料悬浮于水泥净浆中的分散体系。因此，混凝土拌合物的流变性与水泥净浆流变性密切相关，又有所不同。混凝土拌合物的浆骨体积比，骨料密度、级配及其形貌等均对混凝土拌合物的流变性有重要影响。混凝土拌合物中，从外加剂分子到悬浮颗粒的尺寸跨度巨大（10^{-9}～10^{-2}m），而水泥净浆则仅是胶凝材料颗粒在水中的分散体系，通常胶凝材料颗粒的尺寸为 10^{-7}～10^{-5}m，因此，净浆的流变性能不仅与水胶比、胶凝材料颗粒级配等因素有关，还与颗粒间微观物理化学作用及其聚集状态密切相关。

混凝土的流变性能与原材料配比密切相关，首要因素是用水量，实际指水胶比。水胶比增加，固体颗粒浓度下降，颗粒之间发生各种相互作用的概率降低，相互作用被削弱，混凝土屈服应力和塑性黏度都会降低，工作性改善。然而，水胶比同样是决定混凝土强度的关键要素，高水胶比导致硬化水泥石孔隙率增大、强度降低。因此，混凝土的高工作性和高强度对水胶比的需求互相冲突。实现低水胶比混凝土的高工作性，是混凝土高强化必须解决的技术难题。

砂石骨料的用量、形状也会显著影响混凝土的流变性能。砂石骨料体积分数大，形貌不规则，尖锐棱角多，则混凝土拌合流动过程中骨料之间易发生接触，使骨料迁移运动受到显著阻碍，导致混凝土屈服应力和塑性黏度增加。

将混凝土视为用浆体填充骨料之间空隙的一种混合体系，则混凝土拌合、流动时必然涉及砂石骨料在净浆中的迁移。因此，在固定混凝土原材料配比（砂石骨料、用水量）的条件下，其流变性能由浆体流变性能决定。使混凝土发生变形的临界应力——屈服应力来自每一颗砂石骨料克服净浆的屈服应力（使净浆变形），以及骨料的"接触力"（使骨料可以迁移）的贡献之和；若浆体量充足，则完全填充完骨料之间的空隙之后，会有部分富余浆体，若骨料稳定均匀地分布在浆体中，则这些富余浆体可以视为均匀地包裹在骨料表面。剪切作用优先集中于骨料之间的浆体上，浆体越厚，骨料越不容易靠近和接触，接触越小；浆体黏度越小，则剪切时克服流体动力越小，混凝土黏度就越低。实际上，混凝土流变性能是骨料对净浆流变性能的增强和放大，浆体屈服应力和表观黏度越大，混凝土屈服应力和表观黏度也越大。

实际施工中，水胶比根据强度等级设计决定，而砂石骨料等一般就近取材，在确定的配合比条件（骨料密度、形貌、级配和体积分数已指定）下，混凝土拌合物的工作性调控只能通过调节浆体的流变性能来实现。化学外加剂正是作用于浆体中的固体颗粒，通过调节颗粒间微观相互作用及其聚集状态（图2.15），实现对浆体流变性能的调控，提高混凝土的工作性。浆体屈服应力小，表观黏度小，在混凝土稳定的条件下，其流动性必然较大；浆体保持一定的屈服应力和黏度是保障混凝土不离析、不泌水的关键。净浆流变性与混凝土流变性的关系是现代混凝土流变调控技术的理论基础。

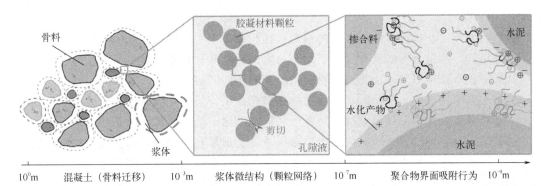

图2.15 塑性混凝土跨尺度微观结构以及影响其流变性能的关键机制

2.1.2.5 水泥净浆的流变性能

净浆中悬浮胶凝材料颗粒的粒径分布、颗粒形状及表面特性、颗粒之间的相互作用力及其聚集状态，是影响水泥净浆流变性能的主要因素。浆体中的作用力主要包括以下几种，其中，无论浆体是处于静置状态还是剪切状态①～③都始终存在，④～⑤只在剪切条件下出现[2]。

① 净重力（gravity，图2.16） 来自固体颗粒与连续相的密度差，是颗粒沉降的主要驱动力，对于稳定的悬浮体而言，会被几种作用力（胶体作用力、布朗运动力和流体动力）平衡。

② 悬浮固体颗粒的**胶体作用力**（colloidal force，图2.16） 包括范德瓦耳斯相互作用、静电相互作用以及空间位阻排斥作用等，其中范德瓦耳斯吸引力是颗粒聚集的主导作用，一般作用距离只有几纳米。

③ **布朗运动力**（Brownian force，图2.16） 来自固体颗粒的热运动，其方向是不固定的，引起固体颗粒持续的平移和旋转，布朗运动速度随固体颗粒的尺寸增加而降低，对于水

泥颗粒（约 $10\mu m$）而言，一般可以忽略，但对于纳米级的掺合料颗粒往往不可忽略。

④ **流体动力**（hydrodynamic force） 源于颗粒与周围连续液相的相对运动，流体的黏滞作用对颗粒运动的阻碍即属于流体动力，其主要作用于不小于 $10\mu m$ 的颗粒，在剪切作用下其对剪切应力的贡献较大。

⑤ 颗粒运动的**惯性力**（inertial force） 反映了颗粒本身的运动/碰撞，与运动速率（与剪切速率成正比）呈平方关系，在高剪切速率下比较重要，水泥净浆的剪切增稠现象与此有关。

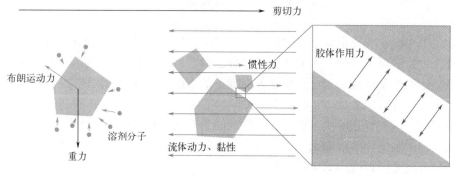

图 2.16　悬浮体系作用力

静置状态下，新拌净浆中的胶凝材料颗粒在胶体作用力、布朗运动力和重力的平衡下形成了絮凝结构。通常水泥的硅酸盐相表面带负电，而铝酸盐相带正电。对于胶体作用力，除范德瓦耳斯相互作用以外，由于胶凝材料颗粒表面不同的荷电行为，颗粒间相互吸引的静电作用力也是絮凝增强的重要原因。对浆体施加剪切作用，只有当剪切作用力达到一定的临界值，才能破坏絮凝结构，使得浆体开始变形和流动，这一临界剪切应力正是其屈服应力。

净浆的流变行为通常采用宾汉姆模型来描述，其最重要的参数是屈服应力和塑性黏度。剪切应力随剪切速率增大而线性增加，即塑性黏度呈恒定值。然而，随着浆体组成的变化，如水胶比变化和减水剂的使用等，新拌水泥净浆也常常表现出剪切应力随剪切速率的非线性变化规律，此时常用修正宾汉姆模型或赫谢尔-巴克利模型来描述其流变行为。

（1）屈服应力

净浆的屈服应力 τ_0 反映了其中固体颗粒微观相互作用（主要是胶体作用力）的总和。浆体中的固体颗粒都受到它周围颗粒的吸引相互作用，并形成一个松散的网络结构，屈服应力表示破坏这个网络结构所需要的外加剪切应力。

由于固体颗粒间的吸引相互作用（范德瓦耳斯作用、静电相互作用）随距离增加快速衰减，因此，当浆体的固体体积分数较小的时候，难以形成连续的网络结构，此时没有屈服应力，浆体中的固体颗粒由于重力作用发生沉降。因此，小于一定固体体积分数的浆体是不稳定的。这种网络结构还与颗粒的尺寸及其分布等密切相关，Flatt 和 Bowen 等基于颗粒间的非接触相互作用，提出了屈服应力模型［YODEL，式（2.7）］[7]：

$$\tau_0 \simeq m \frac{A_0 a^*}{d^2 H^2} \times \frac{\varphi^2(\varphi - \varphi_{\mathrm{perc}})}{\varphi_{\mathrm{m}}(\varphi_{\mathrm{m}} - \varphi)} \tag{2.7}$$

式中，m 为前置因子；a^* 为颗粒接触位点的平均曲率半径；d 为颗粒的平均直径；A_0 为

Hamaker 常数；φ 为固体颗粒体积分数；φ_m 为最大堆积体积分数，即颗粒堆积密实度；φ_perc 是固体颗粒形成连续的相互作用的网络结构的最小体积分数，被称为逾渗体积分数（percolation volume fraction）；H 为水泥颗粒表面的平均间距（surface-to-surface separation distance，并非颗粒与颗粒之间的平均距离）。对一般的水泥净浆体系而言，无外加剂条件下，其平衡最小平均间距一般为 1～2nm。化学外加剂（特别是减水剂）主要影响平均间距 H，吸附了化学外加剂分子的固体颗粒平均间距 H 增加，屈服应力减小。

（2）表观黏度

对于具有屈服应力的悬浮体，当剪切应力超过屈服应力后，悬浮体开始发生塑性变形而流动。当剪切速率>0时，剪切应力包含两部分破坏颗粒网络结构所需应力（屈服应力）与流体所需克服的阻力，是浆体中胶体作用力、流体动力和惯性力等共同作用的结果。有研究者认为，经典的悬浮液黏度理论 Krieger-Dougherty 公式［式（2.8）］适用于描述水泥浆体的表观黏度[8]。

$$\eta_\mathrm{app} = \eta_\mathrm{c} \left(1 - \frac{\varphi}{\varphi_\mathrm{m}}\right)^{-[\eta]\varphi_\mathrm{m}} \tag{2.8}$$

式中，η_c 为连续相的表观黏度，Pa·s；$[\eta]$ 为水泥浆体的特性黏度。

（3）触变性以及水泥浆体流变行为的经时变化

在剪切过程中，浆体的絮凝结构会逐步破坏，固体颗粒沿剪切方向重新分布，但停止剪切后，固体颗粒会在净重力、布朗运动力和胶体作用力的平衡下重新形成一定的结构（图2.17）。这种浆体微结构在剪切作用下被破坏而在静置状态下重建的行为，被称为**触变性**（thixotropy），它是一个可逆过程，且与时间有关。在恒定的剪切速率下，固体颗粒会逐渐达到剪切平衡态，黏度趋于稳态值。相比之下，对于任何一种非触变性的流体，其剪切黏度随着剪切速率的变化几乎立刻达到稳定值。

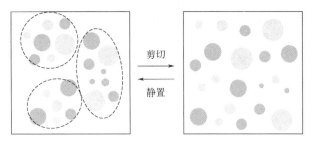

图 2.17 一种典型的触变性结构在剪切和静置条件下微结构的变化

水泥浆体中胶凝材料颗粒持续进行水化反应，包括颗粒溶解、水化产物的析出和生长，导致其中颗粒的种类和数量、颗粒尺寸形貌及其表面电荷特性随时间不断发生变化，因而水泥浆体中悬浮颗粒团聚状态及微观网络结构亦随时间不断发展（图2.18）。部分水化产物颗粒直接在水泥颗粒界面生长，黏结不同固体颗粒，这种黏结结构（如小的 C-S-H 结晶）在剪切作用下被破坏，在剪切作用停止后往往不可恢复。

随着水化反应的持续进行，水分被不断消耗，水化产物越来越多，胶凝材料颗粒表面被水化产物覆盖，填充了固体颗粒之间的空隙，将固体颗粒黏结成整体，浆体的流动性消失，结构强度不断增加，最终硬化。

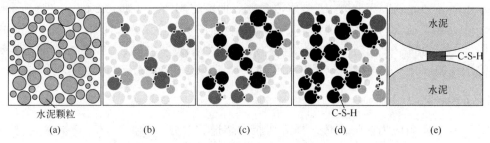

图 2.18　浆体网络结构的早期发展[9]

（a）拌合后分散的颗粒；（b）絮凝结构开始形成；（c）颗粒界面水化产物物理黏结；
（d）水化产物黏结增强；（e）固体颗粒界面的 C-S-H 黏结

（4）净浆流动性、泌水与其流变性的关系

与混凝土的流动性类似，水泥净浆的流动性也常用流动度来描述，其与净浆屈服应力同样存在对应关系。根据 GB/T 8077—2023《混凝土外加剂匀质性试验方法》，将水泥净浆填满一个上口直径小、下口直径大的截顶圆锥模具（净浆坍落度筒）中，提起模具，浆体自然流动并形成一个"圆饼"，其流淌部分互相垂直的两个方向最大直径的平均值即净浆流动度［即净浆的"扩展度"，图 2.19（a）］。

当浆体停止流动时，其重力、屈服应力和界面张力（浆体边界、空气和测试底板的界面张力）达到平衡。当屈服应力很大、流动度特别小时，界面张力几乎可以忽略，屈服应力与浆体高度 h、坍落度 S 的关系为[10]

$$\tau_0 = \frac{\rho g h}{\sqrt{3}} = \frac{\rho g (h_0 - S)}{\sqrt{3}} \tag{2.9}$$

式中，ρ 为净浆密度，kg/m^3；g 为重力加速度，m/s^2；h_0 为净浆坍落度模具高度，m。

当流动度很大、浆体的厚度非常小时，屈服应力和浆体体积、扩展度的关系［图 2.19（b）］为[11]

$$\tau_0 = \frac{225 \rho g V^2}{4 \pi^2 D_f^5} - \lambda \frac{D_f^2}{4V} \tag{2.10}$$

式中，V 为净浆坍落度模具中填充的浆体体积，m^3；D_f 为最终净浆流动度（圆饼的平均直径 $2R$，m）；λ 是与浆体表面张力以及接触角有关的一个参数，N/m。图 2.19 中 $h(r)$ 为净浆流动停止后，距离净浆底面中心 r 处净浆的高度（m）。

忽略水泥水化等因素的影响，静置条件下浆体是否稳定取决于其他作用力和净重力的竞争。当悬浮颗粒受到的布朗运动力（只在尺寸很小时比较有效）或周围颗粒（主要是胶体吸引力）的作用力强于净重力时，水泥颗粒悬浮稳定，浆体均匀不泌水。当净重力占优势时，颗粒会持续沉降，水分上浮，表现为浆体泌水。

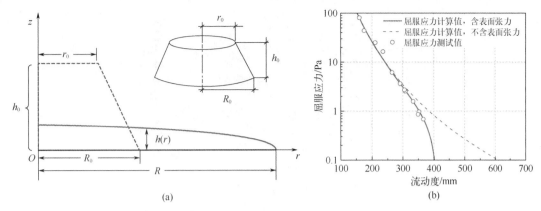

图 2.19　水泥净浆流动度测试横截面（a）以及屈服应力和流动度的关联（b）[11,12]

（参数 λ 的数值通过拟合试验结果获得，模具上表面内直径 70mm，下表面内直径 100mm，高度 50mm）

2.2　新拌水泥浆体的表面化学基础

调控净浆流变行为是调节混凝土流变性、改善工作性的核心手段。水泥净浆的流变行为与浆体中固体颗粒之间的界面相互作用、浆体中液相离子环境及其黏度等密切相关。

2.2.1　分散剂和颗粒分散的重要性

对于不掺任何化学外加剂的浆体，固体颗粒在水分散体系中表现出独特的界面物理化学特性，其相互之间存在多种胶体作用力，并倾向于由胶体吸引力黏结形成絮凝结构。若添加水量不足，则这种絮凝结构会使得浆体几乎没有任何流动性［图 2.20（a）］。掺入分散剂就是通过在水泥颗粒表面的大量吸附，有效降低颗粒表面的胶体吸引力，破坏絮凝结构（图 2.21），释放自由水，从而显著提高浆体流动度。

图 2.20　不掺（a）与掺（b）分散剂的浆体流动性对比

将不掺加分散剂的水泥浆和掺加分散剂的水泥浆分别放入量筒中并静置不同时间[13]（图 2.22）。数分钟后，不含分散剂的量筒中，水泥颗粒几乎都沉降在量筒底部，上层只含有少量水泥，而含有分散剂的量筒中，只有少量水泥颗粒沉降在量筒底部，大部分水泥颗粒依然悬浮在上层混合液中；放置约一天，不含分散剂的量筒中水泥颗粒完全沉降，上层水是清澈的，

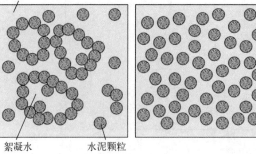

图 2.21 浆体中固体颗粒的絮凝和分散

(a) 0min0s   (b) 5min20s

(c) 3h50min   (d) 23h56min

图 2.22 不同时间干水泥和水泥浆状态对比

(左侧为未添加分散剂的水泥浆，中间为干水泥，右侧为添加分散剂的水泥浆，
左侧和右侧均为 50g 水泥/500g 水，中间为 50g 水泥)

水泥颗粒沉降层的体积大于干水泥堆积的体积，而含有分散剂的量筒中，大部分水泥颗粒也已经沉降在量筒底部，但其上层的水并不澄清，其中依然含有大量分散的水泥颗粒，该量筒中沉降层的厚度小于未压实干水泥的厚度。该实验清楚地说明了水泥颗粒的絮凝对其最终体积的影响，未加分散剂的浆体中颗粒形成了絮凝结构，容易沉降，其中包含部分水，体积较大，而添加分散剂的浆体中颗粒分散程度较高，沉降速率较慢，絮凝程度低，包含的水体积明显减小。由此可见，分散剂对固体颗粒的充分分散是提高浆体流动性的关键。

2.2.2　分散剂的吸附与分散

吸附是分散剂发挥作用的前提，分散剂在固体表面的吸附分为物理吸附和化学吸附。分散剂分子或离子通过与固体颗粒表面的静电相互作用、范德华耳斯相互作用、疏水相互作用发生的吸附称为**物理吸附**（physical adsorption）；而分散剂与固体表面发生化学反应生成化学键的吸附称为**化学吸附**（chemical adsorption）。水泥混凝土常用的分散剂为典型的水溶性阴离子聚合物。这一类分散剂在水泥颗粒表面的吸附，主要由分散剂分子与水泥颗粒表面的静电作用驱动，因此分散剂在水泥颗粒表面的吸附作用与其电荷性质以及带电量有关。

最简单的吸附模型是 Langmuir 单层吸附模型。该模型假设：①固体表面是均匀的，吸附能力处处相等；②吸附层是单分子层；③吸附与脱附之间存在动态平衡；④被吸附分子间无相互影响，相互间无作用力。假定待吸附物质 A 在固体表面吸附后占据一个吸附位点 S，固体表面划分为一定量的吸附位点，每个吸附位点仅能被一个物质分子（例如分散剂）占据，当达到吸附平衡时，基于吸附平衡常数 k，可以得到以下关系：

$$A + S \rightleftharpoons AS \tag{2.11}$$

$$k = \frac{[AS]}{[A][S]} \tag{2.12}$$

式中，[A]表示溶液中 A 的活度（浓度）；[S]表示空白吸附位点的活度（浓度）；[AS]表示被 A 占据的位点的活度（浓度）。

基于动力学观点，Langmuir 认为固体表面上的吸附是吸附与脱附两种过程达到动态平衡的结果。根据以上假设与分析，可以得到以下关系：

$$\gamma = \gamma_\infty \frac{kc}{1+kc} \tag{2.13}$$

$$\frac{c}{\gamma} = \frac{1}{\gamma_\infty k} + \frac{1}{\gamma_\infty} c \tag{2.14}$$

式中，γ 为 A 的吸附量；γ_∞ 为 A 的最大吸附量，代表在无限大溶液浓度下，固体表面能吸附 A 的最大量；c 为溶液中 A 的平衡浓度；k 为吸附平衡常数，与吸附自由能有关。

式（2.13）和式（2.14）是 Langmuir **等温吸附方程**，这是一个理论式，该模型仅是理想化模型。通过测量吸附平衡时溶液中 A 的浓度，可以计算得出单位面积固体表面 A 的吸附量，画出吸附等温线（图 2.23），再根据式（2.14）可以计算不同温度的吸附平衡常数和最大吸附量。大多数体系不能在比较大的覆盖率范围内符合 Langmuir 方程，只有基本符合 Langmuir 假设

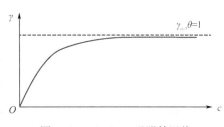

图 2.23　Langmuir 吸附等温线

的体系，如硅胶吸附 CO_2、活性炭吸附 N_2O 等，用该等温方程处理才能得到满意的结果。

固体表面吸附位点被占据的程度可以用表面覆盖率 θ 表征 [式（2.15）]：

$$\theta = \frac{\gamma}{\gamma_\infty} \tag{2.15}$$

分散剂在水泥颗粒表面的吸附行为，可通过测试吸附前后溶液中分散剂浓度的变化来表征，总有机碳（total organic carbon，TOC）分析是测试有机物分散剂吸附量的常用方法。需要注意的是，在水泥浆体中，由于水泥水化反应不断进行，浆体中添加的分散剂会被水化反应消耗，因此经过 TOC 测试计算得到的"吸附量"实际上包含了水化消耗量。

2.2.3　分散体系中颗粒界面的相互作用

为了深入理解分散剂的分散作用，首先要理解浆体中固体颗粒的表面特性及其相互作用，双电层模型和 DLVO 理论（由 Derjaguin、Landau、Verway 和 Overbeck 提出）分别是描述界面特性和固体颗粒水分散体系稳定性最成熟的模型和理论。

（1）双电层模型和 ζ 电势

当固体颗粒与液体接触时，固体颗粒从溶液中选择性吸附某种离子或固体颗粒本身发生电离，使得固液两相分别带有不同符号的电荷，在界面形成**双电层**（electric double layer）结构。目前认可度最高的是 Stern 双电层模型（图 2.24），它将双电层分为两部分：**Stern 层**（紧密层，Stern layer）和**扩散层**（diffusion layer）。其中，Stern 层是指紧靠表面的那部分，一般为 1~2 个分子层厚，在电性和非电性的吸引作用下，离子强烈地吸附在表面上并与其结合，这种吸附被称为**特性吸附**（specific adsorption），它相当于 Langmuir 的单分子吸附层。吸附在表面的这层离子被称为特性离子，反离子的电性中心构成了 Stern 平面（图 2.24）。离子的溶剂化作用使得紧密层结合了一些溶剂分子，在电场作用下，带电颗粒发生移动，而这层溶剂分子也会和颗粒作为整体一起移动，移动的**切动面**（或称为**滑移面**，shear plane）比 Stern 层略靠右（图 2.24）。在 Stern 层之外的部分，受热运动影响，平衡离子向液相中扩散，同时又被固体表面的电荷吸引，当两种作用平衡时，靠近固体表面的平衡离子密度高，随着距离增加其密度逐渐降低，形成了扩散层。

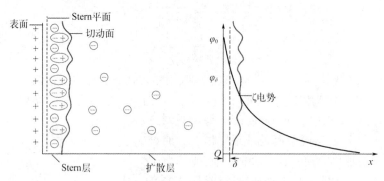

图 2.24　Stern 双电层模型

一般可将双电层分为以下几层：第一层是表面电势层（表面电势 φ_0），它位于最里面并且具有去溶剂化性质；向外是厚度为 δ 的 Stern 层，该层中的离子是凭着静电力、范德瓦耳斯力和溶剂化而牢固吸附，它使电势从 φ_0 降低到 φ_δ；再向外为扩散层的不切变部分，切动面上的电势称为ζ**电势**（Zeta potential），其数值反映了颗粒表面展现的电荷性质和大小，它会随着固体颗粒表面的物质吸附、溶液中的离子浓度、温度等因素的变化而变化。

水泥悬浮体中水泥颗粒表面也存在双电层，水化初期水泥颗粒表面带电荷，吸引周围液相中的反离子形成扩散双电层结构。当两个相同电荷的水泥颗粒相互靠近至其扩散层发生重叠时，具有相同电荷的颗粒之间就会产生**静电斥力**（electrostatic repulsion）。这种静电力随扩散层重叠程度的增加而增大，还受到水泥颗粒形状与电荷数目的影响。当颗粒与周围溶液发生相对运动时，切动面上产生ζ电势，其绝对值大小决定了粒子间相对运动时的电性斥力的大小。因此，ζ电势是水泥体系动电性质的综合指标。

（2）DLVO 理论

在固体颗粒的分散体系中，颗粒之间的相互作用包括范德瓦耳斯力和静电作用力，DLVO理论是基于这些作用力的平衡来解释水分散体系稳定性的理论，其基本假设是这些相互作用力（或者势能）可以加和，无相互影响[14]。

考虑一对间距 h、半径分别为 a_1 和 a_2 的球形粒子，其范德瓦耳斯相互作用包括：①永久偶极子与诱导偶极子间的相互作用力即德拜（Debye）引力（诱导力）；②永久偶极子与永久偶极子之间的作用力（偶极力）；③诱导偶极子与诱导偶极子之间的作用力即伦敦引力（色散力）。在水泥分散体系中，作为分散相的水泥粒颗粒，颗粒间的范德瓦耳斯引力势能 ψ_{vdW} 以及作用力 F_{vdW} 为

$$\psi_{vdW} = -AH_{(a_1,a_2,h)} \tag{2.16}$$

$$F_{vdW} = -\frac{\partial \psi_{vdW}}{\partial h} = A\frac{\partial H_{(a_1,a_2,h)}}{\partial h} \approx -A\frac{\bar{a}}{12h^2} \tag{2.17}$$

式中，A 是 Harmaker 常数；H 是几何因子，与固体颗粒的尺寸、间距有关；$\bar{a}$ 是颗粒半径的调和平均，即

$$\bar{a} = \frac{2a_1a_2}{a_1+a_2} \tag{2.18}$$

除此之外，在水分散体系中，固体颗粒表面存在双电层，在连续介质理论范畴内，双电层中的离子产生电势，电势 ψ_{ES} 随颗粒表面距离 x 的增加而指数衰减：

$$\psi_{ES} = \psi_0 e^{-\kappa x} \tag{2.19}$$

式中，ψ_0 为颗粒的表面电势；κ^{-1} 为衰减长度，也称德拜长度。

当颗粒靠近时，双电层重叠，颗粒间离子浓度升高，由此产生的渗透压会迫使两个固体颗粒分开，当固体颗粒具有相同的表面电势时，利用连续介质理论，静电斥力可以表示为

$$F_{ES} \approx -2\pi\varepsilon\varepsilon_0\bar{a}\psi_{ES}^2\frac{\kappa e^{-\kappa h}}{1+e^{-\kappa h}} \tag{2.20}$$

式中，ε_0 是真空介电常数；ε 是水的相对介电常数。

很显然，德拜长度随着离子强度的增加而减小，因为反离子会"中和"表面电荷（屏蔽效应）。水泥浆体间隙液的离子强度很高（0.1～0.2mol/L），因此，静电排斥作用较弱，作用距离较短。

在固体颗粒的分散体系中，一方面固体颗粒受到表面扩散双电层的静电斥力作用，使颗

粒趋于分散，另一方面它又受到范德瓦耳斯力的作用，使颗粒有团聚倾向。体系的总相互作用能与离子强度以及颗粒间距密切相关。

如图 2.25（a）所示，范德瓦耳斯作用为引力（势能为负），静电排斥作用势能为正，二者的总和表现出复杂的变化趋势。由于静电力随距离增加衰减速率远高于范德瓦耳斯力，因此在颗粒间距较大时吸引作用主导，总势能为负，随着距离减小，势能逐渐降低，直到一个低点（第二最小势）；此后继续靠近，双电层重叠增加，静电排斥作用变得显著，势能增加，出现了能垒。克服该能垒，间距继续减小，则范德瓦耳斯引力占优势，此时总相互作用能被称为第一最小势。静电相互作用、范德瓦耳斯相互作用都随着距离增加快速衰减，几纳米以外，其作用强度基本衰减为零。

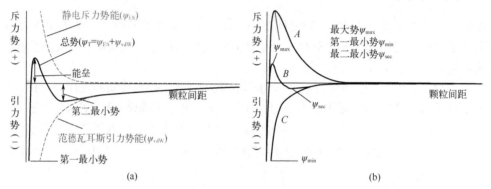

图 2.25　颗粒间相互作用势能随距离的变化（a）以及不同离子强度下总势能随距离的变化（b）
（A~C 分别为离子强度由低到高）

在离子强度较低的情况下 ［图 2.25（b）］，静电斥力较强，形成的能垒较高，固体颗粒往往无须分散剂即可稳定分散；随着离子强度的增加，能垒降低，但依然为正，在没有足够强扰动的情况下，固体颗粒依然维持悬浮或分散的状态，但若外加扰动（如升高温度）能突破能垒，则粒子会聚并而团聚；在高离子强度下，能垒消失，体系不稳定，颗粒趋向于团聚，水泥浆体中离子强度较高，其势能曲线与此情况类似。

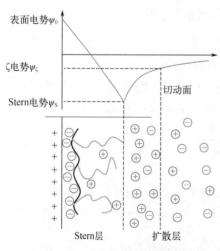

图 2.26　分散剂对双电层的影响

分散剂的吸附显著影响颗粒间的相互作用。分散剂吸附层影响了双电层结构，使得切动面向远离固体颗粒表面的方向移动一定距离（吸附层厚度 L，图 2.26），此时静电力的作用距离变成了 $(h-2L)$，其静电力略有不同 ［式（2.21）］：

$$F_{ES} \approx -2\pi\varepsilon\varepsilon_0 \bar{a}\psi_{ES}^2 \frac{\kappa e^{-\kappa(h-2L)}}{1+e^{-\kappa(h-2L)}} \quad (2.21)$$

一类分散剂可以通过增强固体颗粒表面电势增强静电排斥作用，从而增加能垒。另一类聚合物分散剂（如聚羧酸减水剂）吸附于固体颗粒表面时，部分链结构自由伸展在溶液中，当两个颗粒相互靠近时，溶液中自由伸展的（溶剂化的）分子链相互交叠，一方面聚合物构象熵损失导致自由能增加，另一方面聚合物浓度增加产生了渗透压，这些作用共同阻止固体颗粒相互靠近，这种排斥作用被称为**空间位阻**（steric hindrance）排斥力。假设聚合物以"蘑菇"形态吸附，"蘑菇"中心的距离为 s，聚合物分子链伸入溶剂的最大距离为 L，则空间位阻力 F_{ster} 为

$$F_{ster} = \bar{a} \frac{3\pi k_B T}{5s^2} \left[\left(\frac{2L}{h} \right)^{\frac{5}{3}} - 1 \right] \quad (2.22)$$

式中，k_B 为玻尔兹曼常数。

聚合物分子的空间位阻排斥力往往远强于静电排斥作用[14]。一般地，对于聚羧酸减水剂（梳型聚合物）分散的水泥浆体，水泥颗粒表面"蘑菇"的最大伸展距离可以达到 2～7nm（图 2.27）。在这个距离范围内，固体颗粒表面双电层的切动面会移动到聚合物外层，此时静电排斥作用较弱。

图 2.27 为采用原子力显微镜（AFM）测得的水泥熟料颗粒之间的相互作用力与通过测得的 ζ 电位计算得到的颗粒之间作用力比较。当聚羧酸减水剂（PC-A）吸附在熟料颗粒表面时，空间位阻作用力占主导；而熟料颗粒吸附萘系减水剂（NS）或线型聚合物（PC-B）时，空间位阻作用力对总斥力的贡献仅分别为 30% 和 20%。因此，聚羧酸减水剂的空间位阻作用是水泥颗粒分散的主要原因。

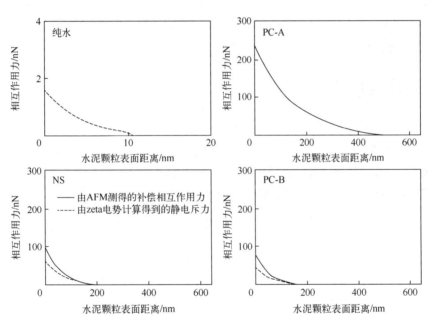

图 2.27 由原子力显微镜（AFM）测得的熟料颗粒间的相互作用与由 ζ 电位计算得到的相互作用[15]
（PC-A、NS 和 PC-B 分别为吸附聚羧酸减水剂、萘系减水剂和线型聚合物的熟料颗粒间的相互作用力）

2.2.4　减水剂的定义与分类

在水泥浆体拌合时需要添加一类外加剂，它可以通过改变水泥颗粒的表面特性实现颗粒的分散稳定，这类外加剂本质上是一种分散剂。这种分散剂通过静电排斥力和/或空间位阻作用破坏浆体絮凝结构而释放水泥颗粒团聚体中包裹的水分，使得水泥颗粒充分分散（图 2.28），从而显著提高水泥浆体流动性。此类外加剂的主要作用表现为：保持水胶比不变时，可大幅

增加混凝土流动性；或者在保证良好工作性的前提下，显著降低混凝土的水胶比。因此其俗称**减水剂**（water reducer）。

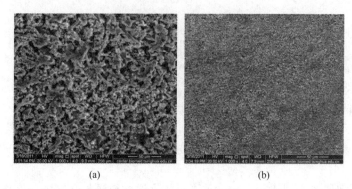

图 2.28 新拌浆体（水灰比 w/c=0.29）的环境扫描电子显微镜照片[16]
（a）无聚羧酸减水剂；（b）掺加相相于水泥质量 0.1%的聚羧酸减水剂

　　减水剂是混凝土外加剂中最重要的品种。减水剂的减水能力通常采用减水率来评估。减水率为坍落度基本相同时，基准混凝土和掺减水剂的受检混凝土单位用水量之差与基准混凝土单位用水量之比（以百分数表示）。减水剂按减水率大小，可分为第一代普通减水剂（以木质素磺酸盐类为代表）、第二代高效减水剂（包括萘系、脂肪族、氨基磺酸盐系、密胺系等）和第三代高性能减水剂（以聚羧酸系高性能减水剂为代表）。

2.3　普通减水剂

　　普通减水剂是指在混凝土坍落度基本相同的条件下，减水率不小于 8%的外加剂，主要包括木质素磺酸盐类减水剂、改性糖蜜减水剂、改性腐殖酸减水剂等，其中，木质素磺酸盐类所减水剂用量最大，它是制备造纸浆料过程中产生的副产物。木质素分子的结构单元如图 2.29 示，在木质素结构中可通过加成/取代反应引入磺酸根增强木质素分子的亲水性和静电排斥作用。

图 2.29　木质素分子结构中的基本单元

　　相比高效减水剂和高性能减水剂，木质素磺酸盐类减水剂减水性能较弱，目前已经不作为主要减水组分使用，而是被用作调凝、调气和调节成本的辅助组分。由于木质素来源于天然产物，根据木材或草本植物种类和加工工艺差异，木质素磺酸盐减水剂的性能具有一定波动性。木质素磺酸盐类减水剂含有大量羟基，过量掺加易导致混凝土缓凝；由于木质素结构中具有较多的疏水单元，木质素磺酸盐类减水剂具有一定引气特性，过量掺加会导致混凝土含气量上升。

2.4 高效减水剂

2.4.1 品种及制备方法

高效减水剂指在混凝土坍落度基本相同的条件下，减水率不小于14%的外加剂，主要种类有萘磺酸盐甲醛缩合物高效减水剂（简称**萘系减水剂**）、脂肪族羟基磺酸盐甲醛缩合物高效减水剂（简称**脂肪族减水剂**）、苯酚-对氨基苯磺酸钠甲醛缩合物高效减水剂（简称**氨基磺酸盐减水剂**）、三聚氰胺磺酸盐甲醛缩合物高效减水剂（简称**密胺减水剂**）等。

（1）萘系减水剂

萘系减水剂以工业萘或由煤焦油中分馏出的含萘及萘的同系物馏分、浓硫酸和甲醛为主要原料，典型的合成路线与反应机理如图2.30所示。工业萘先经浓硫酸磺化，再进行甲醛缩合，至一定缩合度后添加液碱将缩合中止，并中和反应体系制得萘系减水剂。该缩合物含有大量的磺酸根吸附基团，为阴离子型线型聚合物。该减水剂通常为棕黑色液体，可干燥制得棕色粉末。萘系减水剂中含有较多硫酸盐，根据合成工艺不同分为常规型（硫酸钠质量分数15%～25%）和高浓型（硫酸钠质量分数<5%）两种。当萘系减水剂以液体形式使用时，在低温（平均气温低于10℃时）季节硫酸钠易从溶液中析出形成结晶，在储罐底部聚集，堵塞输送管线，此时宜选用高浓型萘系减水剂。

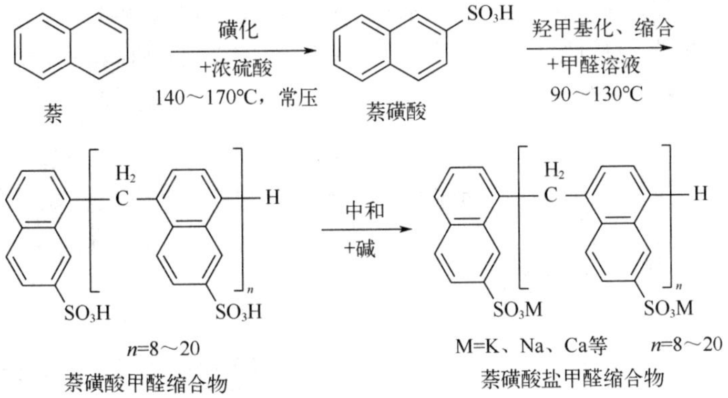

图 2.30 萘系减水剂典型合成路线与分子结构

（2）脂肪族减水剂

脂肪族减水剂以丙酮、甲醛和亚硫酸盐为主要原料，典型的合成路线与反应机理如图2.31所示。丙酮与亚硫酸钠加成生成丙酮磺酸钠；甲醛与亚硫酸钠生成羟甲基磺酸钠；随后羟甲基磺酸钠与丙酮发生反应生成中间磺化产物，中间磺化产物同甲醛、丙酮在碱性条件下继续发生醛酮缩合反应，制得脂肪族羟基磺酸盐甲醛缩合物，该反应机理目前尚存在一定争议。该缩合物为阴离子型聚合物，分子结构中包含部分无规支链，且含有大量的磺酸根吸附基团。脂肪族减水剂通常为红褐色液体，染色性较强，其稀溶液（0.1%）呈现深红色，干燥可制得红褐色粉末。脂肪族减水剂pH值大于12，其生产和使用过程应加强对人员的劳动保护，避免其与人体直接接触。

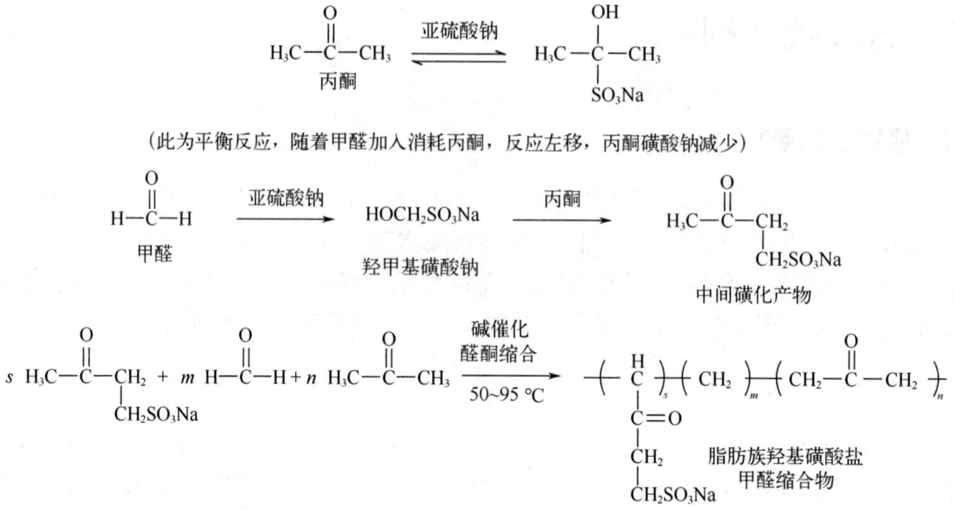

（此为平衡反应，随着甲醛加入消耗丙酮，反应左移，丙酮磺酸钠减少）

图 2.31　脂肪族减水剂典型工艺合成路线与分子结构式

（3）氨基磺酸盐减水剂

氨基磺酸盐减水剂以对氨基苯磺酸钠、苯酚类化合物和甲醛为主要原料，典型的合成路线与反应机理如图 2.32 所示。在弱碱性条件下，苯酚与甲醛发生酚醛加成反应生成羟甲基化的苯酚衍生物；在甲醛作用下，羟甲基化的苯酚衍生物与对氨基苯磺酸钠发生酚醛缩合反应，制得苯酚-对氨基苯磺酸钠甲醛缩合物。该缩合物为阴离子型聚合物，分子结构中含有芳环、氨基和大量的磺酸根吸附基团，且存在部分无规支链结构。氨基磺酸盐减水剂通常为棕色液体，干燥可制得黄棕色粉末。

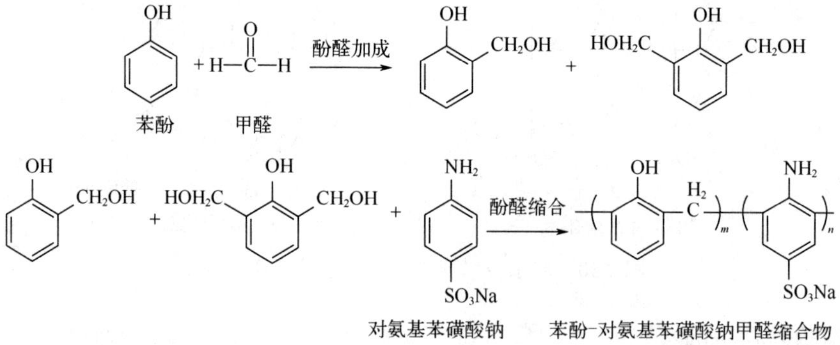

图 2.32　氨基磺酸盐减水剂典型工艺合成路线与分子结构式

（4）密胺减水剂

密胺减水剂以三聚氰胺、甲醛和亚硫酸盐为主要原料，典型的合成路线和反应机理如图 2.33 所示。在弱碱性条件下，三聚氰胺与甲醛发生羟甲基化反应，之后在强碱性条件下，部分羟甲基与亚硫酸盐发生磺化反应，随后调节体系 pH 值至弱酸性进行缩合反应，至一定聚合度后，调节体系 pH 值至弱碱性，终止缩合反应并稳定重排，制得三聚氰胺磺酸盐甲醛缩合物。该缩合物为阴离子型聚合物，分子结构中含有大量的磺酸根吸附基团，且存在较多的无规支链和交联结构。密胺减水剂通常为无色透明液体，干燥可制得白色粉末。

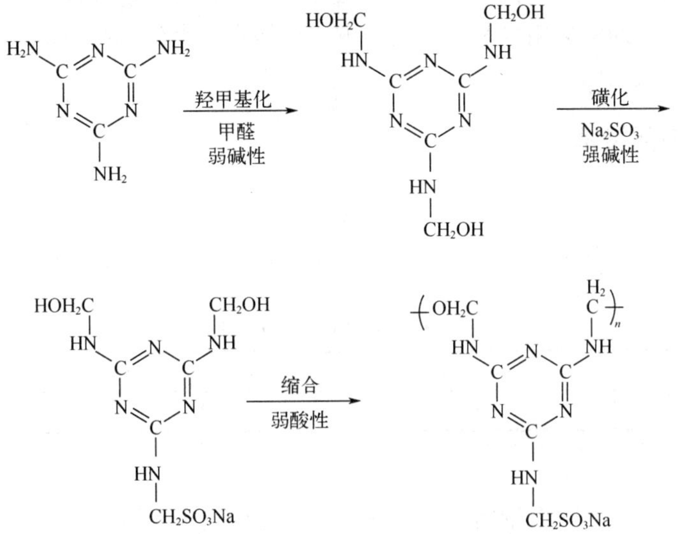

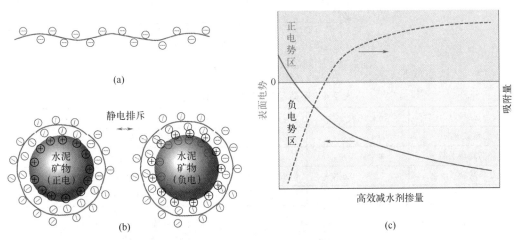

图2.33　密胺减水剂典型工艺合成路线与分子结构式

2.4.2　作用机理

高效减水剂通常为阴离子型聚合物，其中萘系减水剂为典型的线型阴离子型聚电解质[图2.34（a）]，而脂肪族减水剂、氨基磺酸盐减水剂和密胺减水剂的分子结构中尽管含有部分支链结构，但还是以线型结构为主。高效减水剂可以直接吸附于带正电的水泥矿物颗粒表面，亦可以通过 Ca^{2+} 络合吸附于带负电的颗粒表面[图2.34（b）]。高效减水剂的吸附可将不同的矿物相颗粒表面均修饰为带负电，并具有较高的表面电势，增强静电排斥力，从而发挥分散作用。这种排斥作用与聚合物分子在水泥颗粒表面的吸附密切相关，一般来说，吸附量越大，水泥颗粒表面的负电势越高[图2.34（c）]，静电排斥作用力越强。

图2.34　高效减水剂拓扑结构（a）、在水泥颗粒表面的吸附与静电排斥原理图（b）以及在水泥颗粒表面吸附后颗粒表面电势的变化曲线（c）

高效减水剂的减水能力来源于其吸附于水泥颗粒后产生的静电排斥作用，然而随着水泥水化进行，吸附于水泥颗粒表面的减水剂分子不断被水化产物包埋而失去分散作用，导致掺加高效减水剂的混凝土的流动性随时间延长而逐渐减小，这种现象也被称为"坍落度损失"现象。实际应用中，通常采用复配缓凝剂的方式延缓水泥水化，在一定程度上可以解决高效减水剂坍落度损失大的问题。

2.4.3 性能与应用技术

（1）性能

高效减水剂的主要技术指标包含减水率、抗压强度比、收缩率比等，见表 2.3。

表 2.3 高效减水剂技术指标

指标	减水率/%	28 天抗压强度比/%	收缩率比/%
性能	≥14	≥120	≤135

注：摘自 GB 8076—2008《混凝土外加剂》。

高效减水剂的减水率随掺量增加先快速增加，随后趋于平缓。四种高效减水剂的减水率与掺量的关系见图 2.35。在常规掺量下（减水剂固体掺量，占胶凝材料总质量的 0.50%），减水性能从大到小依次为氨基磺酸盐减水剂、脂肪族减水剂、萘系减水剂和密胺减水剂。高效减水剂的适宜掺量范围、减水率性能以及常规应用领域见表 2.4。

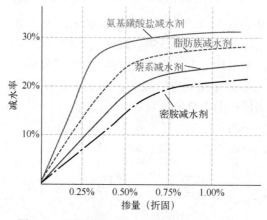

图 2.35 不同高效减水剂的掺量同减水率关系

表 2.4 不同品种高效减水剂性能对比

品种	适宜掺量范围	减水率范围	用途与特点
萘系减水剂	0.4%～1.0%	14%～25%	水电大坝碾压混凝土、商品混凝土等
脂肪族减水剂	0.3%～0.8%	14%～28%	商品混凝土、油井水泥等
氨基磺酸盐减水剂	0.2%～0.6 %	20%～30%	复杂材料体系、保坍性能好
密胺减水剂	0.5%～1.5%	14%～23%	和易性改善、外观改善、早强

（2）应用技术

高效减水剂一般用于制备强度等级 C60 以下的素混凝土、钢筋混凝土、预应力钢筋混凝土，其掺量（折算为减水剂的固体掺量，下同）通常为胶凝材料质量的 0.3%～0.8%。使用高效减水剂的混凝土拌合物干燥收缩增加 10%～35%，需加强混凝土早期保湿养护，降低开裂风险。

掺高效减水剂的混凝土拌合物，坍落度损失较大，因此限制了其在泵送混凝土中的单独应用，通常需与缓凝剂复合使用，但应经试验验证其对混凝土的凝结时间、泌水、抗压强度等性能无不良影响。配伍了缓凝剂的高效减水剂也被称作缓凝型高效减水剂，可用于制备大体积混凝土、碾压混凝土、高温环境施工混凝土、大表面浇筑混凝土、自密实混凝土、滑模/拉模施工混凝土及其他需要延长凝结时间的混凝土。高效减水剂通常为低引气型减水剂，配制具有抗冻融性能要求的混凝土时，需与引气剂复合。

高效减水剂不同品种间可以进行复合，也可以配伍其他外加剂（比如缓凝剂、引气剂等），但萘系减水剂不可与聚羧酸减水剂复合使用，两者复合后产生凝胶状物质，导致减水性能下降。

高效减水剂生产均使用甲醛原材料，当缩合反应不充分时，残留在减水剂中的甲醛对环境具有危害性。GB 31040—2014《混凝土外加剂中残留甲醛的限量》明确规定混凝土外加剂中残留甲醛的量不大于 500mg/kg。制备萘系、脂肪族等高效减水剂时，使用萘、丙酮、苯酚等易挥发化合物，生产过程管控不严格会对环境造成不利影响。因此其清洁化生产成为重要的发展趋势，更清洁化和高性能化的新一代聚羧酸减水剂应运而生，其正逐渐取代高效减水剂。

2.5　高性能减水剂

高性能减水剂是指在混凝土坍落度基本相同的条件下，减水率不小于 25%、坍落度保持性能好、干燥收缩小，且具有一定引气性能的减水剂。高性能减水剂包括**聚羧酸系高性能减水剂**以及其他能够达到 GB 8076—2008《混凝土外加剂》指标要求的减水剂。聚羧酸减水剂具有分子结构可调性强、高性能化潜力大、生产过程中不使用甲醛以及掺量低、保坍性能好、混凝土收缩率低等突出优点，其合理使用可以显著改善混凝土的工作性、力学性能和耐久性能。目前，聚羧酸减水剂已经成为减水剂的主要品种，是高性能与超高性能混凝土中必不可少的组分之一。

2.5.1　品种及制备方法

聚羧酸减水剂（polycarboxylate superplasticizer，PCE）通常是一种由主链和侧链组成的梳型共聚物。主链由吸附单元和聚醚连接单元构成，吸附单元包含带电官能团，主要为羧基、磺酸基和磷酸基等，这些带电官能团来自制备聚羧酸减水剂所用的不饱和吸附单体（表 2.5）。侧链为水溶性**聚乙二醇醚**（或称为**聚氧乙烯醚**，polyethylene glycol 或 polyethylene oxide，缩写为 PEG 或 PEO）链，重均分子量一般在 500～10000 之间，来源于活性聚醚大单体，占聚羧酸分子质量的 70% 以上。另外，可向其分子结构中引入其他功能单元，如含酰胺、酯、硅氧烷和环糊精等官能团的结构单元，赋予其更多功能。

根据连接主链与侧链的官能团类型可以将聚羧酸减水剂简单地分为"酯型"（聚醚连接单元为酯键）和"醚型"（聚醚连接单元为醚键）两种类型，典型的分子结构及其示意图见图2.36。酯键在水泥基材料强碱性溶液环境中会发生水解断裂，造成侧链脱落；醚键则较为稳定，碱性环境一般不会水解。

表 2.5　聚羧酸减水剂常用原材料

类别	原材料
活性聚醚大单体	**醚型大单体类:** 烯丙基聚乙二醇醚(APEG)、甲基烯丙基聚乙二醇醚(HPEG)、异戊烯基聚乙二醇醚(IPEG)、羟丁基乙烯基聚乙二醇醚(VPEG)、乙烯基聚乙二醇醚(EPEG)等 **酯型大单体类:** 丙烯酸-甲氧基聚乙二醇酯(或称为聚乙二醇单甲醚丙烯酸酯)、甲基丙烯酸-甲氧基聚乙二醇酯(或称为聚乙二醇单甲醚甲基丙烯酸酯)
不饱和吸附单体	丙烯酸、甲基丙烯酸、马来酸酐、衣康酸、烯丙基磺酸钠、甲基丙烯磺酸钠、甲基丙烯酸羟乙酯磷酸酯等
引发剂	过硫酸盐、水溶性氧化还原体系(双氧水-抗坏血酸、过硫酸铵-亚硫酸氢钠等)、水溶性偶氮类引发剂等
链转移剂	水溶性巯基醇或酸、甲基丙烯磺酸钠、次磷酸钠等

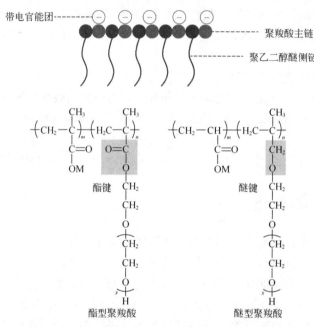

图 2.36　聚羧酸减水剂梳型结构示意图以及典型分子结构

聚羧酸减水剂由活性聚醚大单体和不饱和吸附单体的水溶液通过**自由基聚合**(free radical polymerization)制备。聚合反应在一定温度下通过**引发剂**(initiator)引发,且通过**链转移剂**(chain transfer agent)调节聚合物分子量(图 2.37),常用原材料见表 2.5。根据单体的聚合活性差异,选择合适的引发剂在常温至较高温度范围内进行聚合。通过链转移剂调整聚羧酸减水剂的重均分子量(水性凝胶渗透色谱测定,相对聚乙二醇分子量基准)处于 10000~100000 范围。

活性聚醚大单体中,酯型大单体采用不饱和羧酸类单体与聚乙二醇单甲醚通过酯化反应来制备,醚型大单体采用不饱和醇与环氧乙烷通过阴离子聚合加成来制备。酯型大单体的聚合活性较高,聚合前通常将它和不饱和吸附单体混合,并在聚合过程中采用持续滴加的方式进料。醚型大单体的聚合活性显著低于不饱和吸附单体,因此醚型大单体通常一次性投料,而聚合中不饱和吸附单体则采用持续滴加的方式进料。相比之下,醚型大单体的制备工艺更加简单高效,成本较低,因此醚型减水剂已成为高性能减水剂的主导品种。根据聚醚大单体的结构差异,典型聚羧酸减水剂分子结构如图 2.38 所示。

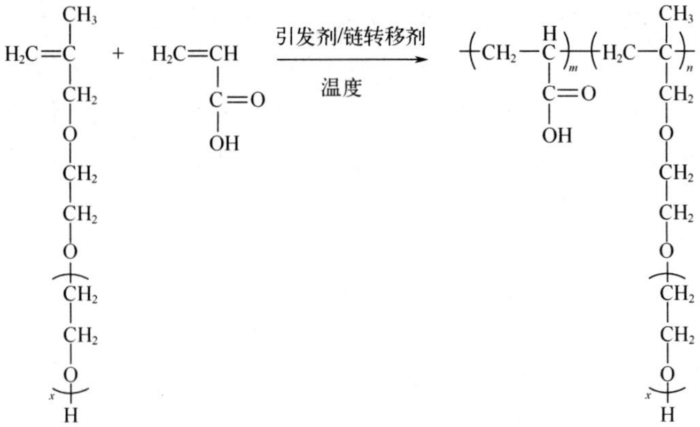

图 2.37　水溶液自由基聚合制备聚羧酸减水剂

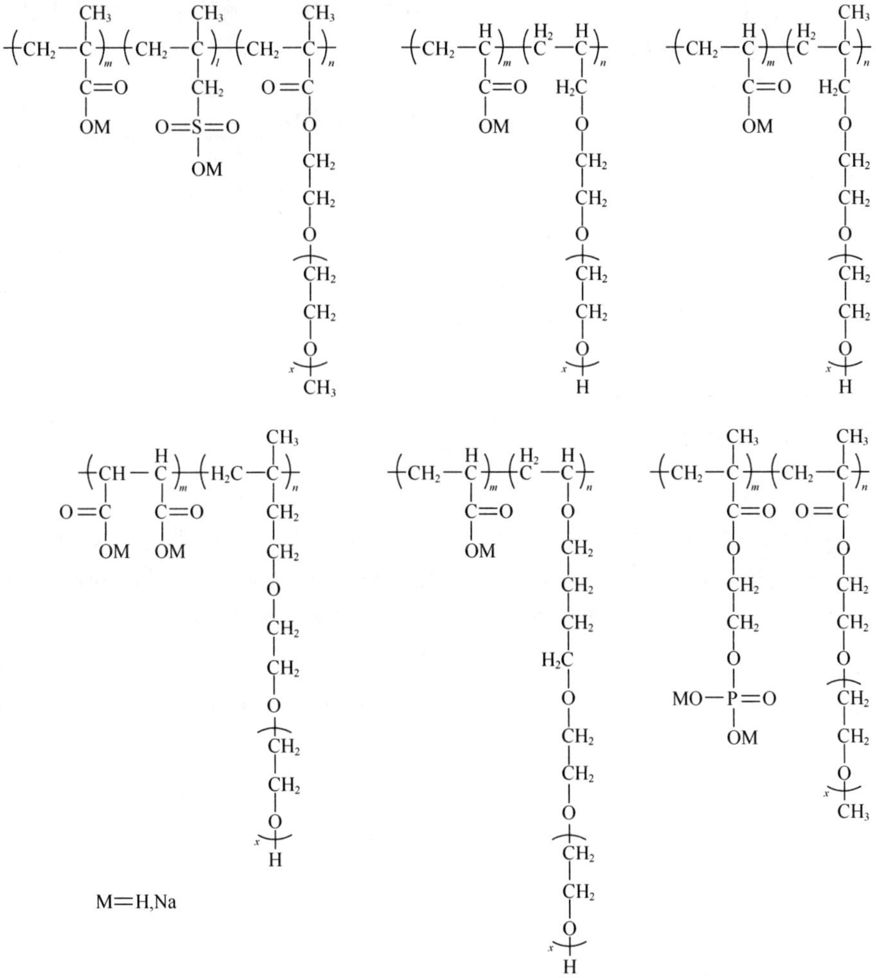

M=H,Na

图 2.38　典型聚羧酸减水剂分子结构式

　　市场上聚羧酸减水剂产品的主要形态为水溶液，适用于大部分预拌混凝土和预拌砂浆。根据混凝土施工对流动性的需求差异，不同聚羧酸减水剂以及其他水溶性外加剂均可复配使用。

此外，为了适配干粉砂浆、灌浆料等以粉料形态使用的特殊混凝土材料，聚羧酸减水剂可被制成固态（分为粉剂和片剂）。粉剂通过喷雾干燥工艺制备，即先雾化后通过热风去除水溶液中的水分，干燥过程需要引入一些无机粉体（如二氧化硅、碳酸钙等）作为隔离剂，以防止粉体颗粒间的粘连。片剂通常采用无水自由基聚合工艺共聚，再通过冷冻切片制得。

2.5.2　作用机理

混凝土拌合过程中，水泥颗粒遇水后矿物相快速溶解并有大量离子如 Ca^{2+}、K^+、SO_4^{2-} 和 OH^- 等释放到浆体溶液中。水泥组分中各种矿物的不均匀溶解，以及离子在不同矿物表面的吸附作用，导致铝酸盐相矿物（C_3A、C_4AF）及其早期水化产物颗粒 ζ 电位为正值，硅酸盐相矿物（C_3S、C_2S）颗粒 ζ 电位为负值（表 2.6）。带不同电荷的表面互相吸引导致颗粒团聚，大量拌合水被包裹束缚，影响浆体流动性。聚羧酸减水剂掺入混凝土后，聚合物主链上的吸附基团能快速锚固在水泥颗粒表面，并提供静电斥力，长侧链发挥空间位阻作用，实现水泥颗粒的稳定分散（图 2.39）。

表 2.6　水泥主要成分的 ζ 电位　　　　　　　　　　　　　　单位：mV

研究人员	C_3A	C_4AF	C_3S	C_2S
Wang Fusheng	10～16	15～20	−24～−13	−18～−16
K. Yoshioka	5～10		−5	
T. Nawa	23	40	−6	—
Xinchun	24.9	20.5	−8.64	−7.69
Zelwer	9～22	—	−11～−9	
Collepardi	40	15	0	—

（1）吸附及静电斥力

吸附是聚羧酸减水剂发挥分散作用的前提。水泥浆体为强碱性（pH>12）溶液环境，聚羧酸分子中的羧基等吸附基团完全电离后呈负电性，通过静电作用吸附在 C_3A、C_4AF 以及钙矾石等带正电的矿物相表面，其吸附能力较强；在 C_3S、C_2S 等带负电的矿物相表面，由于静电排斥作用，聚羧酸分子的吸附驱动力主要来自浆体溶液中 Ca^{2+} 络合作用，以及聚合物吸附到固体表面后，固体表面原子吸附的离子和水分子释放到溶液中，导致体系的熵增加，其吸附能力通常较弱。在水泥浆体中，聚羧酸减水剂吸附量在最初几分钟内显著增加，之后随着时间延长缓慢地达到平衡（图 2.40）。

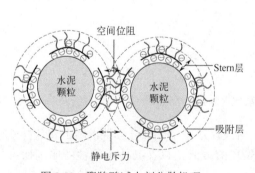

图 2.39　聚羧酸减水剂分散机理

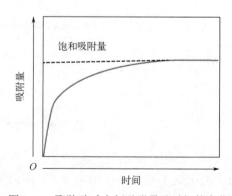

图 2.40　聚羧酸减水剂吸附量随时间的变化

根据高效减水剂的分散机理，其掺量越大，ζ 电位绝对值越高，分散效果越好，固体颗粒稳定分散所需 ζ 电位绝对值高于 20mV。然而，掺加了聚羧酸减水剂的水泥浆体测得的 ζ 电位不足 10mV，但却具有比高效减水剂更好的分散性，显然分散作用不仅仅来自静电斥力。

（2）空间位阻分散作用机制

聚羧酸减水剂在水泥颗粒表面吸附后，其分子链中水溶性长侧链自由伸展于溶液中。当水泥颗粒相互靠近时，侧链的空间位阻的体积排斥作用阻碍颗粒团聚絮凝（图 2.39）。

颗粒间范德瓦耳斯吸引相互作用与颗粒表面间距的平方成反比［式（2.17）］，颗粒表面吸附聚羧酸减水剂条件下，颗粒表面间距与减水剂分子的吸附层厚度正相关。水泥浆体中无聚羧酸时颗粒表面双电层厚度约为 1nm，当两个水泥颗粒接近时，双电层交叠产生排斥的范围约为 2nm。吸附聚羧酸（侧链长度可达 2～7nm）的两颗粒在 4～14nm 即可产生空间位阻排斥作用，且其作用力较静电斥力大一个数量级。

聚羧酸分子的空间位阻效应取决于其在固体颗粒表面的构象伸展状态（俗称"吸附层厚度"），且其对浆体絮凝结构的削弱程度还与表面覆盖率有关。研究发现，多数吸附在水泥颗粒表面的聚羧酸分子链为类似串珠的构象，每一颗串珠中包含一根侧链（图 2.41）[17]。在单层吸附假设下，固体颗粒表面被聚合物全部占据之后，聚合物厚度为最大吸附层厚度，此时固体颗粒之间的表面距离达到最大，为吸附层厚度的两倍。当侧链长度相同时，最大吸附厚度与聚合物的**酸醚比**（acid to ether ratio）（或侧链接枝密度）有关，聚合物的酸醚比越低，侧链接枝密度越高，吸附层厚度越大。可以形象地理解为由于主链方向分布的聚合物相邻侧链限制了单键旋转，因此侧链都倾向于向垂直方向伸展。

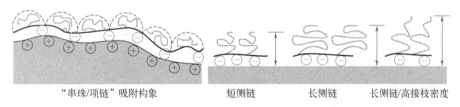

图 2.41　聚羧酸分子的吸附构象以及分子结构对吸附层厚度的影响

（3）流变影响机制

随着聚羧酸减水剂掺量增加，其在颗粒表面的吸附量逐渐增加，水泥浆体的流动度随之增大。对于一种给定的聚羧酸减水剂，其对浆体流变特性的影响随掺量变化可分为以下几个阶段（图 2.42）[18]。

① 当聚羧酸掺量较低时，其吸附量几乎随掺量增加线性增加。此阶段固体颗粒表面聚羧酸分子较为稀疏，大部分表面未被聚羧酸覆盖，已吸附的聚羧酸分子链对后续吸附的阻碍作用很小。因此，浆体中固体颗粒的网络结构依然较强，絮凝结构较多，屈服应力较大，尚未产生流动性。

② 继续增加聚羧酸减水剂掺量，固体颗粒表面聚羧酸分子的覆盖率逐渐增加。该阶段后续聚羧酸分子的吸附受到已吸附分子链的阻碍作用，吸附量/表面覆盖率的增加随掺量增加逐渐变慢。足量的聚羧酸分子链有效削弱了颗粒间的相互作用，浆体絮凝程度迅速降低，屈服应力快速减小，浆体产生流动性并随掺量增加显著增加。

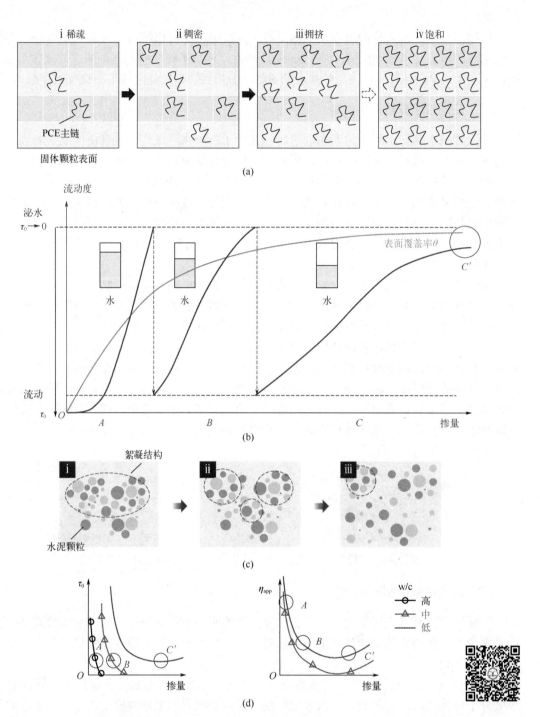

图 2.42　聚羧酸减水剂掺量对表面覆盖率（a）、水泥浆体流动性（b）和絮凝结构的影响（c），以及水泥浆体在不同水灰比的屈服应力［图（d）左］和表观黏度［图（d）右］[18]
［（b）～（d）图中 A、B、C 和 C'各自表示相同的聚羧酸掺量；（b）～（d）图中掺量 A、B 和 C 对应（a）图中 i、ii 和iii 的表面状态，C'表示实验测得的最大表面覆盖率状态］

③ 进一步增加聚羧酸减水剂掺量，此时聚羧酸分子链需要"挤"到颗粒表面仅剩的空间中，其吸附量增加随掺量增加非常缓慢，颗粒表面聚羧酸分子变得十分拥挤，表面覆盖率

逐步达到平台,大量聚羧酸分子残留在溶液中。该阶段浆体屈服应力逐步下降到接近平稳,浆体流动性缓慢增加直到接近平台。在该阶段后期,继续增加聚羧酸减水剂的掺量,残留聚羧酸将引起间隙液黏度增加,可能导致浆体表观黏度增加。

④ 如果水胶比较高,浆体中固体颗粒体积分数较小,形成的网络结构较弱。当表面吸附的聚羧酸分子达到某一程度,固体颗粒不能形成连续的网络结构,此时,水泥浆体屈服应力降低至0。由于密度差,固体颗粒将逐渐沉降,浆体发生泌水。

2.5.3 构效关系

聚羧酸减水剂掺入水泥浆中,通过其在水泥颗粒及水化产物表面的大量吸附,在颗粒间产生静电排斥和空间位阻作用,显著改变水泥颗粒分散聚集结构、大幅提高水泥浆体流动性。一方面,由于水泥持续水化,浆体流动性通常随时间不断降低。然而,掺入聚羧酸减水剂对浆体流动性的经时变化存在显著影响,通常表现为延缓浆体流动性的经时损失,俗称保坍性能,这与聚羧酸对水泥水化过程的影响有关。另一方面,掺入聚羧酸减水剂对水泥初期即早期水化过程有明显影响,通常表现为抑制水化的作用,导致水泥浆的早期强度发展较空白水泥浆体相对迟缓。

不同结构聚羧酸对水泥颗粒的吸附作用及其对水泥水化过程的影响不同,因而表现为不同的分散能力、保坍性能,以及对水泥浆强度发展的不同影响。以醚型聚羧酸为例,一般只采用一种不饱和吸附单体(如丙烯酸或马来酸酐等)与一种聚醚大单体共聚制备,其分子结构中羧酸不饱和吸附单体与聚醚大单体的共聚比例(俗称酸醚比)的变化可显著改变聚羧酸分子链的电荷密度,从而对聚羧酸分子链在水泥颗粒表面的吸附行为产生重要影响。聚氧乙烯侧链长度,不仅影响聚羧酸吸附性能,同时也是影响水泥水化的主要因素。另外,聚羧酸分子主链长度(相当于聚羧酸分子量),也是重要的结构参数。

(1)酸醚比

聚羧酸分子主链上的吸附基团通过与水泥颗粒或水化物之间的静电引力主导吸附作用。高电荷密度聚羧酸吸附量高,展现高减水率(流动度大,图2.43),但对流动性保持效果较差;低电荷密度聚羧酸的减水效果有限(流动度小,图2.43),但对流动度的保持效果较好。在一定范围内,聚羧酸减水剂的吸附能力及水泥浆体流动性与羧基含量呈现正相关关系(图2.43),但超出其范围后,高含量羧基导致水泥浆体流动性下降或出现严重泌水和缓凝现象。这是因为当电荷密度较高时,聚羧酸侧链的接枝密度相对下降,削弱了空间位阻作用;过多羧基与钙离子在颗粒表面形成富钙层,阻碍了水泥熟料的进一步水化。

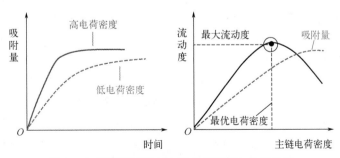

图 2.43 聚羧酸减水剂主链电荷密度与性能关系

聚羧酸减水剂在水泥表面的吸附能力不仅取决于电荷密度，还取决于主链吸附基团与 Ca^{2+} 的结合力，提高 Ca^{2+} 络合能力使聚羧酸减水剂呈现更好的分散效果，同时改善其对硫酸根离子（SO_4^{2-}）的耐受性。单个磷酸基团（$-PO_3^{2-}$）的电荷密度更高，与 Ca^{2+} 的结合能力更强，因此向聚羧酸分子结构中引入磷酸基可以提高分散能力。

在早期水化过程中，聚羧酸分子链会吸附于矿物相表面高活性的位点（一般为水化活性位点，晶格缺陷）抑制矿物相溶解，从而抑制水化。在水泥浆体中，聚羧酸分子链优先大量吸附于 C_3A 以及硫铝酸钙类水化产物表面，同时少量吸附在 C_3S 等矿物相表面。聚羧酸减水剂对硅酸盐水泥的水化延迟——缓凝效应与 C_3S 水化抑制有关（图 2.44）。

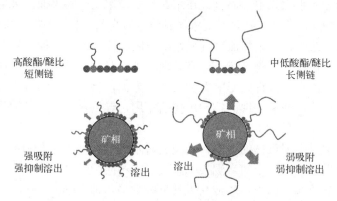

图 2.44　聚羧酸减水剂水化抑制效应与吸附基团密度和侧链长度的关系

聚羧酸减水剂的水化抑制效应与其在矿相表面吸附作用的强弱有关，主要取决于聚羧酸分子的电荷密度和主链长度。电荷密度越高，其与矿相和水化产物的静电和络合作用越强。因此，相同掺量下，高酸醚比聚羧酸缓凝效应强。图 2.45 展示了不同结构聚羧酸分子对模拟水泥体系（烧制 C_3A 与 C_3S 混合物，与石膏混合研磨而成）缓凝时间与掺量的影响，聚羧酸缓凝时间随酸醚比增加而延长。

（2）侧链长度

聚羧酸减水剂侧链主导的空间位阻效应对分散水泥颗粒具有重要作用，侧链的类型、长度和接枝密度均影响水泥浆体的流变性能。在强碱性的水泥孔溶液中，酯型聚羧酸侧链由于酯键水解而逐渐脱落，随着时间延长其空间位阻效应逐步削弱，因此流动性保持能力往往比醚型聚羧酸差。

聚羧酸较长侧链提供更强空间位阻效应，因此水泥浆流动性较大。当侧链长度超过一定值时，其空间位阻屏蔽吸附基团与 Ca^{2+} 的络合作用，吸附能力下降，导致减水率降低（流动度减小，图 2.46）。因此，对于梳型结构的聚羧酸分子链，存在最优侧链长度范围，在该范围内其分散性能最佳。

不同侧链长度对水泥水化的影响比酸醚比更为显著。聚羧酸侧链长度越短，其与矿物相和水化产物的静电吸引和络合作用越强（吸附量越高），缓凝效应越强。对混凝土早期强度有较高要求的场景（如预制构件等），聚羧酸减水剂的缓凝效应与早期强度发展存在矛盾，需在保证其减水性能的前提下降低缓凝效应。在结构设计上，一方面可以延长侧链，降低带负电基团的比例，另一方面在保证减水性能的前提下尽可能降低酸醚比，抑制聚羧酸的缓凝效应。

通过这种结构调整制备的聚羧酸被称为具有"早强"功能的聚羧酸减水剂。

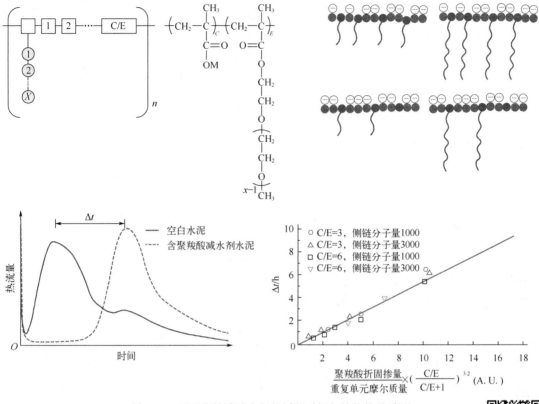

图 2.45　不同聚羧酸减水剂的缓凝时间与结构的关系[19]

（A.U.指 arbitrary unit；C/E 为羧基和聚醚侧链的摩尔比）

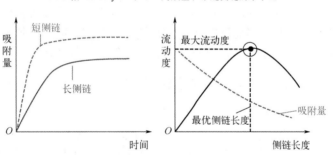

图 2.46　聚羧酸减水剂侧链长度与性能关系

（3）主链长度

在一定范围内提高聚羧酸减水剂的分子量，增强其吸附能力，有利于提高分散性能。如果聚羧酸减水剂分子量过大，则易通过 Ca^{2+} 络合形成分子聚集体而沉淀，削弱其吸附能力。同时，由于水泥浆体高离子强度环境，其聚合物链易发生卷曲折叠，包裹住羧基等吸附基团，不利于水泥浆体流动性。如果聚羧酸分子量过小，其吸附能力受限，不利于水泥颗粒的分散（图 2.47）。不同不饱和吸附单体和聚醚大单体聚合得到的聚羧酸减水剂，其分子量的最佳范围存在差异。

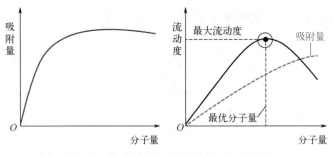

图 2.47　聚羧酸减水剂分子量与性能关系

2.5.4　性能与应用技术

与普通减水剂、高效减水剂相比，在实际工程应用中，聚羧酸减水剂表现出一系列独特的性能特点。

（1）掺量低、减水率高

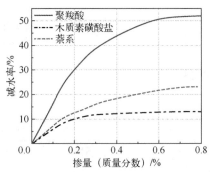

图 2.48　减水剂减水率随掺量变化对比

按固体掺量计，聚羧酸减水剂在 C30 强度等级混凝土中的常用掺量仅为胶凝材料总量的 0.08%～0.15%，约为萘系高效减水剂掺量的 30%。聚羧酸减水剂还可用于制备抗压强度达 100MPa 以上的超高强混凝土，其减水率可达 50%以上（图 2.48）。因此在相同强度等级或相同承载力的条件下使用更多的掺合料替代水泥熟料，或直接减少混凝土使用量，从而促进混凝土行业减碳。

（2）保坍能力强

相比高效减水剂，掺用聚羧酸减水剂的混凝土拌合物流动性经时损失较小。但由于我国水泥种类繁多、骨料质量和环境温度的地区差异较大，在部分应用场景中混凝土拌合物的流动性损失较快，因此减水剂还需要与缓凝剂、坍落度保持剂复合使用。

（3）混凝土含气量略有提高，凝结时间略有延长

掺聚羧酸减水剂的混凝土拌合物含气量增大、凝结时间延长，且随聚羧酸掺量增加而更为明显。对于常用的流态预拌混凝土，混凝土含气量提升有助于改善混凝土拌合物的和易性，使混凝土拌合物松软，易施工。混凝土凝结时间的延长有助于预拌混凝土的远距离运输。然而，含气量过高、凝结时间大幅延长可能导致硬化混凝土出现质量问题。因此，实际应用中需将聚羧酸减水剂掺量控制在合适范围内，必要时与少量消泡剂复合使用，保证混凝土含气量处于合理范围。

（4）混凝土增强效果好

聚羧酸减水剂减水率高，对混凝土增强效果好。掺萘系高效减水剂的混凝土 28d 抗压强度比约为 130%，而掺聚羧酸减水剂的混凝土抗压强度比可达 150%。

（5）混凝土收缩率较低

相较于萘系等高效减水剂，掺聚羧酸减水剂的混凝土干燥收缩率明显降低。按照 GB 8076 —2008《混凝土外加剂》进行测定，掺聚羧酸减水剂的混凝土 28d 收缩率比为 85%～110%，掺萘系减水剂的 28d 收缩率比为 125%～135%。对聚羧酸分子结构优化设计，可开发出具有减缩功能的聚羧酸减水剂，掺量较减缩剂（一般为有机小分子）可大幅降低。

（6）聚羧酸减水剂总碱量低、不含氯离子、环境友好

聚羧酸减水剂的总碱量（折固计）一般为 0.5%～6.0%，远低于高效减水剂，且其掺量也大幅低于高效减水剂，因此引入混凝土的总碱量很低，降低碱-骨料反应发生风险。聚羧酸减水剂生产原料中不含氯，不使用甲醛、丙酮等高挥发性化学品，不会对钢筋混凝土产生锈蚀风险，制备工艺节能、安全和绿色，生产和使用过程对人体无危害，对环境无污染。

GB 8076—2008《混凝土外加剂》将高性能减水剂分为早强型、标准型和缓凝型 3 种类型，主要性能差异在于 1d 抗压强度比和 1h 坍落度经时变化量等指标（表 2.7）。由于聚羧酸减水剂结构可设计性强，且建筑工程对混凝土性能需求越来越多样化，高性能减水剂不再局限于该标准所列出的种类，各种功能型聚羧酸外加剂如超高减水、超长保坍、低收缩等新品种不断出现。

表 2.7　高性能减水剂的性能指标（GB 8076—2008《混凝土外加剂》）

试验项目		高性能减水剂		
		早强型 HPWR-A	标准型 HPWR-S	缓凝型 HPWR-R
减水率/%		≥25	≥25	≥25
泌水率比/%		≤50	≤60	≤70
含气量/%		≤6.0	≤6.0	≤6.0
凝结时间之差/min	初凝	−90～+90	−90～+120	>+90
	终凝			
抗压强度比/%	1d	≥180	≥170	—
	3d	≥170	≥160	—
	7d	≥145	≥150	≥140
	28d	≥130	≥140	≥130
收缩率比/%	28d	≤110	≤110	≤110
相对耐久性（200 次）/%		—	—	—
1h 经时变化量	坍落度/mm	—	≤80	≤60
	含气量/%	—	—	—

注：1. 抗压强度比、收缩率比、相对耐久性为强制性指标，其余为推荐性指标。

　2. 除含气量和相对耐久性外，表中所列数据为掺外加剂混凝土与基准混凝土的差值或比值。

　3. 凝结时间之差性能指标中的"—"号表示提前，"+"号表示延缓。

聚羧酸减水剂适用范围广，可用于各种类型和强度等级的混凝土，宜用于生产高强与超高强混凝土、泵送混凝土、自密实混凝土、清水混凝土、预制构件混凝土、高体积稳定性混凝土和高耐久混凝土，也可用于生产轻骨料混凝土、重混凝土、透水混凝土、抗冲磨混凝土、

碾压混凝土、耐火混凝土等特种混凝土。

聚羧酸减水剂对水泥混凝土具有一定的引气、缓凝效果。如果出现过量掺加，除观察混凝土拌合物流动性是否满足工程设计要求外，还应重点关注含气量、凝结时间等指标，综合判断混凝土能否使用。

聚羧酸减水剂可与缓凝剂、黏度调节剂、坍落度保持剂、引气剂、消泡剂等其他品种外加剂进行配伍使用，但使用前应考察其相容性和长期存储稳定性，含引气剂或消泡剂的聚羧酸减水剂使用前应混合均匀。

聚羧酸减水剂不应与萘系或氨基磺酸盐高效减水剂复合使用（两者混合可能发生相互作用产生沉淀）。掺用过其他类型减水剂的混凝土搅拌机和运输罐车、泵车等设备，清洗干净后方可搅拌和运输掺聚羧酸减水剂的混凝土。

聚羧酸减水剂在高温潮湿环境下运输、存储过程中易滋生细菌，散发异味，造成密封的包装桶鼓胀/吸扁，可能产生岛状漂浮物，因此需要根据实际情况使用合适的防腐剂或杀菌剂。

聚羧酸减水剂掺量敏感性较高，掺量的较小变化可能引起混凝土工作性的较大改变。因此，最佳掺量应经试验确定，并在生产中严格控制。

聚羧酸减水剂温度敏感性较大，低温条件下分散速度偏慢，混凝土拌合后可能会出现流动性增大，导致出现泌水、离析等和易性不良现象，严重影响拌合物的泵送与布料施工。当施工环境温度低于10℃，应采取措施防止混凝土坍落度的经时增加，必要时需更换减水剂品种和配方，降低出现上述问题的风险。

聚羧酸减水剂也存在原材料适应性问题，其应用性能与混凝土的原材料品质以及配合比有关。砂石含水率对混凝土的用水量影响较大，在聚羧酸减水剂掺量不变的情况下，高含水率砂石易使混凝土产生离析、泌水等问题；砂石的含泥量对聚羧酸减水剂性能影响显著，含泥量较高时建议先冲洗砂石；与机制砂共同使用时应注意石粉含量对减水剂性能的影响。

2.5.5 发展方向

经过二十余年的发展，聚羧酸减水剂已成为国内减水剂的主流品种，其生产工艺和应用技术已较为成熟。然而，优质天然砂石和粉煤灰等原材料日渐稀缺，机制砂等人工骨料和煤矸石、工业副产石膏逐步使用，甚至桥隧建设产生的洞渣、盾构渣土等也可能作为混凝土的原材料，这导致现代混凝土原材料组成越来越复杂。为了提高服役寿命，混凝土水胶比越来越低；混凝土施工形式越来越多样，超高性能混凝土、3D打印水泥基材料等技术不断发展。因此，开发具有更高分散能力、更强原材料适应性和更多功能的高性能减水剂是未来的重要方向。

在国家"双碳"目标背景下，新型低碳胶凝材料如多元固废低碳复合水泥、新型少熟料/无熟料水泥、石灰石-煅烧黏土-水泥（limestone-calcined clay-cement，LC³）以及新型胶凝材料体系（如碳化氧化镁水泥、碳化硅酸钙水泥、地聚合物水泥、高贝利特水泥等）不断发展。这些新型胶凝材料体系与传统硅酸盐水泥的水化历程、流变特性等截然不同，必须针对性设计减水剂结构，实现对新型胶凝材料的分散与混凝土流变调控。

由于聚羧酸减水剂结构可设计性强，高性能化潜力巨大。通过改变聚合物结构框架、结构单元连接方式、引入新结构/吸附单元（如磷酸基），基于吸附-构象的设计，发展具有新型拓扑结构（嵌段、梯度、星形、超支化等，图2.49）的高性能减水剂，是满足上述发展需求的关键。

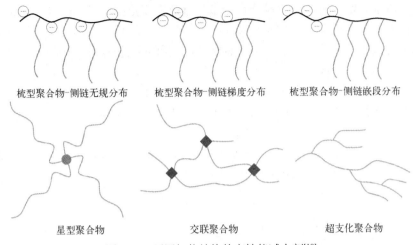

梳型聚合物-侧链无规分布　　　梳型聚合物-侧链梯度分布　　　梳型聚合物-侧链嵌段分布

星型聚合物　　　　　　　交联聚合物　　　　　　　超支化聚合物

图 2.49　不同拓扑结构的高性能减水剂[18]

2.6　其他流变调控类外加剂

为了解决混凝土的流动性损失、泌水离析等问题，还需要一些重要的流变调控类外加剂，包括坍落度保持剂、黏度调节剂和触变剂。

2.6.1　坍落度保持剂

胶凝材料的持续水化，自由水不断消耗，不断生成的水化产物增强了颗粒之间的相互作用，导致混凝土拌合物的流动性随时间逐渐降低，其中铝酸盐相早期水化形成的 Ca-S-Al 水合物矿物相（如钙矾石 AFt、单硫型水化硫铝酸钙 AFm 等）影响显著。一方面，这些水化产物表面积巨大，促进了浆体絮凝结构的形成；另一方面，这些颗粒带正电荷，在生成过程中通过吸附、插层等方式消耗了大量减水剂，导致混凝土中实际有效的减水剂含量不足，混凝土流动性不断损失。因此，延缓水泥水化进程和抑制减水剂分子过早被吸附掩埋是降低混凝土拌合物早期流动性损失的有效途径。

添加缓凝剂延缓水泥水化可提高混凝土的流动保持性。但过量添加缓凝剂会延长凝结时间，影响混凝土早期强度发展，同时增加了混凝土拌合物的离析、泌水风险。此外，缓凝剂只能降低流动性损失速率，无法彻底解决长时间流动性损失的问题。

过量添加、延迟或二次添加减水剂补充早期掩埋消耗的减水剂分子，也可以抑制混凝土拌合物的流动性快速损失，但减水剂用量难以准确控制，同时，易造成离析、泌水等问题，给混凝土施工带来困难。随着预拌混凝土长距离运输、高远程泵送以及高温浇筑等应用场景不断增多，混凝土拌合物需要在较长时间内保持流动性，这促进了缓控释外加剂技术迅速发展。

混凝土**坍落度保持剂**（slump retaining agent）是指在一定时间内，能减少新拌混凝土坍落度损失且对凝结时间无显著影响的外加剂。目前，按照其作用过程主要分为物理缓释型和化学缓释型两类。

物理缓释型主要通过扩散和渗透作用实现，通常将减水剂负载于无机多孔填料中形成复合颗粒，使用时吸附的减水剂分子缓慢溶解释放。采用的填料有改性二氧化硅、沸石、双金属氧化物等，通过调整颗粒组成、尺寸及分布等可在一定范围内控制缓释速率。

化学缓释型则依靠化学键逐步断裂实现减水组分的持续释放。坍落度保持剂分子结构与聚羧酸减水剂类似，仅主链引入了一些含有酯键、酸酐和酰胺基等基团的结构单元，制备方法与聚羧酸减水剂基本一致。

这类聚合物在水化初期与水泥相互作用较弱，在水泥强碱性环境下逐渐水解释放出羧基（图2.50），吸附能力增强，从而持续地吸附于水泥和水化产物颗粒表面，发挥分散作用（图2.51和图2.52）。常见缓释单体为丙烯酸酯类或甲基丙烯酸酯类单体（如丙烯酸羟乙酯、丙烯酸羟丙酯、甲基丙烯酸-2-羟乙酯等），不同缓释功能单体的水解速率不同，通过调节聚合物主链中缓释单体的种类和用量调控其缓释和吸附速率。

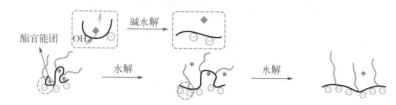

图2.50　化学缓释型聚合物类坍落度保持剂的水解释放历程

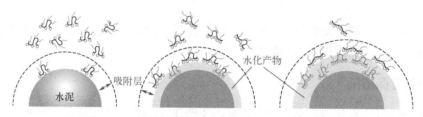

图2.51　化学缓释型坍落度保持剂保坍作用原理

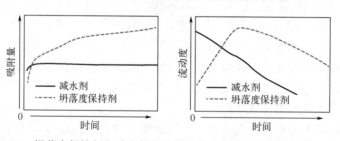

图2.52　坍落度保持剂和减水剂的吸附量和净浆流动度随时间变化对比

此外，微胶囊包覆是一种新型坍落度保持技术，以水溶性聚合物以及其他材料作为壁材，将聚羧酸减水剂作为芯材包裹成微胶束或微小粒子，当掺入混凝土后微胶囊溶解或破裂以及通过壁材上的孔实现芯材的缓慢释放。壁材主要有聚丙烯酰胺、聚脲、乙基纤维素、氢氧化物、空心光纤和玻璃纤维等。

与减水剂相比，坍落度保持剂主要通过吸附历程的调控（图2.52）调节新拌混凝土的流变性能，具有以下特性：①使新拌混凝土在施工期保持良好的工作性，降低其坍落度损失，满足运输和泵送需求；②延长新拌混凝土的工作时间，满足其从数十分钟到几小时的施工需求；③随着掺量增加，混凝土的保坍能力逐渐增强，工作性提高；④混凝土的初凝和终凝时间略有延长，但对其3d和28d的强度影响不大，不影响其最终强度。

坍落度保持剂的折固掺量一般为混凝土中胶材质量的0.01%~0.5%，根据保坍时间的需求，选取不同种类的坍落度保持剂，其可以单独使用，也可以多种复配使用。JC/T 2481—2018《混凝土坍落度保持剂》中按照坍落度经时变化量将混凝土坍落度保持剂分为 SRA-Ⅰ型，SRA-Ⅱ型和 SRA-Ⅲ型，掺混凝土坍落度保持剂的混凝土性能应符合表 2.8 的规定。

表 2.8　掺混凝土坍落度保持剂的混凝土性能

项　　目		指标		
		SRA-Ⅰ型	SRA-Ⅱ型	SRA-Ⅲ型
1h 含气量/%		≤6.0		
坍落度经时变化量/mm	1h	≤+10	—	—
	2h	>+10	≤+10	—
	3h	>+10	>+10	≤+10
凝结时间之差/min	初凝	−90～+120		−90～+180
	终凝			
经时成型混凝土抗压强度比/%	28d	≥100		≥90
经时成型混凝土收缩率比/%	28d	≤120		≤135

注：1. 凝结时间之差指标中的"−"号表示提前，"+"号表示延缓。坍落度经时变化量指标中的"+"号表示坍落度减小。
　　2. 当用户对混凝土坍落度保持剂有特殊要求时，需要进行的补充试验项目、试验方法及指标，由供需方双方商定。

坍落度保持剂本质上也是一类聚羧酸外加剂，只是其初期减水率较低，大多情况下与聚羧酸减水剂复合使用，其应用注意事项和聚羧酸减水剂基本一致。

坍落度保持剂与多数缓凝剂相容性良好，但与缓凝剂的复配需要综合考量减水保坍性能、混凝土凝结时间和稳定性等方面，并根据与混凝土原材料的适应性进行优选。坍落度保持剂复配时应控制产品的 pH 值接近中性，避免分子结构过早破坏而失效。

坍落度保持剂对温度变化较敏感，温度升高加速化学键断裂和有效组分释放，流动性保持能力下降，需要提高掺量，或者改用水解速度慢、持续时间长的坍落度保持剂，或者多种复配使用。

坍落度保持剂对混凝土的凝结时间影响较小，一般会略微延长凝结时间。然而，掺量大幅度增加将引起混凝土严重离析泌水，大幅度延长混凝土凝结时间。

2.6.2　黏度调节剂

（1）定义与分类

黏度调节剂（viscosity modifying admixture，VMA）是一类具有超高分子量的水溶性聚合物，其分子结构中富含羟基、酰胺基、羧基等亲水基团，可以与水泥浆体中自由水结合，提高水泥浆体屈服应力和黏度，从而提高混凝土稳定性。黏度调节剂又被称为增稠剂，已被广泛应用于自密实混凝土、水下不分散混凝土以及喷射混凝土等领域。

目前常见的黏度调节剂主要分为三类（图 2.53 和图 2.54）：①天然聚合物，如淀粉、生物胶等；②改性天然聚合物，如改性纤维素醚等；③合成聚合物，如丙烯酸-丙烯酰胺共聚物（分子量 50 万～500 万）、聚乙烯醇（分子量 5 万～100 万）、聚乙二醇（分子量 1 万～10 万）等。相比于天然聚合物和改性天然聚合物，合成聚合物具有水溶性好、稳定性好等优点，且结构易于调整修饰，近年来受到较多关注。

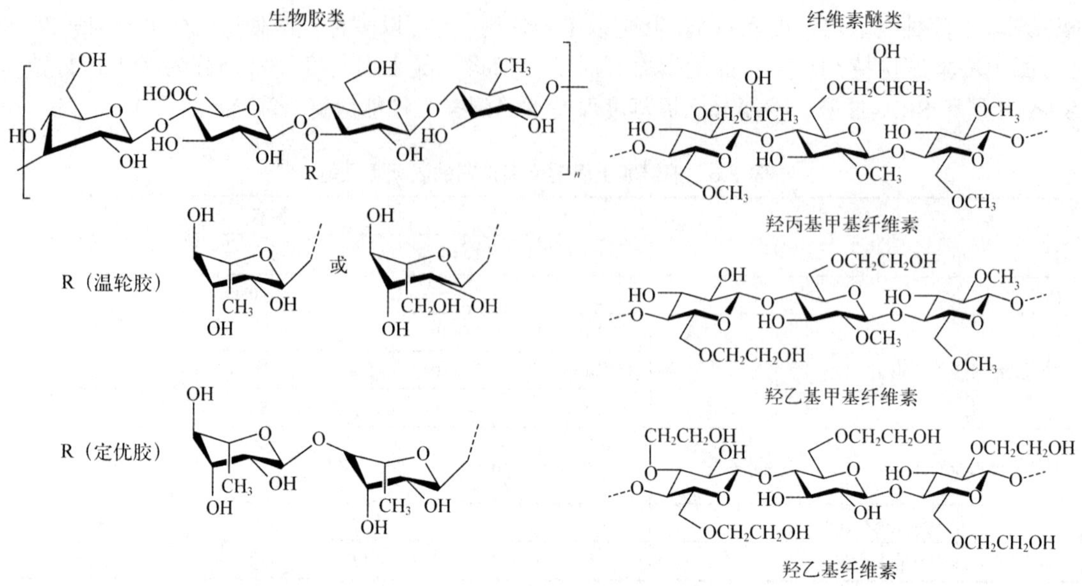

生物胶类
纤维素醚类
R（温轮胶）
或
R（定优胶）
羟丙基甲基纤维素
羟乙基甲基纤维素
羟乙基纤维素

图 2.53　典型的生物胶类和改性纤维素醚类黏度调节剂的化学结构

(R_1和R_2各自独立地表示H或者烷基，$n>200$)
聚乙二醇
(R_1=H,Na,K,—CH_3, —CH_2CH_2OH,— $CH(CH_3)CH_2OH$等；
R_2、R_3=H,—CH_3, —CH_2CH_3等)
丙烯酸-丙烯酰胺类共聚物

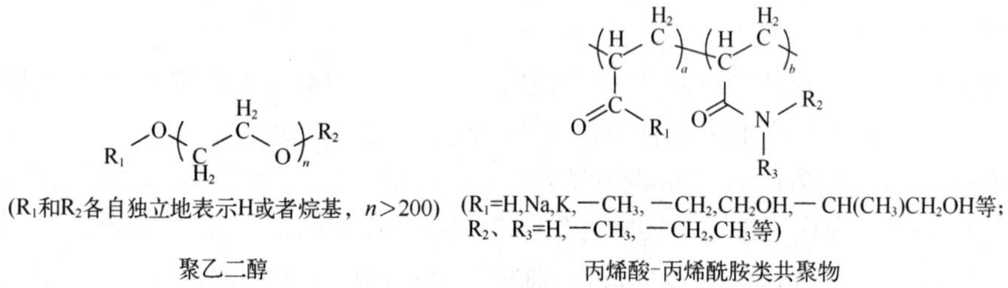

图 2.54　合成类黏度调节剂的化学结构

（2）作用机理

黏度调节剂按主要作用机理可分为非吸附型和吸附型两大类。非吸附型黏度调节剂主要是非离子型高聚物，如纤维素醚、聚乙烯醇等。它们在水泥表面没有吸附或仅有较弱吸附，主要通过亲水基团（羟基、酰胺基等）的溶剂化作用束缚浆体中的自由水，提高孔溶液的黏度，降低混凝土的泌水风险。吸附型黏度调节剂则主要是高分子量的阴离子聚合物，如丙烯酸-丙烯酰胺共聚物等。其分子尺寸较大，能吸附于多个水泥颗粒表面，产生桥接作用，聚合物分子内和分子间可以发生缔合和缠结，同时亲水基团通过氢键作用束缚自由水，使浆体形成稳定的三维网状结构（图 2.55）[20]。这类聚合物可显著提高混凝土的稳定性，但对其流动

阴离子（吸附）基团
非离子（保水）基团
吸附型粘度调节剂
水泥
水泥
稳定
自由水
界面吸附作用
水泥
水泥

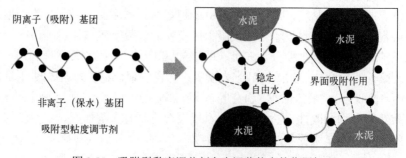

图 2.55　吸附型黏度调节剂在水泥浆体中的作用机理

性的影响也较大。

（3）性能

加入黏度调节剂显著增加浆体的表观黏度，对新拌和硬化混凝土性能影响很大（表 2.9 和图 2.56）：①有效降低新拌混凝土泌水率和离析率，提高混凝土稳定性；②显著降低新拌混凝土流动性；③显著影响新拌混凝土或砂浆、净浆流变性能，浆体屈服应力和塑性黏度增大，同时使浆体表现出假塑性（较高剪切速率时浆体呈现剪切变稀）；④由于混凝土和易性的改善，硬化混凝土抗压强度有所提升，同时混凝土硬化后与钢筋之间的界面黏结得到改善，即钢筋的握裹力提高。

表 2.9　加入不同黏度调节剂后水泥净浆的流动度及泌水率[21]

黏度调节剂	生物胶	纤维素醚	聚丙烯酰胺	共聚物 1	共聚物 2	空白
净浆流动度①/mm	205	250	255	180	165	300
净浆泌水率②/%	7.31	8.31	8.44	3.56	2.06	11.44

① 水胶比 0.35，减水剂为聚羧酸减水剂（折固掺量为 0.10%），黏度调节剂折固掺量为 0.003%。

② 水胶比 0.40，减水剂为聚羧酸减水剂（折固掺量为 0.20%），黏度调节剂折固掺量为 0.00375%。

（4）应用技术

黏度调节剂在自密实混凝土、灌浆材料、喷射混凝土、湿拌砂浆等材料中发挥着重要的作用，但其折固掺量较低，一般为混凝土中胶凝材料质量的 0.001%～0.01%。不宜过量使用，过量使用容易导致混凝土流动度显著减小。不同种类的黏度调节剂存在性能差异，在使用时需要根据具体用途，通过试验来确定适宜的种类和用量，同时还需要注意以下事项。

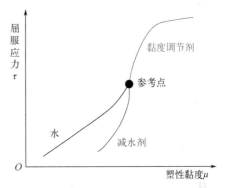

图 2.56　黏度调节剂对水泥浆体屈服应力和塑性黏度的影响规律

① 改性纤维素醚、生物胶等一般为粉体，实际使用前需要配制成 0.1%～1.0%（质量分数）的稀溶液。配制时应缓慢加入粉体，避免粉体快速加入而导致的结团、相容性差问题。

② 部分品种（如改性纤维素醚、聚乙烯醇等）具有引气特性，使用时需要关注混凝土含气量。

③ 天然聚合物、改性天然聚合物、酰胺类和酯类高聚物在强碱性环境下发生缓慢降解或水解，其增稠效果减弱。天然聚合物和改性天然聚合物在长期存放或在高温地区使用时容易发生腐败变质，须加入防腐剂。

④ 吸附型黏度调节剂初期能在水泥表面发生强吸附，但随着水泥水化，已吸附的聚合物分子易被水化产物包埋，导致作用效果随时间逐渐减弱。

2.6.3　触变剂

触变剂（thixotropic agent）是一种可以使水泥浆体具有高静态屈服应力、在高剪切速率下具有较低黏度（剪切变稀）的外加剂。它的典型特性是使新拌混凝土表现出明显的触变性，静置条件下混凝土具有形状保持能力，而在剪切流动条件下具有低黏度，因此非常适合一些需要快速成型的混凝土施工场景，例如喷射混凝土、道路滑模施工混凝土、3D 打印混凝土等。

按照化学组分可将触变剂分为四类：①无机物类，如气相二氧化硅等；②有机/无机物复合类，如有机膨润土等；③有机小分子类，如氢化蓖麻油、橄榄油的皂化物等；④有机聚合物类，如聚丙烯酰胺。它们的共同特点是含有能和水泥颗粒发生弱相互作用的官能团（如氢键等）。相比于增稠剂或絮凝剂，有机类触变剂在水泥颗粒表面的吸附力较弱，由于分子量较小，其分子间缠结较少，不会使浆体丧失流动性。触变剂分子中的极性官能团通过氢键与水泥颗粒、浆体的自由水分子发生相互作用，形成三维网状结构，使浆体在静置状态时保持稳定性。而当剪切应力大于它们之间的弱相互作用时，三维网状结构被迅速破坏，水泥浆体又恢复良好的流动性。当剪切应力停止时，浆体又重新形成稳定的三维网状结构。

触变剂对新拌混凝土的性能影响主要如下：①能有效减少新拌混凝土在静置状态的泌水和离析现象，使浆体具有较高屈服应力和较好的稳定性；②剪切应力作用下，浆体表观黏度随剪切速率增加而下降，表现出明显的剪切变稀特性［图 2.57（a）］；③剪切应力撤除后，浆体表观黏度恢复到原来水平，其流变曲线较普通水泥浆体有更大的触变环［图 2.57（b）］。

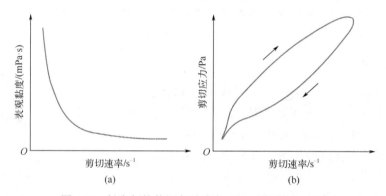

图 2.57　触变剂的剪切变稀效应（a）和触变环（b）

思考题

1. 简述混凝土工作性基本概念和工作性良好的混凝土的基本特性。
2. 简述混凝土工作性、流动性、黏聚性的关系和区别。
3. 简述混凝土离析和泌水现象，并分析其产生原因。
4. 水泥浆体的流变参数包括哪些？简述其测试方法和注意事项。
5. 简述混凝土流变参数如何影响其工作性。
6. 简述减水率的定义，并按照减水率大小对减水剂进行分类。
7. 简述减水剂如何降低混凝土水胶比，及减水剂在混凝土减碳中的作用。
8. 高效减水剂包括哪些主要品种？简述高效减水剂的作用机制。
9. 简述高性能减水剂的主要优点，及高性能减水剂作用过程和作用机制。
10. 简述高性能减水剂构效关系，并举例说明如何通过结构设计来提高其减水性能。
11. 简述高性能减水剂的应用注意事项。
12. 简述新拌混凝土坍落度损失的原因。如何抑制坍落度快速损失？

13. 简述坍落度保持剂的主要类型，并描述其作用机制。

14. 根据作用机理对黏度调节剂进行分类，并分别简述其作用机制。

15. 触变剂有哪些品种？简述触变性基本概念及触变剂作用原理。

参考文献

[1] Ramachandran V，Feldman R. Concrete Admixtures Handbook, Properties, Science, and Technology [M]. 2nd ed. [S.l.]: Noyes Publications，1995：43-45.

[2] Yahia A，Mantellato S，Flatt R J. Concrete rheology: A basis for understanding chemical admixtures, Science and Technology of Concrete Admixtures[M]. [S.l.]: Woodhead Publishing，2016：97-127.

[3] Ferraris C F，Larrard F. Testing and modelling of fresh concrete rheology (NISTIR 6094)[S]. National Institute of Standard and Technology (NIST), 1998.

[4] Wallevik J E. Relationship between the Bingham parameters and slump[J]. Cement and Concrete Research，2006，36(7)：1214-1221.

[5] Nguyen T L H，Roussel N，Coussot P. Correlation between L-box test and rheological parameters of a homogeneous yield stress fluid[J]. Cement and Concrete Research，2006，36(10)：1789-1796.

[6] Koehler E P，Fowler D W，Jeknavorian A，et al. Comparison of workability test methods for self-consolidating concrete[J]. Journal of ASTM International，2010，7(2)：1-19.

[7] Flatt R J，Bowen P. Yodel: A yield stress model for suspensions[J]. Journal of the American Ceramic Society，2006，89：1244-1256.

[8] Struble L，Sun G K. Viscosity of Portland cement paste as a function of concentration[J]. Advanced Cement Based Materials，1995，2(2)：62-69.

[9] Roussel N，Ovarlez G，Garrault S，et al. The origins of thixotropy of fresh cement pastes[J]. Cement and Concrete Research，2012，42：148-157.

[10] Roussel N，Coussot P. "Fifty-cent rheometer" for yield stress measurements: From slump to spreading flow[J]. Journal of Rheology，2005，49(3)：705-718.

[11] Roussel N，Stefani C，Leroy R. From mini-cone test to Abrams cone test: Measurement of cement-based materials yield stress using slump tests[J]. Cement and Concrete Research，2005，35(5)：817-822.

[12] 王衍伟，张倩倩，冉千平，等. 水泥净浆流动度试验的流体静力学理论分析[J]. 混凝土与水泥制品，2018(2)：1-6.

[13] Aïtcin P C，Eberhardt A B. Historical background of the development of concrete admixtures, Science and Technology of Concrete Admixtures[M]. [S.l.]: Woodhead Publishing, 2016: xlviii-li.

[14] Gelardi G，Flatt R J. Working mechanisms of water reducers and superplasticizers[M]//Science and Technology of Concrete Admixtures. [S.l.]: Woodhead Publishing, 2016: 257-278.

[15] Uchikawa H，Hanehara S，Sawaki D. The role of steric repulsive force in the dispersion of cement particles in fresh paste prepared with organic admixture[J]. Cement and Concrete Research，1997，27(1)：37-50.

[16] Zhang Y R，Kong X M，Gao L，et al. Characterization of the mesostructural organization of cement particles in fresh cement paste[J]. Construction and Building Materials，2016，124：1038-1050.

[17] Flatt R J，Schober I，Raphael E，et al. Conformation of adsorbed comb copolymer dispersants[J]. Langmuir，2009，25(2)：845-855.

[18] Zhang Q Q，Chen J，Zhu J，et al. Advances in organic rheology-modifiers (chemical admixtures) and their effects on the rheological properties of cement-based materials[J]. Materials，2022，15：8730.

[19] Marchon D，Juilland P，Gallucci E，et al. Molecular and submolecular scale effects of comb-copolymers on tri-calcium silicate reactivity: Toward molecular design[J]. Journal of the American Ceramic Society，2017，100：817-841.

[20] Qiao M，Chen J，Gao N X，et al. Effects of adsorption group and molecular weight of viscosity modifying admixtures on the properties of cement paste[J]. Journal of Materials in Civil Engineering，2022，34：04022148.

[21] 任景阳，李晓庭，陈健，等. 不同类型流变改性剂对水泥净浆性能的影响[J]. 新型建筑材料，2021，48(2)：23-26.

第 3 章

水泥水化与凝结调控类外加剂

水泥水化过程是水泥浆体由流体转变为坚实固体的关键一环。水泥水化进程的快慢、水化程度的高低、所生成水化产物的形貌与含量等均会对水泥混凝土早期施工性能、凝结硬化性能及后期服役性能等产生重要影响。水泥水化进程、程度及水化产物形貌与水泥组成和水灰比直接相关，同时也和水泥水化与凝结调控类外加剂（缓凝剂、早强剂、速凝剂等）的应用息息相关。水泥水化与凝结调控类外加剂通过直接或间接参与水泥水化的方式，影响水化产物的生成历程及速率，实现对水泥水化与凝结过程的调控，以满足各类土木工程对水泥混凝土凝结硬化过程的不同需求。本章首先介绍硅酸盐水泥水化基础，阐述不同水泥矿物的水化反应过程与机理，其次按缓凝剂、早强剂、速凝剂的顺序介绍水泥水化与凝结调控类外加剂的种类、作用机制以及性能与应用技术。

3.1 水泥水化基础

水泥水化过程极其复杂，受水泥矿物组成、温度等条件影响，多种胶凝材料/矿物相的溶解、沉淀存在交互影响，难以直接精准描述；然而水化反应的宏观现象（凝结、硬化和放热等）相对简单，且易测试，因此水化过程及其机理的研究多基于试验结果进行推测。本部分从硅酸盐水泥矿物组成入手，分别介绍水泥四大矿物的主要水化过程。

3.1.1 现代硅酸盐水泥组成

硅酸盐水泥是由硅酸盐水泥熟料和适量石膏及规定的混合材制成的水硬性胶凝材料。依据加入的混合材的种类与含量，硅酸盐水泥种类可进一步细分，如表 3.1～表 3.3 所示。

表 3.1　通用硅酸盐水泥的组分要求

品种	代号	组分（质量分数）/%		
		熟料+石膏	混合材料	
			粒化高炉矿渣/矿渣粉	石灰石
硅酸盐水泥	P·Ⅰ	100	—	—
	P·Ⅱ	95～100	0～5	—
			—	0～5

资料来源：GB 175—2023《通用硅酸盐水泥》。

表 3.2　普通硅酸盐水泥、矿渣硅酸盐水泥、粉煤灰硅酸盐水泥和火山灰质硅酸盐水泥的组分要求

品种	代号	组分（质量分数）/%				
		熟料+石膏	混合材料			
			主要混合材料			替代混合材料
			粒化高炉矿渣/矿渣粉	粉煤灰	火山灰质材料	
普通硅酸盐水泥	P·O	80～94	6～<20①			0～5②
矿渣硅酸盐水泥	P·S·A	50～79	21～50	—	—	0～8③
	P·S·B	30～49	51～70	—	—	
粉煤灰硅酸盐水泥	P·F	60～79	—	21～40	—	0～5④
火山灰质硅酸盐水泥	P·P	60～79	—	—	21～40	

资料来源：GB 175—2023《通用硅酸盐水泥》。

① 主要混合材料由符合 GB 175—2023 规定的粒化高炉矿渣/矿渣粉、粉煤灰、火山灰质混合材料组成。

② 替代混合材料为符合 GB 175—2023 规定的石灰石。

③ 替代混合材料为符合 GB 175—2023 规定的粉煤灰或火山灰、石灰石中的一种。替代后 P·S·A 矿渣硅酸盐水泥中粒化高炉矿渣/矿渣粉含量（质量分数）不小于水泥质量的 21%，P·S·B 矿渣硅酸盐水泥中粒化高炉矿渣/矿渣粉含量（质量分数）不小于水泥质量的 51%。

④ 替代混合材料为符合 GB 175—2023 规定的石灰石。替代后粉煤灰硅酸盐水泥中粉煤灰含量（质量分数）不小于水泥质量的 21%，火山灰质硅酸盐水泥中火山灰质混合材料含量（质量分数）不小于水泥质量的 21%。

表 3.3　复合硅酸盐水泥的组分要求

品种	代号	组分/%					
		熟料+石膏	混合材料				
			粒化高炉矿渣/矿渣粉	粉煤灰	火山灰质混合材料	石灰石	砂岩
复合硅酸盐水泥	P·C	50～79	21～50①				

① 混合材料由符合 GB 175—2023 规定的粒化高炉矿渣/矿渣粉、粉煤灰、火山灰质混合材料、石灰石和砂岩中的三种（含）以上材料组成。其中，石灰石含量（质量分数）不大于水泥质量的 15%。

资料来源：GB 175—2023《通用硅酸盐水泥》。

硅酸盐水泥熟料主要由氧化钙、二氧化硅、氧化铝和氧化铁四种氧化物组成（占熟料总质量 95% 左右）。不同氧化物含量的波动范围为：氧化钙 62%～67%；二氧化硅 20%～24%；氧化铝 4%～7%；氧化铁 2.5%～6%[1]。硅酸盐水泥熟料中主要包括四种矿物相：**硅酸三钙**（C_3S）、**硅酸二钙**（C_2S）、**铝酸三钙**（C_3A）与**铁铝酸四钙**（C_4AF）[2]。通常将熟料中的 C_3S 与 C_2S 统称为**硅酸盐矿物**，将 C_3A 与 C_4AF 称为**熔剂型矿物**。此外，硅酸盐水泥熟料中还含有少量的游离氧化钙（f-CaO）、方镁石（MgO）及玻璃体等。

硅酸盐水泥熟料中主要矿物组成的性能结构特点简述如下。

（1）硅酸三钙（C_3S）

C_3S 是硅酸盐水泥熟料的主要组成部分，通常含量为 50%～60%。C_3S 通常并不以纯矿物的形式存在，而是固溶有少量氧化物，如氧化镁、氧化铝等。通常将这种固溶有少量氧化物的 C_3S 称为阿利特（Alite，简称 A 矿）。

C_3S 是在常温下存在的介稳、高温型矿物，它在热力学上是不稳定的。C_3S 存在三个晶系，共有七个变型，即三斜晶系的 T_I、T_{II}、T_{III} 型，单斜晶系的 M_I、M_{II}、M_{III} 型及三方晶系

R 型。纯 C_3S 在常温下通常只能保留三斜晶系，但由于 C_3S 中固溶有其他氧化物，其晶体稳定性得到提高，因此阿利特通常为单斜晶系或三方晶系。

C_3S 加水调和后，与水反应较快，因此其硬化体早期强度较高，且强度增长率较大，28d 强度可达其一年强度的 70%～80%。它的 28d 或一年强度在四种矿物中是最高的。

（2）硅酸二钙（C_2S）

C_2S 也是硅酸盐水泥熟料的重要组成，其含量一般为 20%左右。在水泥烧制过程中同样有少量的氧化物会固溶到 C_2S 相中，如氧化铁、氧化钛等，这种固溶有微量氧化物的 C_2S 被称为贝利特（Belite，简称 B 矿）。

C_2S 水化较慢，至 28d 仅水化 20%左右。凝结硬化缓慢，早期强度较低。但 28d 后强度增长较快，一年后其强度可赶上 C_3S。由于 C_2S 早期水化慢，放热量小，所引起的温度收缩量小，因此对于大体积混凝土工程，可适当提高水泥中 C_2S 含量。

（3）铝酸三钙（C_3A）

C_3A 在熟料中的含量为 7%～15%。C_3A 晶体结构中缺陷较多且具有较大的空穴（半径约 0.147nm）[2]，因此 OH^- 很容易进入晶格内部，这极大提高了 C_3A 的水化反应活性。C_3A 水化迅速，放热量大，凝结很快，其强度在 3d 内就可以大部分发挥出来，早期强度高。但后期强度几乎不再增长，甚至出现强度倒缩的现象。高 C_3A 含量水泥生产的混凝土干缩变形大，抗硫酸盐性能差，在制备抗硫酸盐水泥或大体积混凝土工程使用的水泥时，C_3A 含量应控制在较低范围内。

（4）铁铝酸四钙（C_4AF）

C_4AF 也称才利特（简称 C 矿）。在水泥熟料中，C_4AF 常以铁铝酸盐固溶体的形式存在。其组成可能为 C_6A_2F、C_4AF 或 C_2F。

由于水泥熟料中 C_3A 极易与水发生反应，造成水泥闪凝，为了控制水泥的凝结，通常在水泥中加入石膏作为调凝剂，延缓水泥中 C_3A 的快速反应。水泥中石膏掺量一般依据硬化水泥石强度发展需求与石膏含量的关系而确定。此外，依据石膏结晶种类的不同，石膏又可分为二水石膏（生石膏）、半水石膏（熟石膏）与无水石膏（硬石膏）三种。原材料的差异或者在高温粉磨时失水导致二水石膏转变为半水石膏和无水石膏，水泥中通常存在两种或三种石膏类型。不同石膏类型由于其溶解速率及溶解度的差异会影响水泥水化过程及水化产物，如无水石膏溶解速率慢易使水泥水化初期生成少量水化铝酸钙，而半水石膏溶解速率高会避免上述情况出现，水化初期直接生成**钙矾石**（AFt）。此外，若水泥中半水石膏含量较多，其在与水拌合后会在短时间内生成大量二水石膏，造成水泥假凝。

在满足水泥强度要求的前提下，水泥中通常还会加入各种混合材以替代一定量的水泥熟料，此举一方面降低了水泥中的熟料用量，减少了水泥生产中的能源消耗与碳排放；另一方面，混合材大多来源于各种工业固废，因此加入混合材可以实现对工业固废的高效利用。常用的水泥混合材包括矿渣、粉煤灰、石灰石与火山灰材料等。矿渣来自炼铁时生成的废料，其中含有大量的无定形 Al_2O_3 和 SiO_2，此外还含有约 30%的 CaO，因此本身具有微弱的胶凝性。粉煤灰是从燃煤电厂烟气中收捕下来的细灰，其主要成分包括 SiO_2、Al_2O_3、CaO、SO_3、Fe_2O_3 等，水化活性主要来自玻璃体活性 SiO_2 和玻璃体活性 Al_2O_3，但活性一般低于矿渣和熟料。具有火山灰性质的材料被称为**火山灰材料**，按其来源可分为天然与人工两类。常见的人工火山灰材料为粉煤灰，它是电厂煤粉炉烟道中收集的粉末。天然的火山灰材料包括火山灰、凝灰岩、浮石、硅藻土与沸石岩等。火山灰材料含有玻璃态或无定形的 Al_2O_3 和 SiO_2，本身没有胶凝性，但以细粉末状态存在时，可以与碱性物质发生火山灰反应，生成具有胶凝性质的产物。

除了水泥的矿物组成，水泥粉磨细度也会显著影响水化过程。一般情况下，水泥颗粒小于 $10\mu m$，水化速率很快；$3\sim30\mu m$ 是持续提供水泥水化活性的主要区域；大于 $60\mu m$，水化速度变慢；大于 $90\mu m$，水泥水化微弱，基本只起到微集料的作用。

3.1.2 水泥水化各阶段反应过程及性能发展

水泥的水化过程可以简单概括为水泥中各个矿物相的溶解与水化产物的沉淀，即溶解-沉淀过程。随着矿物相的溶解，水泥浆体液相中各种离子不断增加，当液相中离子浓度超过水化产物的溶解度并达到一定的过饱和度后，水化产物开始沉淀。溶解-沉淀的动态过程影响着水泥浆体液相中的各种离子浓度。

水泥水化过程可以依据反应物的不同简单分为硅相反应和铝相反应。硅相反应主要包括 C_3S 和 C_2S 水化生成水化硅酸钙凝胶（C-S-H 凝胶）与氢氧化钙（CH）的过程。由于 C_2S 的水化活性很低，水化开始时间较晚，因此通常将水泥水化过程中的硅相反应简化为 C_3S 的水化过程，包括 C_3S 的溶解、C-S-H 凝胶和 CH 的沉淀。对于铝相反应，由于 C_4AF 的活性远弱于 C_3A，早期水化相对缓慢，因此在早期水泥水化中通常只考虑 C_3A 的水化过程，包括硫酸盐和 C_3A 的溶解以及对应水化产物的沉淀生长。水泥水化反应是一个持续放热过程，采用等温量热法测试水泥水化放热曲线是研究水泥水化最常用的方法之一。一般根据水化放热速率随水化过程的发展将水泥水化分为如下 5 个阶段［如图 3.1（a）所示］：**诱导前期（Ⅰ）、诱导期（Ⅱ）、加速期（Ⅲ）、衰退期（Ⅳ）与稳定期（Ⅴ）**。

（1）诱导前期（initial period）

在**诱导前期**［图 3.1（a）Ⅰ］，铝相反应中主要发生 C_3A 与石膏矿物相的溶解过程［如式（3.1）至式（3.3）所示］及水化产物的生成过程［如式（3.4）与式（3.5）所示］[3]。

C_3A 溶解过程：

$$C_3A + 6H_2O \longrightarrow 2Al(OH)_4^- + 2.5OH^- + 1.5Ca^{2+} + 1.5Ca(OH)^+ \qquad (3.1)$$

无水石膏溶解过程：

$$3CaSO_4 + 1.5OH^- \longrightarrow 1.5Ca^{2+} + 1.5Ca(OH)^+ + 3SO_4^{2-} \qquad (3.2)$$

二水石膏溶解过程：

$$3(CaSO_4 \cdot 2H_2O) + 1.5OH^- \longrightarrow 1.5Ca^{2+} + 1.5Ca(OH)^+ + 3SO_4^{2-} + 6H_2O \qquad (3.3)$$

基于石膏矿物相提供的硫酸盐速率的快慢，可能形成水化铝酸钙（h-AFm）及钙矾石（AFt）。在没有硫酸盐或硫酸根离子不能及时溶出时，C_3A 早期可与水快速反应生成少量薄片状水化铝酸钙，其反应式如式（3.4）所示。

$$2C_3A + 21H === C_4AH_{13} + C_2AH_8 \qquad (3.4)$$

式中，H 为水（H_2O）；C_4AH_{13} 与 C_2AH_8 为两种水化铝酸钙。其中部分水会进入 C_4AH_{13} 中，形成 C_4AH_{16}。但这些矿物相在常温下均为介稳状态，最后会转变成水榴石（hydrogarnet，C_3AH_6）。

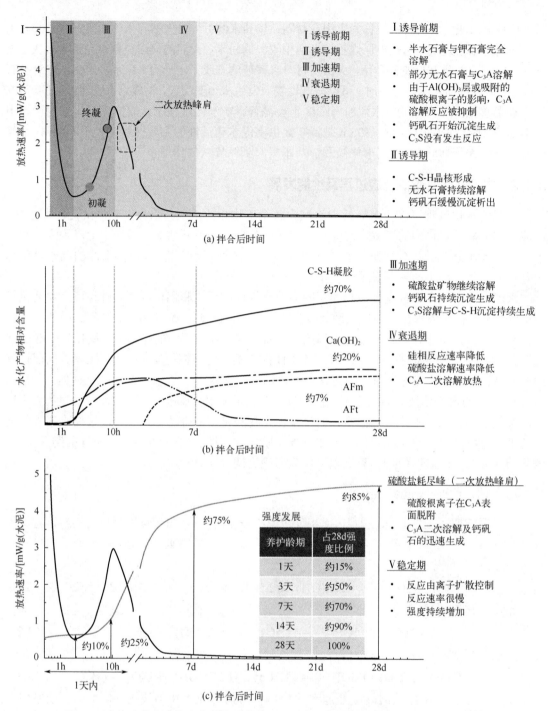

图 3.1　水泥水化各阶段水化放热速率（a）、水泥水化产物生成量（b）及不同龄期
放热量及其占完全水化理论放热量的比例与强度发展（c）

[图（c）中放热量数据是占水化完全后总放热量的比例，表中数据是不同龄期强度占 28 天强度的比例]

　　当存在充足的硫酸根离子时，C_3A 水化的产物从单独反应时生成的水化铝酸钙转变为三硫型水化硫铝酸钙，即钙矾石（AFt），如式（3.5）所示。对于普通的硅酸盐水泥，采用原位 XRD（in-situ XRD）技术研究发现，在 10min 内每 100g 水泥中有 0.7g C_3A、0.4g 半水石膏、

0.2g 二水石膏等矿物溶解，并且有约 4g 的 AFt 快速生成[4]。

$$C_3A + 3C\$H_2 + 26H === C_6A\$_3H_{32}$$ (3.5)

式中，$C\$H_2$ 为二水石膏（$CaSO_4 \cdot 2H_2O$）；H 为水（H_2O）。

对于硅相反应，同样通过 XRD 检测到在 10min 内每 100g 水泥中有大约 3.3g C_3S 溶解，但基本检测不到 C-S-H 凝胶与 CH，如图 3.1（b）所示。

通过化学外加剂对水泥水化诱导前期的改变，可以显著影响水泥混凝土的流动性、保坍性及凝结性能，如诱导前期中若有大量 AFm 生成，则水泥浆初始流动性变差。如喷射混凝土中常用的速凝剂，就是通过对诱导前期水化进程的改变，显著缩短混凝土的初终凝时间。

（2）诱导期（induction period）

在水化初期快速反应放热后，水化放热速率显著降低，水泥水化进入长达几小时的**诱导期**［图 3.1（a）Ⅱ］。对于诱导期出现的原因，一般存在两种理论：①介稳膜理论，即诱导前期结束后在水泥矿物表面形成水化产物膜阻止了水泥的进一步水化；②缓慢溶解理论，即水泥矿物溶解后液相离子浓度提高，降低了水泥熟料矿物的欠饱和度，溶解速率降低。

长时间内两种理论相互争论，无法确定诱导期发生的本质原因。对于介稳膜理论，一个主要问题是通过实验手段始终无法直接观测到水泥矿物表面介稳膜的存在。近年来，随着实验现象的不断累积，人们发现水泥矿物的溶解速率在诱导前期快速增长而在诱导期时出现显著下降，因此水泥矿物的缓慢溶解导致水泥水化进入诱导期这一观点得到越来越多学者的接受。在诱导期内，对于铝相反应，石膏矿物继续溶解，溶解出的硫酸根离子大量吸附在 C_3A 矿物相表面，导致 C_3A 溶解被抑制，但此阶段钙矾石仍可持续生成，其中所需要的铝酸根离子可能源于 C_3A 在诱导前期的溶解部分。对于硅相反应，此阶段仍观测不到明显的 C-S-H 与 CH 的形成［如图 3.1（b）所示］，且 C_3S 的溶解速率也非常低，水化放热量未发生显著变化［如图 3.1（c）所示］。此阶段实际上已有 C-S-H 晶核在不断形成与累积，这为随后的快速水化反应奠定了基础。

水泥水化诱导期内，铝相矿物的反应及对应的水化产物（主要为钙矾石）的形成对新拌水泥浆的流变性能具有显著影响。由图 3.2 可见，水泥浆的测试扭矩随着钙矾石含量的增加成指数倍增长，证明水泥浆早期流变性能的变化主要受生成的钙矾石影响，即使仅生成少量钙矾石也会显著地影响水泥浆流变性能。

化学外加剂通过对诱导期的调节改变，可以显著影响水泥混凝土的坍落度保持性、凝结性能等，如缓凝剂的加入，可以延长诱导期进而延长水泥混凝土的凝结时间，而早强剂的加入可以通过缩短水泥水化诱导期，减少水泥混凝土的凝结时间，实现早期强度提高的目的。

（3）加速期（acceleration period）

在诱导期结束后，水化放热速率迅速增加，C_3S 开始快速溶解，C-S-H 凝胶与 CH 快速生成［如图 3.1（b）所示］，水泥水化进入**加速期**［图 3.1（a）Ⅲ］，其具体反应如式（3.6）至式（3.9）所示[5]。

C_3S 的溶解过程：

$$Ca_3SiO_5 + 5H_2O \longrightarrow 3Ca^{2+} + 6OH^- + H_4SiO_4$$ (3.6)

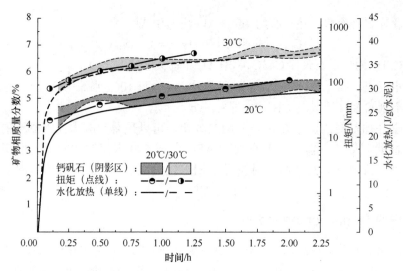

图3.2　水泥浆在20℃与30℃水化过程中钙矾石含量、流变性能与水化放热之间的关系[6]

C_x-S-H_y的沉淀过程：

$$x\text{Ca}^{2+} + 2x\text{OH}^- + \text{H}_4\text{SiO}_4 \longrightarrow (\text{CaO})_x - (\text{SiO}_2) - (\text{H}_2\text{O})_y + (2 + x - y)\text{H}_2\text{O} \tag{3.7}$$

CH的沉淀过程：

$$\text{Ca}^{2+} + 2\text{OH}^- \longrightarrow \text{Ca(OH)}_2 \tag{3.8}$$

整体反应方程式：

$$\text{C}_3\text{S} + (3 - x + n)\text{H} \Longrightarrow \text{C}_x\text{-S-H}_n + (3 - x)\text{CH} \tag{3.9}$$

式中，n 为C-S-H中水与硅酸根的摩尔比；H 为水；x 为C-S-H中的钙硅比例，通常位于1.2至2.1之间，平均值为1.65。

关于加速期，有两个关键问题还存在一定的争论。一是加速期以何开始，二是水泥水化峰值为何出现。对于第一个问题，有学者认为加速期出现的原因是氢氧化钙的沉淀析出导致的液相硅酸根离子浓度提高，另外也有学者认为加速期的开始是由于诱导期内积累了足够的C-S-H晶核，降低了C-S-H凝胶沉淀所需的过饱和度，因而C-S-H快速沉淀，出现水化加速期。对于水泥水化峰值出现的原因，存在如下几种观点：①扩散控制理论，即随着水化产物的不断生成，一层水化产物层在水泥颗粒表面形成，阻碍了离子的扩散溶出，降低了水化速率；②水化产物触碰理论，即水泥颗粒表面形成的C-S-H会逐渐生长交错在一起，覆盖在水泥颗粒表面，阻碍了水泥颗粒与水的接触，进而降低了水化反应速率；③溶解控制理论，即水泥颗粒表面的坑蚀逐渐合并，有效高活性溶解面积降低，导致水泥矿物溶解速率下降；④C-S-H形貌理论，即水化放热速率与水泥颗粒表面生成的C-S-H长度有关，当C-S-H长到一定长度并保持不变后，正好对应水化加速期峰值。上述各种可能机理均有不同的实验数据支持，但也有现象与机理不符合，因此具体何种机制决定了水泥水化加速期，还有待进一步研究。

一般在加速期开始不久，由于大量C-S-H及氢氧化钙的形成，水泥浆开始初凝，而在加速期中段左右，由于水化产物的不断累积，水泥浆完全凝结。但此时水化放热只占水泥水化总放热的25%左右，强度也比较低。外加剂的加入，除了调节加速期开始时间（也是调节诱导期）外，还可以通过改变加速期水化放热速率实现对水泥浆凝结过程的调控。

（4）衰退期（deceleration period）

在加速期后，水泥水化速率逐渐降低，进入水化衰退期［图 3.1（a）Ⅳ］。衰退期一般认为是由水泥矿物的溶解与离子的扩散所控制。此时水泥矿物表面基本被水化产物完全覆盖，限制了水泥矿物的溶解与溶出离子的扩散。同时需要指出的是，在衰退期容易观察到一个水化放热肩峰，如图 3.3 所示，其主要是由于硫酸盐的完全耗尽，使吸附在 C_3A 表面的硫酸根离子逐渐脱附，从而重新激活 C_3A 的快速溶解水化，触发铝相的二次反应，因此此峰又被称为硫酸盐耗尽峰（sulfate-depletion peak）。

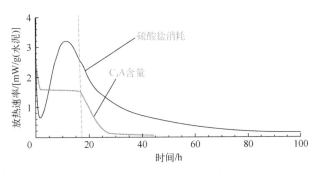

图 3.3　含硫矿物相消耗与水泥水化的关系

在水泥颗粒表面吸附的硫酸盐被消耗殆尽后，水泥水化进入欠硫酸盐阶段，此时硫酸盐的量不能保证钙矾石的继续生成，过剩的 C_3A 会继续与 AFt 反应生成**单硫型水化硫铝酸钙**（AFm），其反应方程式如式（3.10）所示。

$$2C_3A + C_6A\$_3H_{32} + 4H \Longrightarrow 3C_4A\$H_{12} \tag{3.10}$$

式中，$C_6A\$_3H_{32}$ 为 AFt；H 为水；$C_4A\$H_{12}$ 为 AFm。AFm 与 AFt 的形貌如图 3.4 所示，可以看出 AFt 通常为针状结构，而 AFm 为六方薄片状结构。

(a)　　　　　　　　　　　　　(b)

图 3.4　浆体中 AFt（a）与 AFm（b）的形貌[7]

虽然此阶段反应速率小于加速期，但此阶段持续时间较长，再加上铝相矿物的大量反应，因此释放大量水化热，水化 7d 时所放反应热占水泥总反应放热的 75% 左右，且强度快速增长，水化 3d 时水泥石强度可以达到 28d 强度的 50% 左右，水化 7d 可达约 70%［如图 3.1（c）所示］。

（5）稳定期（steady state period）

在**稳定期** [图 3.1 (a) V]，未水化水泥矿物通过水化产物的不断累积交联而进一步被包裹覆盖，水化放热速率进一步降低，因此来自水泥矿物自身的水化放热总量增长缓慢。但此阶段中，如果水泥中含有混合材，如粉煤灰、矿渣等，则可以与水泥水化生成的氢氧化钙发生火山灰反应，生成 C-S-H 凝胶。由于水泥中混合材自身水化活性通常较低，如对于粉煤灰，水泥水化 7d 后的粉煤灰颗粒表面几乎没有变化，直至 28d，才能见到表面初步水化，略有凝胶状的水化产物出现，因此水泥中混合材的加入通常会降低硬化水泥石的早期强度，提高水泥石后期强度。后期强度的提升，主要源于两方面作用：一方面，火山灰反应消耗了水泥中生成的大块氢氧化钙晶体，去除了硬化水泥石结构中的氢氧化钙与 C-S-H 接触的界面薄弱环节；另一方面，生成的 C-S-H 凝胶可以进一步使水泥石微结构更加致密，孔隙率降低。

3.2 缓凝剂

3.2.1 定义与品种

缓凝剂（set retarding admixture）是指能延长混凝土凝结时间的一类外加剂。缓凝剂通过延缓水泥浆体凝结硬化，使混凝土拌合物在较长时间内保持塑性，便于运输、泵送、浇筑和振捣，通常其对混凝土后期各项性能不会造成不良影响。缓凝剂种类较多，按其化学成分可分为无机缓凝剂和有机缓凝剂两大类。部分减水剂品种也具有缓凝的效果。

（1）无机缓凝剂

主要包括磷酸盐、偏磷酸盐、锌盐、硼砂（多用于硫铝酸盐水泥），以及铜、铁的硫酸盐等。

（2）有机缓凝剂

包括以下几种。
① 糖及其衍生物：葡萄糖、果糖、蔗糖、糖蜜、麦芽糖、乳糖、淀粉等；
② 羟基羧酸及其盐类：柠檬酸、葡萄糖酸、酒石酸、乳酸、苹果酸、水杨酸及其盐类等；
③ 多元醇及其衍生物：山梨醇、甘露醇、聚乙烯醇、纤维素醚等；
④ 有机膦酸及其盐类：羟基乙叉二膦酸（或羟基亚乙基二膦酸，HEDP）、2-膦酸丁烷-1,2,4-三羧酸（PBTC）、氨基三亚甲基膦酸（ATMP）及其盐类等。

3.2.2 作用机理

如前所述，水泥水化过程中不同矿物相水化速率不同。C_3A 水化最快，C_3S 次之。对于普通硅酸盐水泥来说，水泥粉磨生产中加入的石膏调凝剂显著抑制了 C_3A 的早期水化，因此常用缓凝剂多针对水泥中硅相矿物 C_3S 的水化进行调控，即抑制 C_3S 的溶解或其水化产物 CH、C-S-H 的沉淀生长过程。缓凝剂的种类不同，对混凝土的缓凝机理不同，目前的缓凝机理主要包括：沉淀假说、络盐假说、吸附抑制溶解假说和抑制成核生长假说等。

（1）沉淀假说

有机或无机物在水泥颗粒表面形成一层不溶物质覆盖层，阻碍水泥颗粒与水的进一步接触，因而水泥的水化反应被抑制（图 3.5）。绝大多数无机缓凝剂为电解质盐类，如磷酸盐类缓凝剂，铜、铁的硫酸盐，溶解后产生的阴离子与水泥浆体液相中钙离子反应生成难溶物质沉积于水泥颗粒表面，或与水泥颗粒表面反应生成致密难溶薄层，抑制了水分子的渗入，阻碍了水泥正常水化作用的进行。

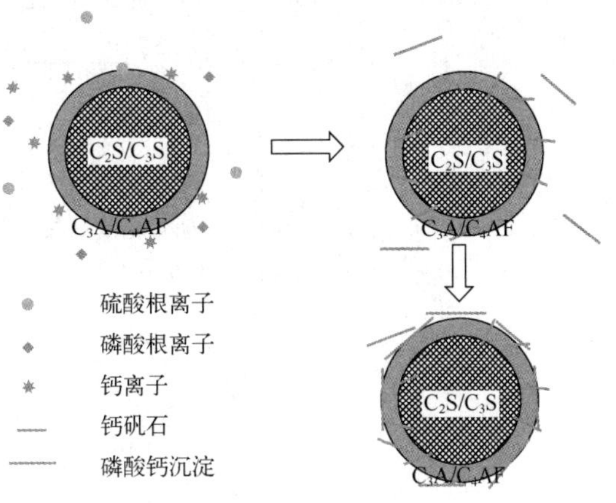

图 3.5　磷酸盐缓凝剂缓凝机理——沉淀假说[8]

（2）络盐假说

部分缓凝剂可与水泥液相中的钙离子络合成盐，使得液相钙离子浓度降低，导致氢氧化钙晶体成核生长困难，从而延缓水泥水化，延长凝结时间。随水化反应的进行，这种不稳定的络合被破坏，水化反应恢复正常进行。羟基羧酸及其盐类的缓凝作用也可用络合物理论来解释。

（3）吸附抑制溶解假说

某些有机缓凝剂中含有一定量羟基、醛基以及羧基，缓凝剂分子通过这些极性基团吸附在水泥矿物颗粒表面后，会抑制熟料矿物的溶解过程，从而延缓水泥水化。研究表明，C_3S 表面蚀坑的形成与扩展是影响矿物早期溶解速率的关键因素，而缓凝剂吸附在 C_3S 表面会抑制表面蚀坑的形成与扩展，从而降低熟料的溶解速率。加入糖类、羟基羧酸盐缓凝剂后，C_3S 矿物的溶解会受到显著抑制，溶液中钙离子与硅酸根离子的浓度明显降低，从而延长水化诱导期。

（4）抑制成核生长假说

在水泥水化过程中，熟料矿物持续溶解释放 Ca^{2+}、SiO_3^{2-}、$Al(OH)_4^-$ 等离子，当溶液中离子浓度达到过饱和后，会在矿物表面或溶液中形成大量的水化产物晶核，随后水化产物在这些晶核上继续结晶生长。缓凝剂的存在，一方面会抑制水化产物的成核过程，使其无法形成有效的晶核；另一方面会吸附在晶核或者水化产物表面，阻碍水化产物的继续生长，或者改变晶体的结晶取向，降低晶体生长速率。例如，蔗糖缓凝剂会吸附于 $Ca(OH)_2$ 晶核表面抑制其继续生长。而当 $Ca(OH)_2$ 的成核生长得到抑制后，会提高溶液中水化产物沉淀析出所需的过饱和度，从而抑制 C_3S 的溶解以及 C-S-H 的析出，延长诱导期（图 3.6）。

水泥水化过程极其复杂，而可作为缓凝剂的化学物质繁多，对于每一种缓凝剂组分，可能一种假说无法解释其缓凝机理。如酒石酸、葡萄糖酸、柠檬酸中均含有羟基和羧基两种极性基团，它们的缓凝作用同时包含络合作用和吸附作用。又如蔗糖，一方面会与溶液中钙离子络合，另一方面会吸附于 $Ca(OH)_2$ 晶核表面，抑制其成核生长。

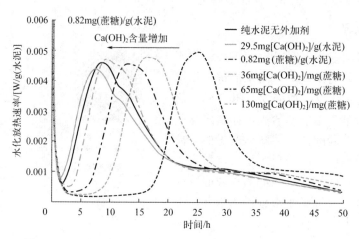

图 3.6 Ca(OH)$_2$ 与蔗糖复合对水泥水化放热过程的影响机制[9]

3.2.3 性能与应用技术

3.2.3.1 性能

在混凝土中加入缓凝剂，不仅会延长凝结时间，而且会对新拌混凝土的工作性以及硬化混凝土的相关性能产生一定的影响。

（1）缓凝剂对新拌混凝土性能的影响

① 延长凝结时间。缓凝剂可显著延缓水泥浆体的凝结，在一定掺量范围内凝结时间可调性强，并且不产生异常凝结。另外，缓凝剂应尽可能延长混凝土初凝时间以保持工作性，而初凝与终凝之间的时间间隔要短。因为初凝后混凝土已经完全失去流动性，应尽快形成机械强度，以抵抗外力对水泥浆体结构的损伤。表 3.4 中列举了常用缓凝剂对水泥浆凝结时间的影响，不同种类缓凝剂的作用差别较大。在较低掺量下其作用特点可表现为两种：一种为显著延长初凝时间，但不显著延长初凝和终凝时间间隔，表现为水化诱导期延长，但对加速期影响较小，例如蔗糖、葡萄糖酸钠等；另一种对初凝影响较小，但会延长终凝时间，且不影响后期正常水化和强度发展，例如甲基纤维素和羟甲基纤维素。

表 3.4 缓凝剂对水泥凝结时间的影响

外加剂种类	掺量/%	w/c=0.29			
		初凝/min	初凝延长时间/min	终凝/min	终凝延长时间/min
	0	158	—	201	—
蔗糖	0.05	434	276	474	273
	0.10	632	474	867	666
葡萄糖酸钠	0.05	295	137	349	148
	0.10	759	601	872	671
柠檬酸	0.05	373	215	458	257
	0.10	660	502	930	729
山梨醇	0.05	257	99	281	80
	0.10	268	110	321	120

外加剂种类	掺量/%	w/c=0.29			
		初凝/min	初凝延长时间/min	终凝/min	终凝延长时间/min
羟基乙叉二膦酸	0.05	585	427	711	510
	0.10	1250	1092	1419	1218
三聚磷酸钠	0.05	276	118	329	128
	0.10	444	286	501	300
甲基纤维素	0.05	165	7	255	54
	0.10	200	42	380	179
羧甲基纤维素钠	0.05	155	−3	260	59
	0.10	195	37	270	69

注：水泥采用混凝土外加剂检测用基准水泥。

缓凝剂掺量一般为胶凝材料质量的 0.01%～0.1%，其对混凝土凝结时间的影响与缓凝剂的种类、掺量、掺加方式等有关。过量缓凝剂可能导致混凝土假凝（水泥净浆在没有放出大量热的情况下迅速变硬，且不需另外加水重新搅拌后仍能恢复其塑性）、闪凝（或称为瞬凝，水泥加水搅拌后不久有大量热放出，同时迅速变硬）或长期不凝结等异常现象，例如过量掺加蔗糖、柠檬酸会导致水泥假凝、闪凝。缓凝剂的掺加时间不同，缓凝效果也会有所差异，一般掺加时间越晚，缓凝作用越强。

② 改善混凝土工作性。葡萄糖酸钠、三聚磷酸钠等缓凝剂具有微弱的减水性能，且当与减水剂复合使用时，其所产生的叠加减水效果更显著。掺入缓凝剂后，水泥水化速度降低，混凝土工作性保持更长时间，从而优化预拌混凝土泵送施工性能。

③ 延后水化放热峰值时间。缓凝剂通过延长混凝土的初凝、终凝时间，延后混凝土结构温度达到峰值的时间。然而，由于缓凝剂通常仅影响凝结前的水泥水化速率，对凝结后的水化速率影响有限，而凝结前的水化放热量在总放热量中的占比有限（图 3.1），因此缓凝剂通常对混凝土结构温度峰值大小与温度应力发展的影响有限，该特征与水化温升抑制剂有本质区别。

（2）缓凝剂对硬化混凝土性能的影响

掺加适量缓凝剂的混凝土早期（3d 以内）强度通常低于未掺缓凝剂的混凝土，但 7d 以后即可达到甚至略微超过未掺缓凝剂的混凝土，且后期（28d 及以后）其力学、耐久性也随之得到改善。其原因在于掺入一定量的缓凝剂后，水泥的水化速度降低（对硅酸盐水泥和普通硅酸盐水泥的影响尤为显著），水泥颗粒周围溶液中的水化硅酸钙等水化产物的分布更加均匀，微结构密实性提高，结构缺陷数量下降。此外，掺入缓凝剂会延缓水泥水化进程与强度发展，从而对混凝土的收缩产生一定影响。

GB 8076—2008《混凝土外加剂》中规定了缓凝剂的性能指标（见表 3.5），主要性能指标涵盖了凝结时间之差、泌水率比、抗压强度比（7d、28d）、收缩率比。

表 3.5　缓凝剂的性能指标

项目	泌水率比/%	凝结时间之差/min		抗压强度比/%		收缩率比/%
		初凝	终凝	7d	28d	
指标	≤100	>+90	—	≥100	≥100	≤135

资料来源：GB 8076—2008《混凝土外加剂》。

3.2.3.2　注意事项

缓凝剂的应用范围十分广泛，除预制构件混凝土中较少使用外，普遍应用于泵送混凝土、大体积混凝土、碾压混凝土，可显著改善混凝土拌合物流动性经时保持能力、延长混凝土拌合物可操作施工时间。缓凝剂的实际掺量较低，绝大多数情况下与减水剂复配使用。缓凝剂在使用过程中还需注意如下事项。

① 根据混凝土凝结时间的实际需求，合理选择缓凝剂掺量。缓凝剂的掺量与效能正相关，掺量过低时易造成浇筑成型阶段混凝土塑性保持时间不足，难以振捣密实，产生分层施工结构冷缝，整体结构密实性不良；而缓凝剂掺量过高使混凝土长时间不凝，增加混凝土拌合物离析和泌水风险，延缓施工进度，严重时造成混凝土中后期强度降低，甚至完全不能凝结硬化。使用缓凝剂时，掺量应事先经混凝土试验确定，且严格按照试验材料、缓凝剂种类、环境温度等因素推荐掺量，当其中任何一项发生显著变化时，应重新试验确定掺量。

② 根据温度情况，合理选择缓凝剂种类及掺量。水泥水化进程受温度影响较大，因而缓凝剂在夏季掺量较高，春秋季掺量较低，且不同缓凝剂的效能受温度影响较大，当环境温度波动超过10℃时应重新调整缓凝剂掺量。通常缓凝剂在高温时对硅酸三钙水化反应的抑制程度明显减弱，因而高温时缓凝效果降低，必须加大掺量。随着气温降低，混凝土的缓凝时间明显延长，冬季施工时不宜单独使用缓凝剂，必须使用时掺量应慎重选取，并需经试验确定。

③ 缓凝剂与水泥间存在适应性问题。水泥中四种熟料矿物水化反应差异大，石膏的种类、含量也不相同，造成不同水泥与缓凝剂之间存在明显的适应性问题。例如，木质素磺酸钙抑制硬石膏溶解，易造成掺硬石膏水泥闪凝；缓凝减水剂和多元醇类缓凝剂，有时会引起混凝土假凝现象等。因此在缓凝剂或缓凝减水剂使用前，必须进行水泥适应性试验。

④ 缓凝剂的掺入方式对功效影响大。相对于缓凝剂与拌合水同时加入的掺入方式（称为先掺法），采用滞后掺入缓凝剂的方式（称为后掺法），混凝土的凝结时间显著延长。所以当采用减水剂后掺法提升混凝土拌合物的流动性时，应注意减水剂中是否含有缓凝剂，推荐使用不含缓凝剂的减水剂，一旦使用了含缓凝剂的减水剂，应适当延长混凝土脱模时间。

⑤ 根据工程特点和施工工艺选择合适的缓凝剂。一次性浇筑高度大于2m的混凝土，缓凝剂应严格控制掺量，以满足设计凝结时间的下限为宜，防止混凝土拌合物压力泌水率过高产生硬化混凝土外表砂线。分层浇筑施工的混凝土拌合物，宜通过缓凝剂控制凝结时间大于每层浇筑耗时的2倍以上，凝结时间过短可能产生冷缝，但凝结时间也不宜过长，延缓施工进度，增大混凝土拌合物泌水风险。咬合桩超缓凝混凝土，宜使用缓凝剂大幅延长混凝土拌合物凝结时间，先行浇筑相邻两个桩位，然后在混凝土拌合物的终凝时间前，浇筑两个桩位中间的咬合桩。

3.3　早强剂

3.3.1　定义与分类

早强剂（accelerating admixture）是指可加速混凝土或砂浆早期强度发展，并且不降低后期强度和耐久性的外加剂。大部分早强剂在提高混凝土早期强度的同时，会缩短混凝土的凝结时间。在混凝土中适当使用早强剂有许多优点，如提早饰面（抹平）时间、减小模板侧压力、缩短脱模时间、减少养护时间以及促进低温环境中混凝土强度发展。

早强剂按照化学成分可分为可溶性无机盐类、可溶性小分子有机物及其盐类、纳米晶种型早强剂三类，许多商品早强剂实际上为不同种类的混合物。

（1）可溶性无机盐类

该类物质作为早强剂使用已有较长的历史，常见的无机早强剂有氯盐、硫酸盐、硝酸盐、亚硝酸盐、硫氰酸盐、碱式碳酸盐、苛性碱和硫代硫酸盐等。以 $CaCl_2$ 为代表的氯盐是工程中应用最早的一类混凝土早强剂，尽管氯盐早强剂的早强效果好，但是其用量被严格限制，因为氯离子能引起混凝土中钢筋的锈蚀，影响混凝土结构的耐久性。

（2）可溶性小分子有机物及其盐类

可溶性小分子有机物及其盐类是常用的早强剂，其包括以下两种。

① 链烷醇胺：泛指含有一个、两个或三个羟烷基的胺类有机物，代表性链烷醇胺有三乙醇胺（triethanolamine，TEA）和三异丙醇胺（triisopropanolamine，TIPA），二者的化学结构见图3.7。

② 羧酸（盐）：主要为一元或二元羧酸等，代表性物质为甲酸、乙酸、草酸及其盐类。

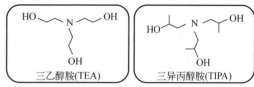

图3.7　三乙醇胺和三异丙醇胺的化学结构

（3）纳米晶种型早强剂

纳米晶种型早强剂是指兼具纳米尺度特征和晶种效应的能够显著促进水泥水化反应的一类早强剂，主要包括纳米 SiO_2、纳米 $CaCO_3$，以及通过化学反应制备的纳米 C-S-H 等。晶种型早强剂直接促进水化产物成核、生长，在短期内快速提高水化产物生成量，提高胶凝体系强度。

3.3.2　作用机理

早强剂的作用机理较为复杂，其作用过程主要发生在水泥水化的诱导前期、诱导期和加速期阶段，以下将对典型的早强剂的作用机理进行介绍。

（1）无机盐类早强剂

碱金属和碱土金属的盐类能够明显地促进水泥的水化。以氯盐和硝酸盐为例，金属离子促进水化的能力按照以下顺序逐渐减弱：$Ca^{2+}>Ni^{2+}>Ba^{2+}>Mg^{2+}>Fe^{3+}>Cr^{2+}>Co^{2+}>La^{3+} \gg NH_4^+$，$K^+>Li^+>Na^+$。当阳离子相同时，阴离子促进水泥水化的能力按照以下顺序逐渐减弱：$Cl^->SCN^->Br^->I^-> NO_3^- > NO_2^-$。

以氯化钙为例，在水泥水化的诱导前期，氯化钙能够促进石膏的溶解，提高液相中 SO_4^{2-} 含量，加速 C_3A 与石膏的水化反应，促进钙矾石的快速生成。此后，Cl^-能够渗透进入 C_3S 中，加速 OH^- 的溶出，使液相中的氢氧化钙快速达到饱和，从而缩短诱导期。在水化加速期，随着 C_3S 中硅酸根离子溶出，氯化钙提供的大量钙离子有利于加速 C-S-H 的成核和晶体生长。氯化钙对 C_3S 水化放热过程的影响如图3.8所示。同时，加入氯化钙后，水化产物中更容易

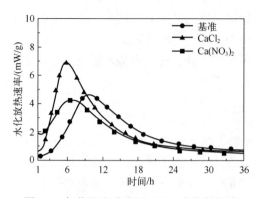

图 3.8 氯化钙和硝酸钙对 C_3S 水化的影响

形成蜂窝状和尺度较长的针状 C-S-H 凝胶，有利于提高早期强度。此外，氯化钙还能够激发矿渣类材料的水化活性，因此对部分含有混合材的水泥也有较好的促凝和早强作用。

硝酸钙提供的 NO_3^-，可以置换 AFm 中的 SO_4^{2-} 到溶液中，促进钙矾石的生成，因此即使在石膏完全消耗的情况下，硝酸钙也能够使钙矾石的生成量持续增加。此外，与氯化钙的作用原理类似，硝酸钙同样能够促进硅相的溶解，加速 C-S-H 的成核和生长。硝酸钙对 C_3S 水化放热过程的影响如图 3.8 所示。

硫酸钠对水泥水化的影响主要发生在诱导期以前，硫酸钠能够提供充足的 SO_4^{2-}，加速 C_3A 的水化进程，促进钙矾石快速生成。硫酸钠对 C_3S 水化无显著促进作用，随着掺量增加甚至会抑制 C_3S 的水化进程。同时，硫酸钠还能够加强氢氧化钙对粒化高炉矿渣的水化激发作用，促进"火山灰反应"，所以硫酸钠对掺有活性混合材水泥有更好的早强和增强作用。

（2）醇胺类早强剂

醇胺类早强剂的作用机理包括以下两个方面：①在水化诱导前期和诱导期，醇胺类物质能够与 Ca^{2+}、Al^{3+} 形成螯合物，促进 C_3A 的溶解，加速 C_4AH_{19}、钙矾石等水化产物的生成；②在水化加速期，醇胺类物质能够与 Fe^{3+} 络合，促进 C_4AF 的溶解与水化，而 C_4AF 的溶解使得相邻的熟料矿物暴露在液相中，从而促进其他熟料矿物（如 C_2S）的水化。值得注意的是，在诱导期醇胺类物质会吸附在熟料矿物表面，轻微抑制 C_3S 的溶解与水化，而在水化加速期和减速期，醇胺类物质的加入会降低水化产物中氢氧化钙含量并提高 C-S-H 凝胶的钙硅比，进而提高水化产物中非晶相物质的比例，改变水化产物微观形貌和结构。图 3.9 列举出了 TEA 在水泥水化各阶段的作用机理。

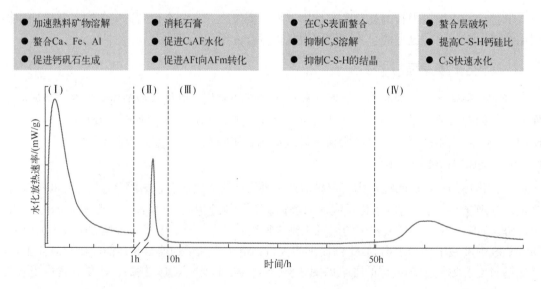

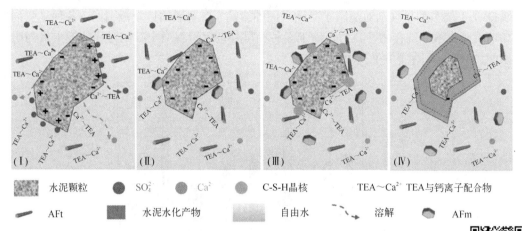

水泥颗粒	SO$_4^{2-}$	Ca^{2+}	C-S-H晶核	TEA～Ca^{2+} TEA与钙离子配合物
AFt	水泥水化产物	自由水	溶解	AFm

图 3.9　TEA 对水泥水化过程的影响[11]

（3）纳米晶种类早强剂

水化产物的形成实际上是一个成核-生长的过程，该过程伴随着能量降低，理论上可以自发进行。但实际上晶体从液相中析出时，需突破巨大表面能增加导致的能量位垒，该位垒使得晶体析出需消耗大量时间，甚至难以自然析出，这也是水化过程存在诱导期的主要原因之一。纳米晶种类早强剂为水化产物持续生长提供额外的成核位点，加速水化产物的析出过程，大幅度缩短诱导期。同时水化产物析出过程降低了溶液中 Ca^{2+}、Al(OH)$_4^-$、SiO$_3^{2-}$ 浓度，进而加速了水泥熟料矿物的溶解，进一步加速水泥的水化进程。在短期内形成的水化产物快速填充空隙，提高了硬化浆体的密实程度（图 3.10），从而有利于提高硬化水泥浆体早期强度[10]。

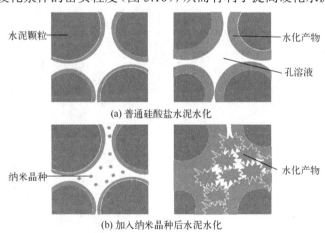

(a) 普通硅酸盐水泥水化

(b) 加入纳米晶种后水泥水化

图 3.10　晶种类早强剂作用机理

3.3.3　性能与应用技术

3.3.3.1　性能

一般来说，在混凝土中加入早强剂，除对早期强度有明显提升作用之外，对混凝土其他性能也可产生一定影响。

在混凝土中使用早强剂会加速早期水化，缩短凝结硬化时间，促进混凝土早期强度发展。早强剂对混凝土凝结时间的影响受早强剂种类、掺量、水泥品种及其矿物组成等因素的影响。

图 3.11 是不同类型早强剂对混凝土凝结时间的影响。在合适的掺量范围内，各种早强剂都具有加速混凝土凝结的作用。其中，纳米晶种类早强剂缩短混凝土凝结时间的效果最为明显，亚硝酸钙次之，三异丙醇胺最弱。

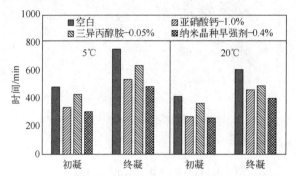

图 3.11　早强剂对凝结时间的影响
（图中早强剂掺量为相对于胶凝材料总质量的百分比）

早强剂可以大幅提高混凝土的早期强度，其早强效果取决于早强剂的种类、掺量和温度。图 3.12 是三异丙醇胺、亚硝酸钙、纳米晶种早强剂在常用掺量时对混凝土抗压强度发展的影

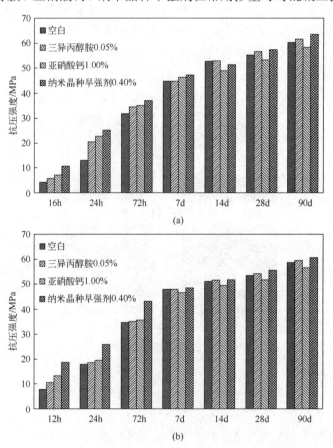

图 3.12　5℃和 20℃时掺早强剂的混凝土强度发展过程
（a）5℃；（b）20℃
[混凝土配合比（kg/m³）为水泥∶粉煤灰∶砂∶碎石∶水∶减水剂=340∶40∶770∶1065∶165∶3.8]

响。5℃时，使用纳米晶种早强剂的混凝土 16h 抗压强度比可达 250% 以上，24h 抗压强度比仍可达到 190% 以上，3d 时仍有明显的增强效果。三异丙醇胺和亚硝酸钙的增强作用主要在 1~3d 龄期，且增强效果明显弱于纳米晶种早强剂。20℃时，纳米晶种类早强剂在 24h 以内增强效果显著，混凝土 12h 抗压强度比可达 200% 以上，24h 抗压强度比超过 140%，三异丙醇胺和亚硝酸钙的增强作用明显弱于纳米晶种早强剂。总体来看，随着龄期的发展，早强剂的增强效果逐渐减弱，甚至对后期强度产生不利影响，其中，使用纳米晶种和三异丙醇胺的混凝土在 28d 和 90d 时抗压强度仍然略高于基准组，而使用亚硝酸钙的混凝土长龄期抗压强度略低于基准组。此外，早强剂的作用效果还与混凝土的养护条件、水胶比和水泥品种有关。

掺无机盐类早强剂的混凝土后期强度增长缓慢，其后期强度往往低于不掺无机盐早强剂的混凝土。而小分子有机物和晶核类早强剂对混凝土后期强度发展的影响较小。含有碱金属、氯离子的早强剂会对混凝土的干燥收缩和耐久性能产生不利影响。

T/CECS 10124—2021《混凝土早强剂》和 GB 8076—2008《混凝土外加剂》中规定了早强剂的性能指标（见表 3.6）。主要技术指标包括减水率、含气量增加值、泌水率比、凝结时间差、抗压强度比、28d 氯离子渗透系数比。

表 3.6 早强剂技术指标

试验项目		T/CECS 10124—2021 指标值		GB 8076—2008 指标值
		Ⅰ	Ⅱ	
减水率/%		≤8		—
含气量增加值/%		≤2.0		—
泌水率比/%		≤95		≤100
凝结时间之差/min	初凝	−120~0	−90~0	−90~+90
	终凝	−120~0	−90~0	—
抗压强度比/%	12h	≥180	≥150	—
	1d	≥135		≥135
	3d	≥130		≥130
	7d	≥110		≥110
	28d	≥100		≥100
	90d	≥100		—
28d 氯离子渗透系数比/%		≤100		—

注：凝结时间之差性能指标中的"—"号表示提前。

3.3.3.2 注意事项

混凝土早强剂主要用于低温环境混凝土、预制构件混凝土以及其他有提升早期强度需求的混凝土生产中，能够提升早期力学性能，减少养护能耗，加快预制构件模板周转，提前预应力钢筋混凝土的钢筋张拉时间等。早强剂可用于各种强度等级的混凝土生产中，早强剂的效果受水泥熟料、掺合料的化学组成和环境温度等因素的影响较大，在实际使用中尚应注意如下事项。

① 早强剂宜用于蒸汽养护、常温、低温（最低温不低于−5℃）环境施工或有早强要求

的混凝土工程，环境温度低于−5℃时不宜使用早强剂。早强剂不宜用于大体积混凝土，三乙醇胺等有机类早强剂不宜用于蒸汽养护混凝土。此外，无机类早强剂不宜用于下列情况：a.处于水位变化的结构；b.露天结构及经常受雨淋、受水流冲刷的结构；c.相对湿度大于80%环境中使用的结构；d.直接接触酸、碱或其他侵蚀性介质的结构；e.有装饰要求的混凝土，特别是要求色彩一致或表面有金属装饰的混凝土。

② 早强剂对混凝土 28d 及以后强度发展的影响各有差异，而且其作用效果与种类、掺量有关。有机类早强剂，例如三异丙醇胺（TIPA）和二乙醇单异丙醇胺（DEIPA），能提高混凝土的后期强度，但也存在增加混凝土含气量的可能性，同时超出正常使用掺量时可能导致混凝土异常凝结。无机类早强剂，如氯盐、硫酸盐、硝酸盐，在掺量较高的情况下会降低混凝土的后期强度。

③ 早强剂对混凝土耐久性的影响主要与钢筋锈蚀和碱集料反应有关。含有氯盐和硫氰酸盐的早强剂可加速钢筋的电化学锈蚀，不应用于预应力混凝土、钢筋混凝土和钢纤维混凝土结构，而含硝酸盐、亚硝酸盐、碳酸盐的早强剂不应用于预应力混凝土结构。部分早强剂中过量引入的 Na^+、K^+ 可能与混凝土中活性骨料发生碱硅酸反应，不利于混凝土的耐久性。

④ 早强剂与减水剂或其他外加剂共同使用时，需要进行相容性试验，部分醇胺类早强剂，以及晶核类早强剂呈碱性，无法与坍落度保持剂复合使用，若混合使用则会导致坍落度保持剂提前水解而失效。

⑤ 在早强剂的使用过程中需将人体和环境的安全纳入考虑中。具有腐蚀性、强酸性的化学品不能作为早强剂使用，以亚硝酸盐和硫氰酸盐为主要成分的商品早强剂都应被标记为有害化学品。

3.4 速凝剂

3.4.1 定义与品种

速凝剂（flash setting admixture）是能使混凝土或水泥砂浆迅速凝结硬化的外加剂。速凝剂凭借其在速凝、早强方面的显著作用，已成为喷射混凝土最为关键的材料之一，广泛应用于隧道支护、矿井掘进、水利枢纽地下厂房、边坡固定以及修补加固工程。此外，速凝剂还可以用在灌浆止水混凝土及抢修补强混凝土中。据统计，我国每年速凝剂需求量超过100万吨。

按形态划分，速凝剂主要分为粉状和液体两种。按碱含量划分，速凝剂又分为有碱、低碱和无碱三类。速凝剂的主要成分包括硅酸盐、铝酸盐、铝盐、氢氧化铝、氢氧化钠、碳酸盐等，其他具有辅助速凝作用的成分有氟盐、氟硅酸盐或含氟无机酸、锂盐、镁盐、烷基醇胺等。

（1）粉状速凝剂

根据 GB/T 35159—2017《喷射混凝土用速凝剂》，用于喷射混凝土或水泥砂浆施工的粉末状速凝剂称为粉状速凝剂。

① 铝氧熟料-碳酸盐型速凝剂。这类速凝剂以铝氧熟料为主要成分，辅以碳酸盐、硫酸

盐、生石灰等组分，属强碱性速凝剂。铝氧熟料由铝矾土矿（主要成分为 Al_2O_3）经高温煅烧而成，其中 $NaAlO_2$ 含量高达 60%～80%。使用掺量一般为胶凝材料质量的 2%～5%，具有促凝作用强、水泥适应性好、价格低廉等优点，但碱性过高容易导致碱集料反应风险且混凝土后期强度损失较大，通常在 30% 以上。

② 铝氧熟料-硫铝酸钙型速凝剂。这类速凝剂以铝氧熟料复合硫铝酸钙为主要成分，复配少量石膏等，但碱含量比铝氧熟料-碳酸盐型速凝剂要低，因此掺入后混凝土的后期强度损失较小。使用掺量范围多为胶凝材料质量的 3%～6%。

粉状速凝剂的使用需结合干法或潮法喷射工艺，存在生产过程能耗高、施工过程回弹量及粉尘量大的缺陷，因此被液态无（低）碱速凝剂逐步取代。

（2）液体速凝剂

根据 GB/T 35159—2017《喷射混凝土用速凝剂》，用于喷射混凝土或水泥砂浆施工的液态速凝剂称为液体速凝剂。

① 水玻璃型液体速凝剂。水玻璃型液体速凝剂以硅酸钠（Na_2SiO_3）为主要成分，是早期的液体速凝剂品种。此类速凝剂碱含量在 8%～10% 之间，对皮肤腐蚀性较强，价格低廉，但使用掺量高（一般为水泥质量的 8%～15%），掺入此类速凝剂后混凝土后期强度损失较大（30% 左右），混凝土干燥收缩大。

② 铝酸盐型液体速凝剂。铝酸盐型液体速凝剂以铝酸钠或铝酸钾为主要成分，工业上采用氢氧化铝与氢氧化钠（钾）在较高温度（85～120℃）下反应而成，具有储存稳定期长、掺量低（一般为水泥质量的 3%～5%）等优点。掺入铝酸盐型速凝剂的混凝土早期强度增长快，但该类速凝剂腐蚀性强（pH>13.0），且水泥适应性不佳，混凝土后期强度损失大（20%～25%）[12]。

③ 复合铝盐型液体速凝剂。此类速凝剂以硫酸铝、活性氢氧化铝等铝盐为主要组分，还掺入链烷醇胺、稳定剂、氟化物或碱土金属盐等有机或无机组分，起稳定、促凝作用。复合铝盐型速凝剂具有碱含量低（<1%）、后期强度损失小、耐久性好等优点，解决了使用碱性速凝剂的喷射混凝土后期强度降低、耐久性不足的致命缺陷，使制备高强、高耐久喷射混凝土成为可能。氟化物作为目前复合铝盐型速凝剂应用最多的改性组分，具有改善稳定性、提升水泥适应性等优点，但同时也存在 pH 值低（一般为 2～3）、早期强度发展较慢等问题。因此无氟无碱型液体速凝剂受到广泛关注。

3.4.2 作用机理

速凝剂能快速打破水泥矿物相的水化反应平衡，促成水化产物在短时间内迅速生成。按照速凝剂的主要成分不同，其作用机理也不尽相同，主要分为以下四类。

（1）粉状速凝剂

以铝氧熟料和碳酸钠为主要成分的粉状速凝剂，其速凝作用主要通过以下化学反应实现[式（3.11）～式（3.14）]：

$$AlO_2^- + 2H_2O \longrightarrow Al(OH)_3 + OH^- \tag{3.11}$$

$$2AlO_2^- + 3CaO + 7H_2O \longrightarrow 3CaO \cdot Al_2O_3 \cdot 6H_2O + 2OH^- \tag{3.12}$$

$$CO_3^{2-} + CaO + H_2O \longrightarrow CaCO_3 + 2OH^- \tag{3.13}$$

$$CO_3^{2-} + Ca^{2+} \longrightarrow CaCO_3 \tag{3.14}$$

铝氧熟料中的碱性化合物掺入后与石膏发生反应,生成溶解度更低的盐类,消除了石膏的缓凝作用,使得水泥中 C_3A 迅速发生水化,并在溶液中析出水化铝酸钙。

(2)水玻璃型液体速凝剂

以硅酸钠为主要成分的水玻璃型速凝剂,其速凝作用主要通过生成水化硅酸钙胶凝性产物的化学反应实现 [式(3.15)]:

$$Na_2O \cdot nSiO_2 + Ca^{2+} \longrightarrow (n-1)SiO_2 + CaSiO_3 + 2Na^+ \tag{3.15}$$

水泥中的 C_3S 相在早期水化过程中生成的 $Ca(OH)_2$ 与水玻璃型速凝剂中的硅酸钠组分发生强烈反应,生成硅酸钙和二氧化硅等,并在反应过程中释放碱性物质促进水泥熟料矿物水化,从而使水泥迅速凝结硬化[13]。

(3)铝酸盐型液体速凝剂

以铝酸钠或铝酸钾为主要成分的铝酸盐型速凝剂,其速凝作用主要通过水化铝酸钙、单硫型水化硫铝酸钙及钙矾石的快速形成实现,过程伴随石膏的大量消耗:

$$2AlO_2^- + 6Ca^{2+} + 4OH^- + 3SO_4^{2-} + 30H_2O \longrightarrow 3CaO \cdot Al_2O_3 \cdot 3CaSO_4 \cdot 32H_2O(AFt) \tag{3.16}$$

$$\begin{aligned} 2AlO_2^- + 2(3CaO \cdot Al_2O_3) + 6Ca^{2+} + 6OH^- + 3SO_4^{2-} + 28H_2O \longrightarrow \\ 3(3CaO \cdot Al_2O_3 \cdot CaSO_4 \cdot 12H_2O)(AFm) \end{aligned} \tag{3.17}$$

铝酸钠组分掺入水泥浆体后,为水泥早期水化反应提供了充足的 Al^{3+},与水泥铝相矿物 C_3A 迅速生成水化铝酸钙的中间产物 [式(3.12)],并在进一步快速消耗石膏后促成了钙矾石及单硫型水化硫铝酸钙(AFm)等矿物相的形成 [式(3.16)] 和 [式(3.17)] [14]。同时速凝剂中 NaOH 也促进了 C_3S 的水化,生成 C-S-H 凝胶及氢氧化钙产物。

(4)复合铝盐型液体速凝剂

以硫酸铝为主要成分的复合铝盐型速凝剂,其速凝作用主要通过钙矾石快速生成的作用机理实现:

$$6Ca^{2+} + 2Al(OH)_4^- + 3SO_4^{2-} + 4OH^- + 26H_2O \longrightarrow 3CaO \cdot Al_2O_3 \cdot 3CaSO_4 \cdot 32H_2O(AFt) \tag{3.18}$$

硫酸铝组分的掺入为碱性水化环境提供了充足的铝离子及硫酸根离子,因此迅速产生大量钙矾石产物导致速凝 [式(3.18)]。微观形态上钙矾石多呈现针柱状,既可通过液相-沉淀反应从水泥孔溶液中析出并独立生长、无定向分布,也可通过局部化学反应在水化矿物表面附着生长[15]。

此外,无碱速凝剂体系通常复掺促凝无机盐,如锂盐或氟盐。锂盐常被用来加速高铝水泥的化学反应,但其用于速凝剂中时,锂离子的原子半径小,能与这些水化铝酸盐结合生成细小的晶体,产生成核-结晶效应,从而消除了成核能垒,使水泥水化的诱导期缩短或消失。氟盐在无碱速凝剂中容易与铝相离子结合以水合氟化铝的形式存在,当掺入水泥浆体中时,氟离子通过与孔溶液中的钙离子结合形成氟化钙或其他含氟水化产物,消耗钙离子的同时以晶核的方式促进速凝产物钙矾石的生成[16]。

3.4.3 性能与应用技术

3.4.3.1 性能

速凝剂主要影响混凝土的工作性及强度发展历程，其次对收缩及其他耐久性能也存在一定影响。速凝剂的掺入可以使水泥在较短时间甚至几分钟内凝结、硬化并建立早期强度，满足喷射、快速施工或止水堵漏的特殊要求，达到降低喷射过程回弹率及扬尘量的施工过程质量控制目的。表 3.7 归纳了典型速凝剂品种的使用掺量范围及性能特点。

表 3.7　典型速凝剂品种的使用掺量范围及性能特点

品种	使用掺量/%	碱含量/%	喷射工艺	28d 强度损失/%
粉状速凝剂	4～6	20～30	干法或潮法	30～40
水玻璃型速凝剂	8～15	8～10	湿法	30～40
铝酸盐型速凝剂	3～5	15～20	湿法	20～25
复合铝盐型速凝剂	6～9	<1.0	湿法	<10

喷射工艺按照拌合物状态主要分为干法、湿法两种，分别采用粉状速凝剂与液体速凝剂。粉状速凝剂通常与预拌好的混凝土干料在喷射器具中混合均匀,使用时在喷嘴处加入拌合水,在高压空气作用下喷射到基面上，混凝土在速凝剂的作用下迅速失去流动性。湿法工艺中,液体速凝剂在喷嘴处加入已经拌好的混凝土中，在空气压力作用下与混凝土混合均匀并喷射到基面上，混凝土迅速失去流动性。湿法喷射工艺具有水灰比控制精准、喷射粉尘率降低、拌合均匀性高等优点，正逐步替代干法喷射工艺。

（1）对新拌混凝土凝结时间的影响

加入速凝剂的喷射混凝土在数分钟内初凝，在 10～30min 达到终凝。通常，速凝剂的促凝效果与其掺量成正比，并受水灰比、胶凝体系组成及环境温度影响，水泥混凝土凝结时间常以分钟计。一般地，碱性速凝剂的使用掺量要低于无碱速凝剂，因此在相同掺量情况下，无碱速凝剂的促凝效果偏弱。

（2）对硬化混凝土强度的影响

在水化前 3d 内，掺速凝剂水泥砂浆的强度高于不掺速凝剂的水泥砂浆，并随速凝剂掺量的增加而提高。而当水化进行至 28d 时，掺入碱性速凝剂的砂浆抗压强度损失要明显大于无碱速凝剂，尤其是铝酸钠体系，强度损失值通常在 30%～50%并与速凝剂的碱含量成正比[17]，这与其内部后期水化产物呈无定形、疏松形态相关，硬化孔隙中有害孔数量增加。

在湿法喷射过程中，混凝土拌合物与液体速凝剂在喷嘴口高速混合喷出，促使喷射混凝土与受喷岩面紧密接触、快速硬化，形成第一层衬砌支护层。一般来说，喷射混凝土的界面黏结强度多指喷射混凝土与围岩之间的黏结强度，测试值多在 0.6～1.4MPa 之间波动，受围岩物性及温度、受喷面松散程度以及受喷面预处理方式影响较大，随喷射混凝土自身强度在 C20～C35 强度等级范围的增加而增加。液体无碱速凝剂因其后期强度保证率高且受掺量影响较小，多被用于对界面黏结性能要求较高的工况中，如围岩变形或渗水较大的工况。

（3）对硬化混凝土耐久性的影响

速凝剂的掺入会不同程度地增大喷射混凝土的干燥收缩，掺入速凝剂的混凝土 90d 干燥收缩值通常在 $400×10^{-6}$ 以上，而空白混凝土的干燥收缩值约 $300×10^{-6}$，采用无碱速凝剂制备的喷射混凝土体积变形要小于采用有碱速凝剂制备的[17, 18]。

速凝剂在加速胶凝材料水化的同时显著缩短了喷射风压压实工艺的可操作时间，增加了混凝土的不密实风险。无论是湿喷还是干喷，无论胶凝材料体系如何（纯水泥体系、掺粉煤灰或硅灰），速凝剂的加入均会降低喷射混凝土的抗水渗透性能及抗氯离子渗透性能[19]。

然而，速凝剂对喷射混凝土抗冻性和抗硫酸盐侵蚀性能的影响存在一定争议，有学者认为喷射混凝土的抗冻性与抗硫酸盐侵蚀性能弱于同配比模筑混凝土[20]，也有学者认为喷射混凝土内部含有大量微气孔从而能够缓解冻胀压力与侵蚀产物膨胀应力，导致其抗冻性与抗硫酸盐侵蚀性能优于同配比模筑混凝土[21]。

（4）性能指标与测试方法

喷射混凝土对速凝剂的基本要求是混凝土凝结速度快、早期强度高，不得含有或少含有对混凝土后期强度和耐久性有害的物质，同时其他性能也满足工程要求。GB/T 35159—2017《喷射混凝土用速凝剂》给出了掺加速凝剂的净浆及砂浆性能指标，具体见表 3.8。特别地，粉状速凝剂与液体速凝剂凝结时间测试起点不同，粉状速凝剂从加水时算起，而液体速凝剂从加速凝剂时算起。

表 3.8　掺加速凝剂的净浆及砂浆性能

项目		指标	
		无碱速凝剂	有碱速凝剂
净浆凝结时间	初凝时间/min	≤5	
	终凝时间/min	≤12	
砂浆强度	1d 抗压强度/MPa	≥7.0	
	28d 抗压强度比/%	≥90	≥70
	90d 抗压强度保留率/%	≥100	≥70

此外，铁路隧道规程针对掺液体无碱速凝剂砂浆强度给出了更为严格的性能指标，具体见表 3.9。

表 3.9　掺加液体无碱速凝剂的净浆及砂浆性能

项目		指标
		无碱速凝剂
净浆凝结时间	初凝时间/min	≤5
	终凝时间/min	≤12
砂浆强度	6h 抗压强度/MPa	≥1.0
	1d 抗压强度/MPa	≥10.0
	28d 抗压强度比/%	≥90
	90d 抗压强度保留率/%	≥105

资料来源：中国国家铁路集团有限公司企业标准 Q/CR 807—2020《隧道喷射混凝土用液体无碱速凝剂》。

3.4.3.2 注意事项

速凝剂主要用于喷射混凝土中，以湿法喷射混凝土为例，其在使用过程中须注意以下几点。

① 与胶凝体系的适应性。水泥中 C_3A 矿物和石膏形态与含量对速凝剂作用效果极为关键。此外，喷射混凝土一般采用水泥用量占比较高的胶凝体系设计，当采用粉煤灰等矿物掺合料时，需进行速凝剂的匹配试验，避免矿物掺合料比例过高带来的凝结时间延长甚至不合格等问题。

② 储存稳定性。液体速凝剂是高盐体系，在储存时间过长时可能会出现沉淀或分层等问题。在冬季施工期内需考虑液体速凝剂的抗冻性，当产品出现黏度过高、结晶析出现象时不利于速凝剂管道运输、喷射。

③ 环境温度。环境温度过低会降低速凝剂与水泥的反应活性，进而延长喷射混凝土或砂浆的凝结时间，不利于控制回弹率。冬季施工时，应采取措施保证材料温度或提高速凝剂的凝结硬化性能；环境温度升高会加速水化反应，促进凝结硬化，但是高温环境下，需要控制喷射前混凝土的流动性损失，不能影响泵送与喷射施工。

④ 与其他外加剂的相容性。液体速凝剂不宜与其他外加剂混合使用，配合不当容易造成速凝剂中的组分析出。在使用缓凝型减水剂时，需进行掺入速凝剂的水泥净浆凝结时间试验以评估两者的适应性。

⑤ 喷射混凝土配合比。喷射混凝土应具有良好的黏聚性及可喷射性。考虑到速凝剂对混凝土的凝结硬化加速作用，喷射混凝土的水灰比不宜高于 0.5。当喷射混凝土拌合物采用劣质砂石或存在碱-骨料反应活性的骨料时，需进行混凝土工作性评价及碱-骨料反应试验。强度较高（C30 以上）的喷射混凝土宜选择无碱速凝剂；耐久性要求较高的喷射混凝土应选无碱速凝剂。

思考题

1. 水泥水化过程如何？每一阶段具体发生何种反应？
2. 水泥水化反应中不同矿物相之间相互作用如何？如何调控水泥凝结硬化？
3. 水泥水化过程与水泥混凝土早期工作性关系如何？
4. 工程中使用缓凝剂的目的有哪些？举例说明不同目的对缓凝剂性能有哪些要求。
5. 简述缓凝剂的作用机理，并举例说明每一种作用机理对应的缓凝剂种类有哪些。
6. 试分析混凝土出现过度缓凝的原因有哪些。
7. 常见的无机类早强剂有哪些？它们的优点和缺点分别是什么？
8. 与无机类早强剂（如氯盐、硫酸盐）相比，链烷醇胺类早强剂对水泥水化的影响有什么特点？
9. 为什么"硫平衡"问题在含早强剂水泥混凝土体系中尤为重要？
10. 早强剂在使用过程中需考虑哪些因素？
11. 速凝剂的分类有哪些？为什么说液体无碱速凝剂代表了目前速凝剂发展的主要方向？
12. 速凝剂对硬化混凝土性能的影响主要有哪些？

13. 复合铝盐型速凝剂与水泥铝相矿物的水化反应主要作用在哪个阶段？所形成的速凝水化产物类型与铝氧熟料型速凝剂体系的区别是什么？

参考文献

[1] 王培铭. 商品砂浆[M]. 北京：化学工业出版社, 2008.

[2] 袁润章. 胶凝材料学[M]. 2版. 武汉：武汉工业大学出版社, 1996.

[3] Jansen D, Goetz-Neunhoeffer F, Lothenbach B, et al. The early hydration of Ordinary Portland Cement (OPC): An approach comparing measured heat flow with calculated heat flow from QXRD[J]. Cement and Concrete Research, 2012, 42(1): 134-138.

[4] 孔祥明, 卢子臣, 张朝阳. 水泥水化机理及聚合物外加剂对水泥水化影响的研究进展[J]. 硅酸盐学报, 2017, 45(2): 274-281.

[5] Nicoleau L, Nonat A. A new view on the kinetics of tricalcium silicate hydration [J]. Cement and Concrete Research, 2016, 86: 1-11.

[6] Jakob C, Jansen D, Ukrainczyk N, et al. Relating ettringite formation and rheological changes during the initial cement hydration: A comparative study applying XRD analysis, rheological measurements and modeling[J]. Materials, 2019, 12(18): E2957.

[7] Griesser A. Cement-superplasticizer interactions at ambient temperatures: Rheology, phase composition, pore water and heat of hydration of cementitious systems[D]. Zurich: Swiss Federal Institute of Technology, 2002.

[8] Barron A R, Johnson D. Portland cement in the energy industry[M]. Houston: OpenStax CNX, 2010.

[9] Reiter L, Palacios M, Wangler T, et al. Putting concrete to sleep and waking it up with chemical admixtures[J]. Special publication, 2015, 302: 145-154.

[10] Thomas J J, Jennings H M, Chen J J. Influence of nucleation seeding on the hydration mechanisms of tricalcium silicate and cement[J]. The Journal of Physical Chemistry C, 2009, 113(11): 4327-4334.

[11] Lu Z C, Peng X Y, Dorn T, et al. Early performances of cement paste in the presence of triethanolamine: Rheology, setting and microstructural development[J]. Journal of Applied Polymer Science, 2021, 138(31): e50753.

[12] Prudêncio L R. Accelerating admixtures for shotcrete[J]. Cement & Concrete Composites, 1998, 20(2/3): 213-219.

[13] 杨力远, 田俊涛, 杨艺博, 等. 喷射混凝土液体速凝剂研究现状[J]. 隧道建设, 2017, 37(5): 543-552.

[14] Salvador R P, Cavalaro S H P, Segura I, et al. Early age hydration of cement pastes with alkaline and alkali-free accelerators for sprayed concrete[J]. Construction and Building Materials, 2016, 111: 386-398.

[15] 曾鲁平, 乔敏, 王伟, 等. 无碱速凝剂对硅酸盐水泥早期水化的影响[J]. 建筑材料学报, 2021, 24(1): 31-38, 44.

[16] Yang R H, He T S. The accelerating mechanism of alkali free liquid accelerator based on fluoroaluminate for shotcrete[J]. Construction and Building Materials, 2021, 274(8): 121830.

[17] 张建纲, 刘加平. 液体速凝剂对喷混凝土耐久性的影响研究[J]. 现代隧道技术, 2012, 49(5): 169-174.

[18] Wang W, Lu A Q, Zeng L P, et al. Effects of expansive materials on cracking resistance of sprayed concrete[C]//1st International Conference on Innovation in Low-carbon Cement & Concrete Technology. [S.l.:s.n.], 2019, 6 :67-70.

[19] 宁逢伟, 蔡跃波, 白银, 等. 喷射混凝土抗渗性影响因素的研究进展[J]. 混凝土, 2020(5): 129-135.

[20] 曾鲁平, 赵爽, 王伟, 等. 硬化喷射混凝土的气泡结构特性、抗水渗透及抗冻性能[J]. 硅酸盐学报, 2020, 48(11): 1781-1790.

[21] 王家滨, 牛荻涛, 张永利. 喷射混凝土力学性能、渗透性及耐久性试验研究[J]. 土木工程学报, 2016, 49(5): 96-109.

第 4 章

减缩抗裂类外加剂

收缩是指材料因物理化学作用而产生的体积（或长度）减小的现象，是混凝土材料的一个重要性能。混凝土自搅拌浇筑到凝结硬化再到成熟的过程中，由于胶凝材料持续水化、温湿度变化等原因，会产生多种形式的收缩变形。混凝土的收缩变形在受到内部或外部的**约束**时会产生拉应力，当**拉应力**超过混凝土的**抗拉强度**时，就会产生**开裂**。混凝土开裂后，其抵抗水和有害介质渗透的能力大幅降低，引起渗漏问题并加剧性能劣化，严重影响结构服役功能。采用外加剂来减少混凝土各种收缩是提高混凝土结构抗裂性能的有效途径。本章首先简要介绍混凝土收缩变形的类型、定义、机理及影响因素，继而介绍能够减少混凝土收缩的多种外加剂，包括混凝土**膨胀剂**、**减缩剂**、**水化温升抑制剂**和**内养护材料**。

4.1 收缩变形理论基础

混凝土中可能产生的收缩包括**塑性收缩**、**沉降收缩**、**自收缩**、**干燥收缩**、**温度收缩**和**碳化收缩**。其中，混凝土在浇筑到凝结硬化前的塑性阶段，可能产生塑性收缩和沉降收缩；在凝结硬化阶段产生的收缩主要有温度收缩、自收缩和干燥收缩；在暴露于含 CO_2 的一定湿度范围大气环境时，会产生碳化收缩。

塑性收缩、自收缩和干燥收缩均与混凝土中的水分耗散相关；温度收缩，顾名思义，与混凝土温度变化相关；碳化收缩，则伴随着混凝土碳化反应的发生。塑性收缩、沉降收缩和碳化收缩本书不做讨论。

混凝土在外部约束作用下的典型收缩裂缝如图 4.1 所示。

4.1.1 温度收缩

同其他材料一样，混凝土也具有热胀冷缩的性质。由温度变化而导致的混凝土体积的变化，称为混凝土的**温度变形**，包括温度升高引起的膨胀变形（即"热胀"）以及温度降低引起的收缩变形（即"冷缩"或"温度收缩"）。温度收缩（thermal shrinkage）通常也称**温降收缩**。

导致混凝土温度产生变化的因素有材料自身和外界环境两个方面，具体包括水泥水化放热导致的混凝土温度升高、混凝土向外散热导致的温度下降、外界气温变化导致的混凝土温度波动以及日照热辐射、工业建筑高温使用环境导致的混凝土温度变化等。

混凝土采用的主要胶凝材料——水泥，其水化反应是一个持续放热的过程，在水化过程中产生大量热量，导致混凝土结构内部温度显著升高。水泥水化反应在较短时间内放出大量的热，而混凝土是热的不良导体，散热较慢，早期集中放热使得早龄期混凝土内部温升较高。特别是在体表比（体积与表面积的比值）大的**大体积混凝土**结构中，由于其可向周围散发热量的表面积少，混凝土中心接近绝热条件，在浇筑后的几天内即达到峰值。图 4.2 所示为某桥梁大体积混凝土预制构件的温升历程，由于水泥水化放热，内部中心最高温度可高达 80℃，温升达到 50℃。

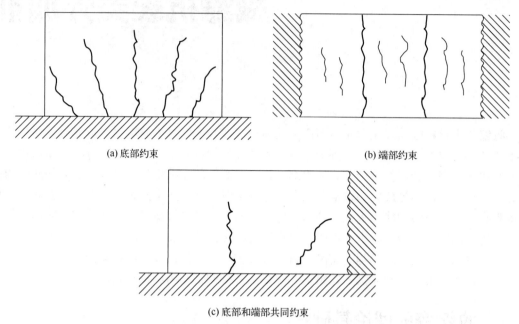

(a) 底部约束　　　　　　　　　　　　　　(b) 端部约束

(c) 底部和端部共同约束

图 4.1　混凝土在约束下的收缩开裂[1]

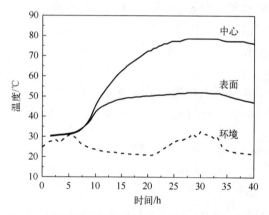

图 4.2　某桥梁大体积混凝土预制构件的温升历程

除自身水化放热外，混凝土的温度变化同时也受外界环境的影响。在绝热条件下，混凝土内部最高温度是浇筑温度与水化放热导致的温升的总和。但由于实际条件下，混凝土结构物不可能做到完全绝热，当混凝土的温度与外界环境存在温差时，热交换使得混凝土的温度逐渐发生变化。此时，混凝土内部的温度就取决于浇筑温度、水化放热导致的温升以及混凝土的散热条件。

随着加速期后水泥水化反应速率的逐渐降低，由于结构不断散热，混凝土达到温峰后，温度开始下降，产生温降收缩。当温降收缩产生的拉应力超过抗拉强度时，混凝土往往形成由内及表的贯穿性裂缝。对于大体积混凝土，**里表温差**（混凝土中心与混凝土表层的温度差值）较大，也使混凝土表面产生拉应力。当拉应力超过混凝土的抗拉强度时，混凝土表面就会产生开裂。

混凝土单位温度升高和降低而导致的体积（或长度）的变化通常用**热（线）膨胀系数**表示。混凝土的温度变形为

$$\varepsilon_T = \beta_T \Delta T \tag{4.1}$$

式中，ε_T 为温度变形，10^{-6}；β_T 为热（线）膨胀系数，$10^{-6}\mathrm{K}^{-1}$；ΔT 为温度变化，K。

混凝土的热膨胀系数在后期一般趋于稳定，而在早期，热膨胀系数随龄期的变化幅度较大，且受到测试方法的限制，早期热膨胀系数准确测试的难度也较大。从图 4.3 所示的常规温度范围内普通混凝土早龄期线膨胀系数测试结果可以看出，线膨胀系数在测试初期最大，而后数小时至十几小时内急剧下降，最后趋于稳定（大约在 $8×10^{-6}～12×10^{-6}K^{-1}$）。

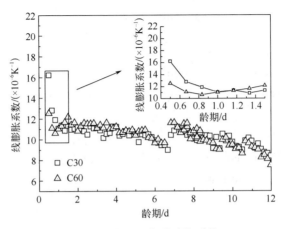

图 4.3　混凝土早期线膨胀系数

除水化放热特性和热膨胀系数外，混凝土的**导热系数**（热导率）、**比热容**等其他热物理性能以及边界**散热系数**等也会影响混凝土的温度变化特性及温度变形。因此，影响水泥水化历程及混凝土热物理性能的因素均会影响混凝土的温度变形和温度开裂。从混凝土材料角度而言，混凝土原材料及配合比的变化，如水泥类型、水泥细度、胶凝材料品种和用量、骨料品种、浆体含量、水分含量等的变化，会导致混凝土水化温升历程及热物理性能的变化，进而导致混凝土温度历程和温度变形的变化。对混凝土结构而言，结构尺寸、施工构造措施、保温保湿养护方式等也影响混凝土温度变形及开裂。

现代混凝土，由于水泥细度的提高和胶凝材料用量的增大，水化集中放热导致的温升问题不仅出现在体积较大的大坝混凝土中，在桥梁、隧道甚至是工民建墙板结构中也愈发突显。如何解决由水化温升导致的开裂问题是现代混凝土结构的技术难题。通过化学外加剂来调节水泥水化放热历程，进而降低混凝土结构温升，是减少开裂的途径之一。

4.1.2　化学收缩与自收缩

（1）化学收缩

水泥水化反应中，反应后水化产物的绝对体积要小于反应前水泥和水的总体积，由此产生的绝对体积的减小称为**化学收缩**（chemical shrinkage）（如图 4.4 所示），化学收缩率为

$$S_{hy} = \frac{(V_{ch} + V_{wh}) - V_{hy}}{V_c + V_w} \qquad (4.2)$$

式中，S_{hy} 为化学收缩率；V_c 为搅拌前水泥的体积；V_w 为搅拌前水的体积；V_{ch} 为发生水化的水泥的体积；V_{wh} 为

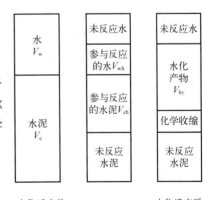

图 4.4　化学收缩

参加反应的水的体积；V_{hy}为水化产物的体积。

化学收缩的大小与水泥的组成和细度有关。Powers 等在 1948 年提出了硬化水泥浆各相组成与分布的经验模型，使得对硬化水泥浆的各相组成的理论计算成为可能。根据 Powers 的理论，化学收缩率为

$$S_{hy} = 0.20(1-p)\alpha , \quad p = \frac{m_w/m_c}{m_w/m_c + \rho_w/\rho_c} \qquad (4.3)$$

式中，S_{hy} 为化学收缩率；α 为水泥水化程度；m_w 和 m_c 分别表示水与水泥的质量，kg；ρ_w 和 ρ_c 分别表示水与水泥的密度，kg/m³。

采用式（4.3）计算的化学收缩率取决于初始时刻水泥浆中水与水泥的体积比以及水化程度。式（4.3）计算时，假定水泥中各矿物相的水化速率及化学收缩相同。实际上，C₃A 相较于其他矿物相的化学收缩及水化速率更大。因此，C₃A 的含量越高，水泥的化学收缩越大。由于 C₃A 的水化主要集中在早期，故早期的化学收缩的速率也应该较大。水泥水化的化学收缩的绝对值一般为 0.07～0.09mL/g。

（2）自收缩

化学收缩是水化反应引起的物相绝对体积的减小，因此无论混凝土的水胶比是多少，都会产生化学收缩。在水泥水化过程中，伴随着物相绝对体积的减小，水泥浆体内部会形成空孔，因而表现出来的表观体积的减小要小于化学收缩。这一表观体积的变化称为**自收缩**（autogenous shrinkage）。

在国际材料与结构研究实验联合会（RILEM）专门针对早期开裂而设的技术委员会（TC 181-EAS）以及专门针对混凝土的内养护而设的技术委员会（TC 196-ICC）的报告[2,3]里，给出了自收缩的定义，并明确了自收缩、干燥收缩和自生体积变形的联系和区别：

① 自收缩是指水泥基材料在密封养护、恒温、无约束的条件下表观体积或长度的减小，化学收缩是引起自收缩的原因。

② 在浆体初始结构形成以前（即凝结硬化前的塑性阶段），化学收缩引起的绝对体积的减小将全部转换为表观体积的减小，因此此阶段自收缩与化学收缩近似相等，此阶段的自收缩也称为**凝缩**（setting shrinkage）（图 4.5）。

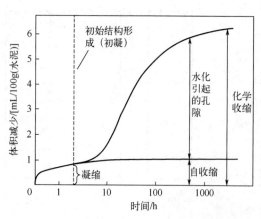

图 4.5 混凝土化学收缩、自收缩（密封条件下）[4]

③ 当浆体初始结构形成（通常以凝结作为判断依据）以后，由于水泥进一步水化，化学收缩导致密封浆体的内部形成空孔，引起内部相对湿度下降和表观体积的减小，称为**自干燥收缩**（self-desiccation shrinkage）。自干燥收缩是初始结构形成以后的自收缩，在这一阶段，自收缩小于化学收缩。

④ 密封条件下，由自收缩、自膨胀变形所引起的表观体积的变化统称为**自生体积变形**（autogenous deformation）。

关于自干燥收缩的机理，比较一致的结论认为，化学收缩是导致自收缩最原始的驱动力，

密封条件下化学收缩引起了孔隙内部相对湿度的下降——自干燥。然而，关于自干燥驱动自收缩的机理仍存在着争议。目前有三种物理机制解释：**毛细管张力**（capillary pressure）理论、**拆开压力**（disjoining pressure）理论和**表面自由能**（surface free energy）理论。

① **毛细管张力**理论认为，由于表面张力的作用，气-液界面上形成**弯月面**，在孔隙液中产生毛细管张力，导致固体骨架承受拉应力而产生收缩（如图 4.6 所示）。根据能量最小原理，水化反应的整个过程中，水分总是从大孔逐渐向越来越小的孔中消耗，并形成空隙。根据 Young-Laplace 方程［式（4.4）］和 Kelvin 定律［式（4.5）］，随着水化的进行，相对湿度逐渐降低，毛细管张力逐渐增加，导致收缩逐渐增大。通常认为毛细管张力理论适用的相对湿度范围为 40%～100%。

$$p_{cap} = \frac{2\gamma\cos\theta}{r} \tag{4.4}$$

$$p_{cap} = -\frac{\rho_w RT}{M_w}\ln RH \tag{4.5}$$

式中，p_{cap} 为毛细管张力，Pa；γ 为孔隙液相的表面张力，N/m；θ 为弯月面与毛细孔壁的接触角；r 为毛细孔半径，m；ρ_w 为孔隙液相密度，g/m³；R 为摩尔气体常数，J/(mol·K)；T 为温度，K；M_w 为孔隙水的摩尔质量，g/mol；RH 为相对湿度。

② **拆开压力**理论主要考虑有吸附水分子层存在时两个非常接近的固体表面间的相互作用。在给定温度下，固体表面吸附水层的厚度取决于相对湿度。当两个固体表面的距离非常近时，由于范德瓦耳斯力等引力的存在，超过一定相对湿度后，吸附水层无法再自由增加。如果相对湿度继续提高，吸附水层厚度的进一步增加趋向于分开两个固体表面，即抵消范德瓦耳斯引力，这个分开固体表面的压力被称为"拆开压力"（也有文献中称为分离压力）。拆开压力在饱和状态（RH=100%）时达到最大值，当体系从饱和状态向非饱和状态变化（即相对湿度下降）时，拆开压力降低，两个表面靠得更近，于是产生收缩。拆开压力理论适用的相对湿度范围为 40%～100%，对于水泥基材料，拆开压力主要来自相邻的 C-S-H 颗粒表面吸附水的蒸发（图 4.7）。

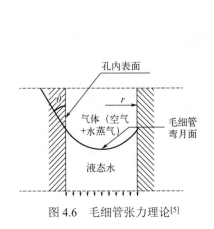

图 4.6 毛细管张力理论[5]

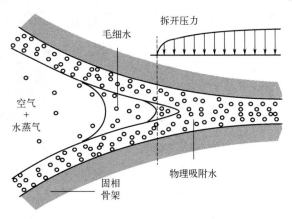

图 4.7 拆开压力理论[6]

③ **表面自由能**理论认为水泥浆的收缩和膨胀主要由固体凝胶颗粒表面张力的变化所引起。表面张力主要来自表面附近对外来原子或分子吸引力的不平衡，一般情况下，外来原子或分子吸附在固体表面造成表面张力减小；反之，脱附使得表面张力提高，固体被压缩。这

一机理主要适用于相对湿度较低（RH<40%）的范围。因为当相对湿度高于某一阈值时，固体表面完全被吸附水分子覆盖，此时相对湿度的增加不再改变表面张力。对于水泥基材料，随着表面吸附水的失去，C-S-H 表面自由能提高，材料将有减小表面积的趋势，因此产生收缩。

已有研究表明，密封养护条件下混凝土内部相对湿度一般不低于 70%，因此毛细管张力在混凝土自干燥收缩中占主导作用。根据毛细管张力理论，Bentz 提出了自干燥收缩 ε 的预测模型：

$$\varepsilon = \frac{Sp_{\text{cap}}}{3}\left(\frac{1}{K_{\text{S}}} - \frac{1}{K_{\text{T}}}\right) = \frac{S}{3}\left(\frac{1}{K_{\text{S}}} - \frac{1}{K_{\text{T}}}\right)\frac{2\gamma}{r}\cos\theta \qquad (4.6)$$

式中，S 为浆体的饱和度，即浆体孔隙中水的体积与孙隙体积的比值；K_{S} 为固相骨架的体积模量，Pa；K_{T} 为混凝土的体积模量，Pa。

由此模型［式（4.6）］可以看出，化学收缩的增加、水泥浆体孔隙结构的细化、表面张力的增加都会使得毛细管张力增大，从而使得宏观的收缩应力和收缩变形增大，反之，则会降低收缩变形。而弹性模量的减小使得宏观收缩应力作用引起的水泥浆体的收缩加大，水泥浆体体积比率的提高也使得混凝土的自收缩加大。

由于水泥细度的增大、熟料中 C_3S 和 C_3A 含量的增加、超细矿物掺合料的使用以及水胶比的降低，现代混凝土自收缩较传统混凝土明显增大。自收缩产生的收缩应力贯穿整个混凝土结构内，一旦形成裂缝，通常是贯穿性开裂。因此，对于水胶比低的高强和超高强混凝土结构，自干燥效应和自收缩对开裂的影响不能忽略。

混凝土自收缩的测量通常采用线性测长的方式，可以采用千分表，也可以采用埋入式应变计、电位器式传感器、电感式传感器、涡流式传感器、激光位移传感器等自由监测。采用的模具分为可拆卸式和密封式，通常在硬化以前，测试模具均不拆除，其作用除了成型之外，还必须考虑密封与内表面的约束。丹麦技术大学的 Ole Mejlhehe Jensen 和 Per Freieslaben Hansen 教授发明了一种基于波纹管法的自收缩测量装置（图 4.8），模具由低密度的聚乙烯塑料波纹管加工而成，起密封和降低约束的作用。这种模具在凝结以前可以将体积变形转换为线性变形，而在凝结以后则为正常的线性测长的方式，理论上可以在浇筑成型后立即开始测量。该方法已成为 ASTM 测试水泥净浆和砂浆自收缩的标准测试方法。

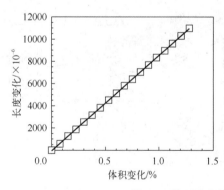
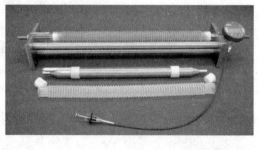

图 4.8　基于波纹管法的自收缩测试装置[4,7]

化学收缩和自收缩从本质上而言，与水泥水化过程中的水分消耗相关，因此向硬化水泥浆体提供水源，也是缓解自收缩的一个途径。基于这个认知，各种内养护技术得以提出，其基本思想是在混凝土搅拌时引入一种预吸水材料，这种材料可以暂时储存一定量的水分而不影响水泥浆体的水分平衡，然后在必要时释放。目前被用作内养护的材料主要有两类：一类是轻骨料，另一类是高吸水性树脂。其具体原理和性能见 4.5 节。

4.1.3　干燥收缩

当混凝土所处外部环境的湿度低于混凝土内部湿度，混凝土内部水分蒸发，由此造成的收缩称为混凝土的**干燥收缩**（dry shrinkage）。

本质上，干燥收缩和上文所述的自干燥收缩均源自混凝土中的水分耗散，区别只在于前者是由环境作用导致，后者是由自身水化作用导致。因此，上文所述的自干燥收缩机理同样适用于干燥收缩，即内部相对湿度降低将在不同层次上对基体产生应力，相应机理为毛细管张力理论（适用的相对湿度范围为 40%～100%）、拆开压力理论（适用的相对湿度范围为 40%～100%）、表面自由能理论（适用于相对湿度<40%）以及层间水失去理论（当相对湿度低于 11% 时，随最后吸附水层的移去，在单个 C-S-H 颗粒的层间发生收缩）。

与自干燥收缩相同，孔隙液表面张力的增加会使得宏观的收缩应力增大，导致浆体干燥收缩增大；反之降低孔隙液表面张力则有助于降低干燥收缩。减缩剂正是基于此原理发展而来的一类化学外加剂，其通过降低混凝土中孔溶液的表面张力，达到减少宏观收缩变形的目的。

与自干燥收缩不一致的是，水泥浆体孔隙结构的细化对于干燥收缩的影响具有正负效应：一方面使得临界半径减小的速率加快，进而使收缩加快；但另一方面又使得水分迁移的速度减慢，从而使收缩减慢。因此在干燥收缩的最初阶段，收缩增加的速度加快，但是当收缩受水分迁移的速率控制时，收缩发展速率减慢。因而，对于暴露面积与体积之比很大的受表层水分蒸发控制的混凝土构件，孔隙结构的细化将有可能使得干燥收缩的数值和速度均增加；对于尺寸较厚的受内部水分迁移控制的构件，孔隙结构的细化将使得干燥收缩的速率减小。

中低强度等级混凝土，水胶比（>0.4）较高，孔隙结构较为粗大，自收缩较小，干燥收缩更为显著；而高强乃至超高强混凝土，水胶比较低，且孔隙结构细化，自收缩占主导地位，仅由水分蒸发导致的干燥收缩相对较小（图 4.9）。

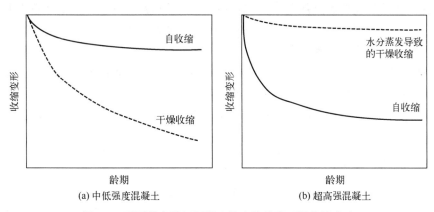

图 4.9　不同强度等级混凝土的自收缩和干燥收缩大小

由于水分蒸发通常由表及里进行，表面和内部相对湿度的差异造成内外部混凝土变形不同，使得混凝土表面产生拉应力，因此干燥收缩引起的裂缝通常从混凝土表面开始产生，逐步向中心扩展。对于长期处于干燥、大风环境下的混凝土结构，干燥收缩是导致其发生开裂或裂纹扩展的重要原因。

相较自收缩和自干燥收缩，干燥收缩具有非常明确的物理意义，但要想准确地测量绝对意义上的干燥收缩并不容易。GB/T 50082—2024《混凝土长期性能和耐久性能试验方法标准》给出了混凝土收缩试验的测试方法。需要注意的是，采用一般的干燥收缩测量方式所测出的值包含了部分的自收缩，尤其是在混凝土龄期较短，水化反应还未充分完成的情况下。

4.2 膨胀剂

采用膨胀剂在水化过程中产生体积膨胀来补偿水泥基材料的温度收缩、自收缩和干燥收缩，是抑制混凝土收缩开裂的主要措施之一。

4.2.1 定义与品种

混凝土膨胀剂（expansive agent for concrete）是指与水泥、水拌合后经水化反应生成钙矾石、氢氧化钙、氢氧化镁等膨胀产物，使混凝土产生体积膨胀的外加剂。

混凝土膨胀剂按膨胀源和水化产物可分为**硫铝酸钙类膨胀剂、氧化钙类膨胀剂、氧化镁膨胀剂、硫铝酸钙-氧化钙类膨胀剂、钙镁复合膨胀剂**。

① **硫铝酸钙类膨胀剂**是指与水泥、水拌合后经水化反应生成钙矾石的膨胀剂。硫铝酸钙类膨胀剂通常以石灰石、石膏、铝矾土等为原材料，按照无水硫铝酸钙的组成进行配料，在 1300℃高温下煅烧制备膨胀熟料后单独粉磨或与石膏混合粉磨得到，其主要成分为无水硫铝酸钙。

② **氧化钙类膨胀剂**是指与水泥、水拌合后经水化反应生成氢氧化钙的膨胀剂。氧化钙类膨胀剂主要以优质石灰石为原料，在矿化剂的矿化作用下，经 1250～1350℃高温煅烧制备膨胀熟料后再粉磨制得，其主要成分为游离氧化钙。

③ **氧化镁膨胀剂**则是指与水泥、水拌合后经水化反应生成氢氧化镁的膨胀剂。氧化镁膨胀剂主要以菱镁矿为原材料，经 800～1000℃低温煅烧制备得到，其主要成分为轻烧氧化镁。

④ **硫铝酸钙-氧化钙类膨胀剂**是指与水泥、水拌合后经水化反应生成钙矾石和氢氧化钙的膨胀剂。硫铝酸钙-氧化钙类膨胀剂兼具硫铝酸钙类膨胀剂和氧化钙类膨胀剂的特点，通过改变硫铝酸钙与氧化钙的比例可实现膨胀行为的调控。

⑤ **钙镁复合膨胀剂**则是由氧化镁膨胀材料和氧化钙类或硫铝酸钙-氧化钙类膨胀材料按照一定比例复合的混凝土膨胀剂。利用氧化钙膨胀材料作为早期膨胀组分、高活性氧化镁作为中期膨胀组分、低活性氧化镁作为后期膨胀组分，通过不同膨胀速率的膨胀组分的多元复合，可实现膨胀历程的有效调控。

4.2.2 作用机理

混凝土在没有外界约束的条件下产生的收缩为**自由收缩**，是相向变形，试件不会开裂；在有约束的条件下产生的收缩为**限制收缩**，是背向变形，会产生拉应力，当限制收缩拉应力大于试件自身抗拉强度时，则产生开裂（见图 4.10）。相对应的，在没有外界约束的条件下产生的膨胀称为**自由膨胀**，不会产生压应力，但过度的自由膨胀会引起开裂；在配筋或外界约束条件下产生的膨胀称为**限制膨胀**，会在混凝土内部产生压应力（图 4.11），从而起到补偿收缩、抑制开裂的作用。

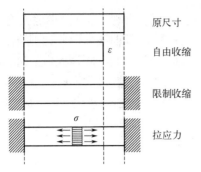

图 4.10 自由收缩变形和限制收缩变形

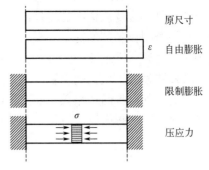

图 4.11 自由膨胀变形和限制膨胀变形

实际工程结构中，绝大部分的混凝土处于约束条件下。约束条件下的混凝土易产生收缩开裂，而膨胀剂通过其在限制下的膨胀变形来补偿收缩，这是抑制混凝土收缩开裂的既经济又有效的措施之一。膨胀剂掺入混凝土后，随着钙矾石、氢氧化钙或氢氧化镁等水化产物的生成，产生膨胀，当膨胀变形被钢筋等约束时，膨胀则会以化学预压应力的形式存储在钢筋混凝土中，待湿养护结束后，混凝土处于收缩阶段，化学预应力会缓慢释放，以补偿混凝土的收缩应力，从而达到改善混凝土应力状态，提高混凝土抗裂性的目的。

膨胀剂在混凝土中产生膨胀的直接原因是生成钙矾石、氢氧化钙、氢氧化镁等产物，从而使混凝土产生体积膨胀。不同类型膨胀剂典型的水化反应方程式见式（4.7）～式（4.9）：

$$C_4A_3\bar{S} + 6Ca(OH)_2 + 8CaSO_4 + 90H_2O \rightleftharpoons 3(3CaO \cdot Al_2O_3 \cdot 3CaSO_4 \cdot 32H_2O) \quad (4.7)$$

$$CaO + H_2O \rightleftharpoons Ca(OH)_2 \quad (4.8)$$

$$MgO + H_2O \rightleftharpoons Mg(OH)_2 \quad (4.9)$$

关于膨胀剂产生膨胀的机理，目前主要有 4 种，即固相反应理论、固相体积增大理论、胶体吸水肿胀理论和结晶压理论[8,9]。

① 固相反应理论认为，膨胀组分直接发生了固相反应，而不通过溶液发生反应，固相产物体积增大引起膨胀，而通过溶液发生的反应则不产生膨胀或产生较小的膨胀。

② 固相体积增大理论认为，产生膨胀的直接原因是膨胀组分经过水化反应后，固相水化产物较水化前的反应物体积增大，从而引起膨胀。膨胀组分硫铝酸钙水化生成钙矾石，固相水化产物体积增大 1～2 倍；氧化钙或氧化镁水化后生成氢氧化钙或氢氧化镁，固相水化产物体积增大接近 1 倍。

③ 胶体吸水肿胀理论认为，膨胀组分水化后形成细小的胶状体，该胶状体吸水肿胀从而引起水泥浆体的膨胀。

④ 结晶压理论认为，膨胀是由水化产物在过饱和条件下的受限生长所致。膨胀组分水化首先生成细小的水化产物晶体，随着溶液中离子浓度的增加，饱和度增大，在较高的过饱和度下，晶体在受限空间中逐渐长大会产生结晶生长压，从而导致水泥浆体体积膨胀。

也有观点认为，胶体吸水肿胀和结晶生长压均存在，早期水化产物晶体很细小，吸水肿胀力是产生膨胀的主要因素，后期随着晶体的长大，结晶生长压力成为膨胀的主要因素。

4.2.3 性能与应用技术

4.2.3.1 性能

掺加膨胀剂的混凝土的膨胀变形通常随着膨胀剂掺量的提高而增大。但不同类型膨胀剂，由于其水化反应及水化产物特性的差异，掺入混凝土后会表现出不同的膨胀性能。

掺加不同类型膨胀剂的混凝土在水养条件下的典型**膨胀历程**曲线如图 4.12 所示。氧化钙类膨胀剂膨胀发展非常迅速，通常在搅拌成型后的 1～3d 内即达到膨胀最大值；硫铝酸钙类膨胀剂膨胀发展稍慢于氧化钙类膨胀剂，通常在水养 4～7d 后达到最大膨胀；氧化镁类膨胀剂的膨胀性能与其自身活性相关，高活性氧化镁膨胀剂膨胀发展相对较快、膨胀稳定时间早，低活性氧化镁膨胀剂膨胀发展较慢、膨胀稳定时间晚。

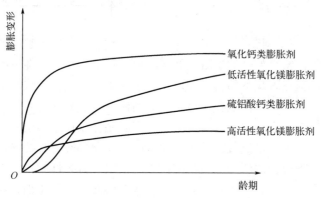

图 4.12   水养条件下掺膨胀剂混凝土膨胀历程曲线

掺加膨胀剂的混凝土的膨胀性能还受混凝土配合比、养护环境温度和湿度等因素的影响。

同一膨胀剂在相同掺量条件下，通常在高强度等级混凝土中表现出的宏观膨胀变形相对较小，而在低强度等级混凝土中表现出的宏观膨胀变形相对较大。

膨胀剂在水化过程中需要水的参与，所以掺膨胀剂的混凝土所处的养护环境湿度对其膨胀性能有较大影响。相对而言，硫铝酸钙类膨胀剂由于水化需水量大，对养护环境湿度要求高，低湿度环境不利于其膨胀性能的发挥，多用于易于湿养护的混凝土结构部位；氧化钙类膨胀剂和氧化镁类膨胀剂水化需水量小，对养护环境的湿度要求相对较低，它们在低湿度环境下也能发挥出一定的膨胀性能，可用于补偿混凝土在密封绝湿条件下的自收缩。当然，虽然氧化钙类膨胀剂和氧化镁类膨胀剂水化需水量小，但在不同湿度下，其膨胀性能，尤其是氧化镁类膨胀剂的膨胀性能，也有一定的差异，在干燥条件下对收缩的补偿效果低于密封和水养条件。

养护温度对膨胀剂膨胀性能的发挥也有显著的影响。由于硫铝酸钙类膨胀剂的水化产物钙矾石易在 80℃高温条件下发生分解，因此混凝土在高温下会产生膨胀倒缩的现象；氧化钙类和氧化镁类膨胀剂的膨胀性能具有较大的温度敏感性，养护温度越高，膨胀发展越快。氧化镁膨胀剂同氧化钙类膨胀剂相比，膨胀发展较为缓慢，且其膨胀历程可通过氧化镁的活性和微结构进行调控，因此多用于补偿大体积混凝土的温降收缩。

氧化钙类膨胀剂膨胀变形发展快，基本在搅拌成型后的 1～3d 内产生，因此混凝土拌合物的凝结时间对其膨胀变形也有很大影响。当混凝土的凝结时间由于环境温度或拌合物中所用的外加剂而过分延迟时，大部分水化膨胀可能在混凝土塑性状态时发生，从而使得硬化阶段膨胀效果降低。

除膨胀特性外，膨胀剂应用于混凝土中，在一定的掺量范围内，其水化产物还具有填充、堵塞毛细孔缝的作用，使大孔变小孔，总空隙率降低，提高混凝土密实性，因此，合适的膨胀剂掺量条件下，补偿收缩混凝土抗渗性能通常优于普通混凝土。

此外，膨胀剂的掺入对混凝土的强度也有一定程度的影响。适量膨胀剂的掺入，对混凝土的强度无负面影响，甚至会因水化产物填充孔隙而使强度有一定程度的提升。但也有研究发现，当膨胀剂掺量较高且外部约束程度较低时，过量的膨胀会增大混凝土的孔隙率，从而降低混凝土的强度和弹性模量。

掺膨胀剂的混凝土原则上需要在有限制条件下使用，因此通常用**限制膨胀率**来衡量膨胀剂产品的膨胀性能。

我国国家标准 GB/T 23439—2017《混凝土膨胀剂》规定了氧化钙类、硫铝酸钙类和硫铝酸钙-氧化钙类膨胀剂的性能要求，并按限制膨胀率，将膨胀剂分为Ⅰ型和Ⅱ型，如表 4.1 所示。测试胶砂限制膨胀率的测量仪和纵向限制器如图 4.13 所示，测试混凝土限制膨胀率的测量仪和纵向限制器如图 4.14 所示。

表 4.1　硫铝酸钙类、氧化钙类与硫铝酸钙-氧化钙类膨胀剂性能指标

项目		指标值	
		Ⅰ型	Ⅱ型
细度	比表面积/（m/kg）	≥200	
	1.18mm 筛筛余/%	≤0.5	
凝结时间	初凝/min	≥45	
	终凝/min	≤600	
限制膨胀率/%	水中 7d	≥0.035	≥0.050
	空气中 21d	≥−0.015	≥−0.010
抗压强度/MPa	7d	≥22.5	
	28d	≥42.5	

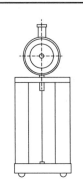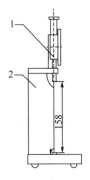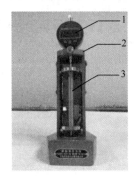

(a) 测量仪示意图和实物图
1—千分表；2—支架；3—标准杆

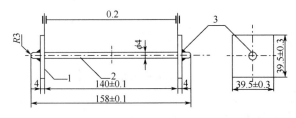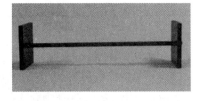

(b) 纵向限制器示意图和实物图
1—钢板；2—钢丝；3—铜焊处

图 4.13　胶砂限制膨胀率测试用测量仪和纵向限制器

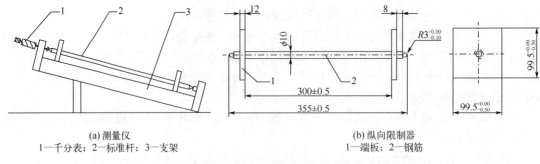

(a) 测量仪
1—千分表；2—标准杆；3—支架

(b) 纵向限制器
1—端板；2—钢筋

图 4.14　混凝土限制膨胀率测试用测量仪和纵向限制器

氧化镁类膨胀剂，由于在常温下水化膨胀发展速率很慢，常采用弱酸中和法测试其中和反应时间，以间接表征其水化活性，这一指标称为**活性反应时间**。活性反应时间越长，氧化镁水化活性越低。

DL/T 5296—2013《水工混凝土掺用氧化镁技术规范》按细度和活性反应时间，将水工混凝土掺用氧化镁分为 I 型和 II 型，如表 4.2 所示。

表 4.2　氧化镁膨胀剂品质指标

项目		DL/T 5296—2013《水工混凝土掺用氧化镁技术规范》		CBMF 19—2017《混凝土用氧化镁膨胀剂》		
		I 型	II 型	R 型	M 型	S 型
MgO 含量/%		≥85.0		≥80.0		
f-CaO 含量/%		≤2.0		—		
烧失量/%		≤4.0		≤4.0		
含水率/%		≤1.0		≤0.3		
活性反应时间/s		≥50 且<200	≥200 且<300	<100	≥100 且<200	≥200 且<300
细度/%	80μm 方孔筛筛余	≤5.0	≤10.0	≤5.0		
	1.18mm 方孔筛筛余	—		≤0.5		
限制膨胀率/%	20℃水中 7d			≥0.020	≥0.015	≥0.015
	20℃水中 $\Delta\varepsilon$			≥0.020	≥0.015	≥0.010
	40℃水中 7d			≥0.040	≥0.030	≥0.020
	40℃水中 $\Delta\varepsilon$			≥0.020	≥0.030	≥0.040
凝结时间/min	初凝	—		≥45		
	终凝			≤600		
抗压强度/MPa	7d			≥22.5		
	28d			≥42.5		

注：$\Delta\varepsilon$ 为胶砂试件在指定条件下养护 28d 的限制膨胀率与养护 7d 的限制膨胀率的差值。

在活性反应时间基础上，CBMF 19—2017《混凝土用氧化镁膨胀剂》中增加了胶砂限制膨胀率控制指标，并同时规定了 20℃和 40℃下的限制膨胀率指标，以反映氧化镁膨胀剂膨胀性能的温度敏感性。按反应时间和限制膨胀率，CBMF 19—2017 将氧化镁类膨胀剂分为 R 型、M 型和 S 型，如表 4.2 所示。

此外，T/CECS 10082—2020《混凝土用钙镁复合膨胀剂》规定了钙镁复合膨胀剂的性能指标和测试方法，其中轻烧氧化镁的活性反应时间在 100～250s 范围内，氧化镁含量不应小于 30%，且不应大于 50%。具体性能指标如表 4.3 所示。

表 4.3　钙镁复合膨胀剂性能指标

项目		指标要求	
		Ⅰ 型	Ⅱ 型
细度	比表面积/（m²/kg）	≥250	
	1.18mm 方孔筛筛余/%	≤0.5	
含水率/%		≤1.0	
凝结时间/min	初凝	≥45	
	终凝	≤600	
限制膨胀率/%	20℃水中 7d	≥0.035	≥0.050
	20℃空气中 21d	≥-0.010	≥0.000
	Δε	≥0.015，≤0.060	
抗压强度/MPa	7d	≥22.5	
	28d	≥42.5	

注：Δε 为试件在 60℃水中养护 28d 的限制膨胀率与养护 3d 的限制膨胀率的差值。

除了限制膨胀变形外，也常采用自由膨胀变形或**自由膨胀率**来表征掺加膨胀剂的混凝土的膨胀变形，以确定膨胀剂的合适掺量，如采用千分表法测试混凝土在密封、干燥等条件下的变形，采用内埋应变计的方法同时测试混凝土的变形和温度等。

4.2.3.2　应用技术

膨胀剂主要用于有抗裂、防渗要求的混凝土建筑物，如配制补偿收缩混凝土用于混凝土结构自防水、连续施工的超长混凝土结构、工程接缝、填充灌浆以及大体积混凝土工程等，配制自应力混凝土用于自应力混凝土输水管、灌注桩等。但不同类型膨胀剂由于水化膨胀特性的不同，在混凝土中的应用也有所差异。

硫铝酸钙类膨胀剂由于水化需水量大、对湿养护要求高，适合用于高水胶比的中低强度等级混凝土中，常用掺量为胶凝材料用量的 8%～12%，使用时一般与胶凝材料一起加入搅拌机中搅拌均匀。混凝土浇筑成型后需采用洒水或覆盖湿草帘等措施保湿养护 5～7d，以促进膨胀剂膨胀效能的发挥，因此其多用于中低强度等级的混凝土道路、地下室底板等易于蓄水养护的工程结构。需要注意的是，该类膨胀剂的主要水化产物钙矾石在 70～80℃就会分解，因而含硫铝酸钙类、硫铝酸钙-氧化钙类膨胀剂的混凝土不得用于长期环境温度为 80℃以上的工程。

氧化钙类膨胀剂水化需水量小，对湿养护要求相对较少，对低水胶比高强混凝土的自收缩和干燥收缩有较好的补偿作用，常用于配制补偿收缩混凝土、预应力混凝土和建筑物后浇带及膨胀加强带等对膨胀要求高的混凝土结构工程，推荐掺量为胶凝材料用量的 6%～10%。需要注意的是，氧化钙类膨胀剂膨胀发展较为迅速，在使用时需注意混凝土凝结时间不能过长，否则大部分膨胀可能发生在混凝土的塑性阶段而导致硬化阶段有效膨胀不足。

氧化镁膨胀剂具有延迟微膨胀特性，对大体积混凝土温降收缩有优异的补偿作用，常用于水电站、船闸等大体积混凝土或内部温升较高的混凝土结构，常用掺量为胶凝材料用量的 4%～6%。氧化镁膨胀剂的膨胀历程还可通过氧化镁的活性和微结构进行调控，因而具有补偿不同类型混凝土结构收缩的潜力。同时，由于氧化镁膨胀剂的延迟膨胀特性，掺氧化镁混凝土还应进行安定性试验，特别是在氧化镁掺量较高的情况下，以确保安定性合格。

硫铝酸钙-氧化钙类膨胀剂兼具硫铝酸钙类膨胀剂和氧化钙类膨胀剂的优点，可有效补偿水泥基材料在不同使用环境下的自收缩和干燥收缩，常用掺量为胶凝材料用量的 8%～12%。

钙镁复合膨胀剂兼具氧化钙早期膨胀效能大和氧化镁膨胀性能可调控的优点，采用不同膨胀组分的多元复合，能够分阶段补偿高性能混凝土的自收缩和温度收缩，常用于隧道侧墙、桥梁索塔、港口码头墙以及其他较厚结构的侧墙等开裂风险较大的混凝土，推荐掺量为胶凝材料用量的 8%～12%。

4.3　减缩剂

减缩剂是一种通过降低孔溶液表面张力等作用来减少混凝土收缩的外加剂。相较于膨胀剂，减缩剂对使用环境的温湿度条件等要求较低，近年来也开始在许多混凝土工程中得到应用。

4.3.1　定义与品种

减缩剂（shrinkage-reducing agent，SRA）是指在砂浆、混凝土搅拌过程中加入的、通过改变孔溶液离子特征及降低孔溶液表面张力等作用来减少砂浆或混凝土收缩的外加剂。

减缩剂的发展起源于日本，日产水泥公司和三洋化学工业公司于 1982 年首先成功研制了混凝土减缩剂。我国从 20 世纪 90 年代开始关注和研究减缩剂技术，目前也取得了较丰硕的成果。减缩剂按功能分为标准型减缩剂和减水型减缩剂两种，按组成可分为醇类、聚醚类和聚合物类减缩剂。醇类减缩剂主要为一元醇、二元醇或胺基醇；聚醚类减缩剂主要以醇（一元醇、二元醇、胺基醇等）为起始剂，通过烷氧基化反应，加成不同分子量的环氧乙烷或/和环氧丙烷，再进行功能化修饰而得；聚合物类减缩剂主要由功能型不饱和醚型或/和酯型单体与活性小单体通过自由基共聚而得。醇类和聚醚类减缩剂属于标准型减缩剂，掺量较高，一般为胶凝材料质量的 1%～3%。而聚合物类减缩剂通常指带有减水功能的减缩剂，掺量较低，一般为胶凝材料质量的 0.1%～1.0%。不同类型减缩剂的具体分类、通式、优缺点等见表 4.4。

表 4.4　减缩剂的分类、通式及优缺点

减缩剂		通式	代表性结构	优点	缺点
醇类减缩剂	一元醇	R—OH （R 代表 C_1～C_8 线型、分叉型或环状结构的烷基）	$H_3C-\underset{\underset{CH_3}{\|}}{\overset{\overset{CH_3}{\|}}{C}}-OH$　$CH_3CH_2CH_2CH_2OH$　⬡—OH	原料简便易得	挥发性较大，对混凝土有消泡作用，后期减缩效果下降明显

减缩剂		通式	代表性结构	优点	缺点
醇类减缩剂	二元醇	HO—C$_n$H$_{2n}$—OH（n 通常为 5～10 的整数） HO—(AO)$_m$—H （AO 代表氧化烯基，通常为 C$_2$H$_4$O 或 C$_3$H$_6$O 或两者的混合物；$1 \leqslant m \leqslant 8$）		减缩效果优	价格昂贵
	胺基醇	（R 代表氢原子或 C$_1$～C$_8$ 线型、分叉型或环状结构的烷基）		减缩效果稳定，同时具有阻锈能力	气味较大
聚醚类减缩剂		R—O—(AO)$_p$—H （R 代表 C$_1$～C$_8$ 线型、分叉型或环状结构的烷基；AO 代表氧化烯基，通常为 C$_2$H$_4$O 或 C$_3$H$_6$O 或两者的混合物；$1 \leqslant p \leqslant 10$）		减缩效果优且稳定，制备工艺简单	有一定的引气作用，影响混凝土强度
聚合物类减缩剂		无固定通式		兼具减缩与减水效果	极限减缩效果不及聚醚类减缩剂

4.3.2 作用机理

关于混凝土减缩剂，尤其是标准型减缩剂的作用机理，目前认为主要在于减缩剂的掺入能够显著降低混凝土内部毛细孔溶液的表面张力。

由 Young-Laplace 方程［式（4.4）］可知，弯液面两侧的附加压力是液相的表面张力 γ、溶液与毛细孔壁的接触角 θ 以及毛细孔半径 r 等因素共同影响的结果。其中，r 的大小取决于混凝土的组成材料、配合比和水化程度，θ 主要由毛细孔内液体的浸润程度决定，而表面张力 γ 的大小则由孔溶液本身性能所决定。因此，基于这一理论，混凝土减缩剂通过降低混凝土毛细孔中液相的表面张力 γ（图 4.15），同时增大溶液与毛细孔壁的接触角 θ，使毛细孔应力下降，从而实现减少收缩的效果。

也有研究基于拆开压力理论，从界面作用角度阐述了减缩剂的减缩机理。干燥过程中获得的亥姆霍兹自由能用于两个方面：变形和界面[10]。总亥姆霍兹自由能等于与水分损失相关的界面能和与固体变形相关的变形能的总和。研究表明，减缩剂的存在对总亥姆霍兹自由能的影响很小，但降低气-液界面的表面张力使得界面生成所需要的能量分数提高（图 4.16）[11]，因此用于变形的能量分数减少，导致收缩减少。而界面能的分数会随着减缩剂掺量的增加而逐渐增大，这使得可用于变形的能量分数随着减缩剂掺量的增加而逐渐减少，从而导致收缩逐渐减小。

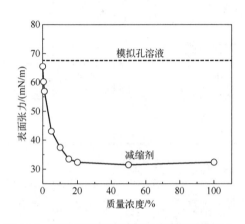

图 4.15　正丁醇聚氧乙烯基醚减缩剂对模拟孔溶液表面张力的影响

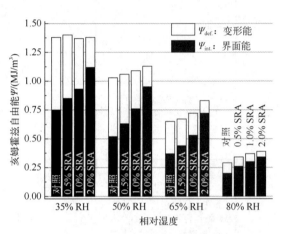

图 4.16　不同相对湿度下不含或含不同掺量减缩剂的水泥浆体中总亥姆霍兹自由能、变形能及界面能[11]

此外，也有研究发现，某些减缩剂的掺入显著降低了混凝土内部毛细孔溶液的 K^+、Na^+ 浓度，增加了水化产物氢氧化钙和钙矾石的结晶压力。如正丁醇聚氧乙烯基醚减缩剂的掺入降低了孔溶液中 K^+ 和 Na^+ 的浓度[12]，从而降低了其平衡阴离子如 SO_4^{2-} 和 OH^- 的浓度，使得孔溶液中 Ca^{2+} 的浓度有所上升，导致氢氧化钙和钙矾石产生过饱和的现象，增加了其结晶压力，促进了钙矾石和氢氧化钙的生成，从而产生膨胀，对水泥基材料内部的收缩应力起到一定的补偿作用。

4.3.3　性能与应用技术

4.3.3.1　性能

减缩剂对混凝土收缩变形的影响受减缩剂品种、掺量、混凝土配合比等因素的影响。

在相同掺量条件下，不同分子结构减缩剂对混凝土干燥收缩的影响有较大差异。2-甲基-2,4-戊二醇和正丁醇聚氧乙烯基醚对混凝土干燥收缩减缩效果优于 N,N-二甲基乙醇胺（图 4.17）。

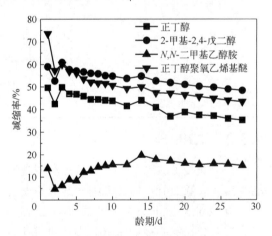

图 4.17　不同结构减缩剂（掺量均为 2.0%）对混凝土干燥收缩的影响

（减缩率参照 JC/T 2361—2016《砂浆、混凝土减缩剂》中所述方法计算）

同一结构类型减缩剂，其降低混凝土干燥收缩和自收缩的效果一般随着其掺量的增加而增强（图 4.18）。

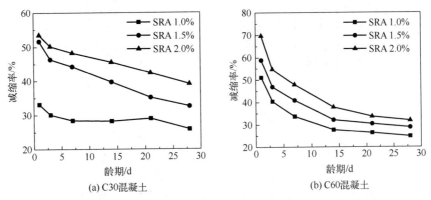

(a) C30混凝土　　　　(b) C60混凝土

图 4.18　正丁醇聚氧乙烯基醚减缩剂对混凝土干燥收缩的影响[5]
（减缩率参照 JC/T 2361—2016《砂浆、混凝土减缩剂》中所述方法计算）

聚合物类减缩剂（SR-PCA）在混凝土中的掺量一般在 0.5% 以下，其具有减水性能的同时，能够有效减少混凝土的干燥收缩和自收缩（图 4.19）。

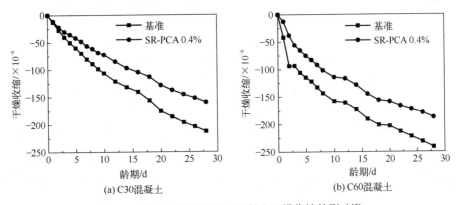

(a) C30混凝土　　　　(b) C60混凝土

图 4.19　聚合物类减缩剂对混凝土干燥收缩的影响[5]

减缩剂对混凝土的力学性能也有一定程度的影响，具体影响程度随减缩剂品种、掺量等不同而有一定的差异。如图 4.20 所示，在相同水胶比下，几种标准型减缩剂的掺入会使混凝土 28d 抗压强度降低 10%～15%。

JC/T 2361—2016《砂浆、混凝土减缩剂》规定了掺减缩剂的混凝土和砂浆的性能要求，如表 4.5 和表 4.6 所示。

4.3.3.2　注意事项

减缩剂主要应用于大面积混凝土地坪、混凝土道路、桥梁和隧道等工程。标准型减缩剂的常用掺量为胶凝材料用量的 1%～3%，减水型减缩剂常用掺量为胶凝材料用量的 0.1%～1%。减缩剂使用时与拌合水同时加入搅拌机中，也可在拌合好的混凝土中加入并搅拌均匀。使用减缩剂的新拌混凝土流动性有一定增加，因此，需要控制混凝土的拌合用水量以保证混凝土具有合适的工作性能。

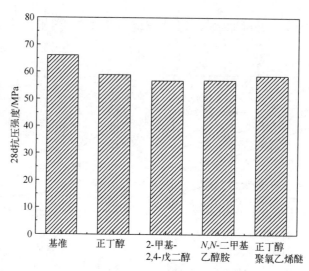

图 4.20　不同结构减缩剂（掺量均为 2.0%）对混凝土 28d 抗压强度的影响

表 4.5　掺减缩剂混凝土的性能要求

试验项目		性能要求	
		标准型	减水型
减水率/%		—	≥15
凝结时间之差/min	初凝	≤+120	—
	终凝		
含气量/%		≤5	
抗压强度比/%	7d	≥90	≥100
	28d	≥95	≥110
减缩率/%	7d	≥35	≥25
	28d	≥30	≥20
	60d	≥25	≥15

注：**减缩率**是指基准混凝土与受检混凝土同龄期收缩率的差值与基准混凝土同龄期收缩率的比值。

表 4.6　掺减缩剂砂浆的性能要求

试验项目		性能要求	
		标准型	减水型
减水率/%		—	≥8
凝结时间之差/min	初凝	≤+120	—
	终凝		
抗压强度比/%	7d	≥80	≥100
	28d	≥90	≥110
减缩率/%	7d	≥40	≥30
	28d	≥30	≥20
	60d	≥25	≥15

注：**减缩率**是指基准砂浆与受检砂浆同龄期收缩率的差值与基准砂浆同龄期收缩率的比值。

在混凝土中使用减缩剂时，往往同时也掺加其他类型的外加剂（如减水剂和缓凝剂等）。

此时，必须事先通过试验确定减缩剂与其他外加剂具有较好的相容性，并确定减缩剂与其他外加剂的最佳掺量。

标准型减缩剂的化学组成主要为小分子有机物，具有一定的引气作用，而减缩剂的掺量通常需达到 2%以上，易造成混凝土含气量增加，同水胶比条件下会使得混凝土强度降低。因此，使用减缩剂时，可通过添加消泡剂或扣除等量（与减缩剂同等质量）的拌合用水来降低其对强度的负面影响。

4.4 水化温升抑制剂

从材料角度，抑制混凝土的温度开裂常采用降低水泥和胶凝材料用量、使用中低热水泥等措施。混凝土外加剂技术的发展，使得人们设想能否从水泥水化放热历程调控的角度来实现对混凝土温度历程和温度裂缝的控制。混凝土水化温升抑制剂正是基于这一思路发展起来的一种新型化学外加剂，其通过调控水泥水化速率，减少水化集中放热，进而达到降低混凝土温升、减少温度变形的目的。

4.4.1 定义与品种

混凝土**水化温升抑制剂**（concrete temperature rise inhibitor，TRI）是一种掺入水泥混凝土中可以有效降低水泥加速期**水化放热速率**，且基本不影响水化总放热量的外加剂。目前常见的水化温升抑制剂主要是淀粉类衍生物，其主要是通过将天然淀粉在一定温度、酸浓度条件下不完全水解，并经过化学改性制备得到。

水化温升抑制剂对水泥水化历程的影响与缓凝剂有明显不同（图 4.21）。缓凝剂可以延长水泥水化诱导期，但基本不影响水化速率峰值；而水化温升抑制剂则主要降低加速期水化速率，延长整个水化放热历程。

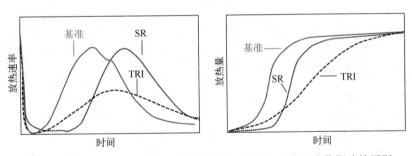

图 4.21 缓凝剂（SR）和水化温升抑制剂（TRI）对水泥水化影响的区别

4.4.2 作用机理

混凝土内部温升由胶凝材料水化放热和向环境散热共同控制。通常在放热总量、散热条件等相同的情况下，水化放热速率降低，早期放热量减少，非绝热的结构混凝土的温峰值相应减小，达到温峰所用的时间延长，温峰后的降温速率也同样变慢（图 4.22）。

由于水化温升抑制剂对水泥水化历程的影响与缓凝剂有明显不同，两者对结构混凝土温升的影响有显著差异。缓凝剂主要影响水泥水化诱导期，一旦诱导期结束，缓凝剂对水泥水化的影响减小，掺加缓凝剂的水泥浆体的水化和基准水泥浆体类似，水化放热快速增长。而诱导期水化热在放热总量占比较少（通常占比不超过 10%），因此，缓凝剂对结构混凝土温升影响很小。而水化温升抑制剂使得加速期水化速率峰值显著降低，避免了早期水化集中放热，从而能够在同等的散热条件下，有效地降低混凝土结构的温峰，进而降低混凝土后期温降幅度，减少温降收缩（图 4.23）。

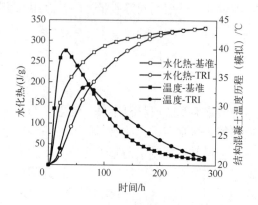

图 4.22 胶凝材料放热过程对混凝土结构温度历程的影响

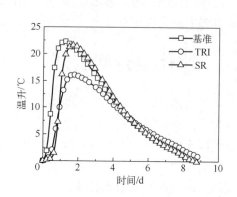

图 4.23 缓凝剂（SR）和水化温升抑制剂（TRI）对 C35 混凝土构件温度历程的影响

研究表明，水化温升抑制剂主要影响了水化硅酸钙凝胶（C-S-H）、氢氧化钙等水化产物的成核和生长过程[13]。高分辨 SEM 观测结果显示，水化温升抑制剂的加入对早期 C-S-H 针状团簇的形貌影响较小，但会显著降低早期 C-S-H 针状团簇密度，水化温升抑制剂掺量越高，C-S-H 针状团簇的密度越小（图 4.24）。但随着水泥水化的继续进行，水化温升抑制剂被逐渐消耗，其对 C-S-H 成核的抑制作用削弱，水泥重新恢复"正常"的水化，累积放热量快速增加，逐渐接近并达到与不掺水化温升抑制剂的基准样同等的水化程度。

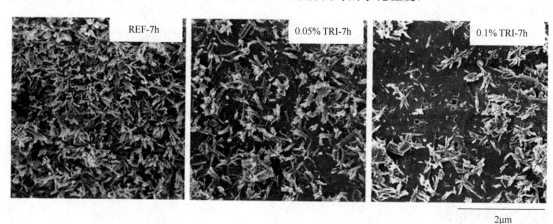

图 4.24 7h 时基准（REF）、0.05%TRI、0.1%TRI 水泥净浆 SEM 照片[13]

4.4.3 性能与应用技术

4.4.3.1 性能

在恒温条件下，水化温升抑制剂使得水泥早期水化放热量明显减少，但随着龄期的延长，最终水化放热量与不掺水化温升抑制剂的基准样趋近一致（图 4.25）。在绝热条件下，早期放热量的减少导致混凝土**绝热温升**发展速率降低，但同样随着龄期的延长，掺加水化温升抑制剂的混凝土与基准混凝土的绝热温升也会逐渐趋近一致（图 4.26）。

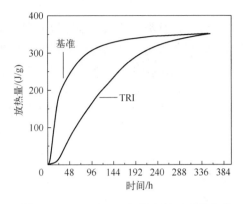

图 4.25　TRI 对 20℃恒温条件下水泥净浆（w/c=0.4）水化放热的影响[5]

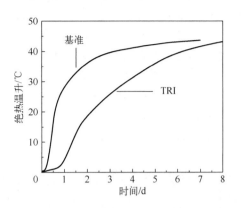

图 4.26　TRI 对 C35 混凝土绝热温升的影响[5]

由于水化温升抑制剂能够降低水泥早期水化速率，因此其在高掺量条件下常常会对水泥水化诱导期有一定影响，但在合适的掺量范围内，其影响幅度要显著小于缓凝剂。水化温升抑制剂会影响混凝土的早期强度，但基本不会影响混凝土中后期强度（图 4.27）。通常，水化温升抑制剂的掺量越高，其调控水泥水化放热速率、抑制混凝土温升的效果就越好，但混凝土的强度发展就会越慢。在水化温升抑制剂掺量较高的情况下，混凝土抗压强度可能需要更长龄期的发展才能与基准混凝土达到一致。

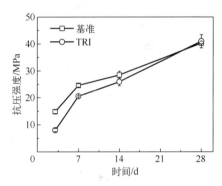

图 4.27　TRI 对 C35 混凝土强度的影响[5]

JC/T 2608—2021《混凝土水化温升抑制剂》从水化热降低率和抗压强度比两个指标规定了水化温升抑制剂的产品性能要求，如表 4.7 所示。

表 4.7　水化温升抑制剂性能指标

检验项目		指标
水化热降低率/%	24h	≥30
	7d	≤15
抗压强度比/%	28d	≥90

4.4.3.2　注意事项

水化温升抑制剂能够降低水泥水化加速期放热速率，进而降低非绝热条件下结构混凝土的温升，减少温降收缩，降低结构混凝土温度开裂风险，因此特别适合用于具有温控需求的墙板结构和一般大体积混凝土结构。水化温升抑制剂不改变水泥水化放热总量，因此不适用于处于近似绝热条件的混凝土结构，如未采取冷却水管等散热措施的超大体积混凝土。

水化温升抑制剂降低了水泥早期水化放热量，不可避免地会对混凝土的凝结时间、早期强度造成影响，可适当地延长掺加水化温升抑制剂的混凝土的拆模时间，并需要注意混凝土强度的发展。在使用水化温升抑制剂时，推荐采用 60d 甚至更长龄期的强度作为混凝土力学性能评价标准。

当与水泥水化相关的因素（如水泥品种、混凝土掺合料种类和含量、温度等）发生变化时，水化温升抑制剂的作用效果也呈现一定的差异，因此在水化温升抑制剂应用前，应预先进行试配试验，综合考虑工程施工需求及抗裂需求，确定水化温升抑制剂的最佳掺量及相关的施工工艺（如拆模时间、散热条件等）。一般情况下，水化温升抑制剂掺量越高、结构散热条件越好，其降低结构混凝土温升的效果越明显，如果同时使用水化温升抑制剂和预埋冷却水管技术，降温抗裂效果会得到进一步提升。

4.5 内养护材料——高吸水性树脂

混凝土**养护**是指新浇筑的混凝土表面保持一定的温度和湿度条件使水泥混凝土达到其所需性能的过程。对于高强混凝土，由于其高致密性、低渗透性，水分很难由外部渗透到混凝土内部，传统**外养护**的方式（如外部洒水、外涂养护剂等）很难抑制其自干燥效应，因而内养护的概念得以提出。内养护与传统外养护的对比如图 4.28 所示。美国混凝土学会（ACI）给出的混凝土术语标准中，将**内养护**定义为混凝土内部额外水分（非拌合用水）的存在使得水泥继续水化的过程。JC/T 2551—2019《混凝土高吸水性树脂内养护剂》中将**内养护**定义为：通过在水泥基材料中掺入内养护材料，预先吸收、储存一定量的水，这些储存的水能作为"内部水源"促进水泥水化和减少收缩。引入水的介质——**内养护材料**，目前主要有高吸水性树脂材料和轻骨料陶粒、沸石粉等多孔性无机材料两大类，本书主要介绍高吸水性树脂材料。

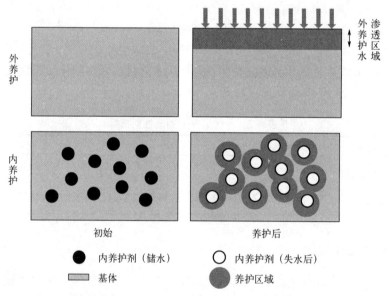

图 4.28 传统外养护和"内养护"的区别[5]

4.5.1 高吸水性树脂定义与品种

高吸水性树脂（super absorbent polymer，SAP）是具有较高吸水和保水性能的高分子聚合物的总称。高吸水性树脂含有强亲水性基团，经适度交联而具有三维网状结构，可通过水合作用迅速地吸收相当于自身质量数倍乃至数百倍的液态水而呈凝胶状（图4.29），具有吸水容量大、吸水速度快、保水能力强且无毒无味等优越性能，广泛应用于农业园林、土木建筑、食品加工、石油化工及医疗卫生等领域。Jensen教授等于2001年首次将高吸水性树脂引入混凝土中作为内养护材料。

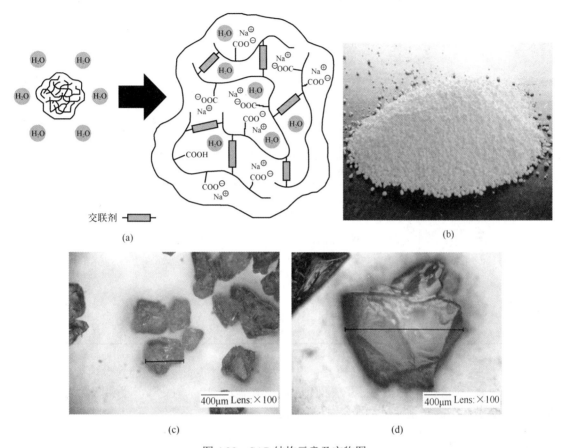

图 4.29　SAP 结构示意及实物图

（a）SAP 结构示意图[14]；（b）SAP 粉末；（c）、（d）干燥状态与吸水 25 倍后 SAP 的光学显微图像
[（c）和（d）中黑线表示的长度分别为 550.5μm 和 1700.6μm]

　　高吸水性树脂的制备方法主要有两种：溶液聚合法和反相悬浮聚合法。溶液聚合主要是将水溶性单体、引发剂、交联剂配制成一定浓度的水溶液，置于一定的温度条件下，反应得到凝胶状产物，最后经干燥、粉碎、筛分得到无规则粉末状高吸水性树脂。反相悬浮聚合主要是将水溶性单体、引发剂、交联剂配制成一定浓度的水溶液，将分散剂溶解于疏水有机溶剂中得到有机连续相，再将上述含单体水溶液加入有机连续相中，搅拌并升温进行聚合反应，结束后形成的凝胶经过分离、洗涤、干燥得到球形的高吸水性树脂。

　　根据制备原料来源不同，高吸水性树脂大致可分为三类，即淀粉系、纤维素系和合成树脂系，如表 4.8 所示。淀粉系高吸水性树脂制备工艺复杂，产品耐热性能差，易腐烂变质，难以长期保存。纤维素系高吸水性树脂综合吸水性能相对较差。合成树脂系高吸水性树脂，由于原料来源丰富、价格低廉，能够防腐防变质、长期保存，综合吸水性能优良等特点，成为当前研究和应用的重点。在混凝土内养护中，最常用的是聚丙烯酸（PAA）类、聚丙烯酰胺（PAM）类或二者共聚［P(AA-AM)］高吸水性树脂。

表 4.8　高吸水性树脂分类[15]

类别	代表性品种
淀粉系	淀粉接枝丙烯腈 淀粉接枝丙烯酸盐 淀粉接枝丙烯酰胺 淀粉-丙烯酸-丙烯酰胺接枝共聚物 淀粉-丙烯酸-丙烯酰胺-顺丁烯二酸酐接枝共聚物 淀粉黄原酸盐-丙烯酸盐接枝共聚物 羧甲基化淀粉
纤维素系	羧甲基化纤维素（CMC） 纤维素（或 CMC）接枝丙烯腈水解物 纤维素（或 CMC）接枝丙烯酸盐 纤维素（或 CMC）接枝丙烯酰胺 纤维素黄原酸化接枝丙烯酸盐
合成树脂系	聚丙烯酸盐 聚丙烯酰胺 聚乙烯醇 丙烯酸-丙烯酰胺共聚物 丙烯酸酯-醋酸乙烯酯共聚水解物 醋酸乙烯-顺丁烯二酸酐共聚水解物 聚乙烯醇-酸酐交联共聚物 聚乙烯醇-丙烯酸接枝共聚物 丁烯-马来酸酐共聚物 异戊二烯-马来酸酐共聚物

根据亲水基团种类，高吸水性树脂可以分为非离子型（如聚乙烯醇、聚丙烯酰胺等）、离子型［如聚丙烯酸、聚磺酸盐、聚（3-丙烯酰胺丙基）三甲基氯化铵等］和两性离子型（同时含有阴离子和阳离子基团，如羧基-季铵盐类）三类。

4.5.2　作用机理

内养护技术通过内养护材料向混凝土基体提供水源，从而降低混凝土因内部水分消耗和毛细孔弯月面的出现而产生的自干燥收缩变形。Jensen 等[16]基于 Powers 的胶空比理论提出，通过内养护技术额外引水的水泥体系中，要完全抑制自干燥现象，额外引水体积需等于水泥达到最大水化程度所产生的化学收缩：当水灰比（w/c）不超过 0.36 时，最低的额外引水量（以占水泥质量的比例，即水灰比计）$(w/c)_e = 0.18 \times (w/c)$；当水胶比在 $0.36 \sim 0.42$ 之间时，最低的额外引水量 $(w/c)_e = 0.42 - (w/c)$。

内养护材料的掺入使得水泥基材料内部水分的时空分布发生了变化。在水泥基材料早期塑性阶段，内养护材料吸收并储存部分水分，而在随后的硬化过程中，由于自干燥现象的发生，储存的水分会释放出来抑制自干燥并促进基体的水化，因此内养护材料的作用效果还与其自身吸收和释放水的特性密切相关。

内养护材料的吸水和释水特性又受其自身结构、溶液特性的影响。具体到高吸水性树脂，其分子结构、交联度及被吸收液体特性均会影响其吸液性能。

高吸水性树脂亲水基团的亲水性越强，树脂与水的亲和力也就越大，树脂的吸水性能越高。亲水基团的亲水能力大小次序为—SO_3H>—$COOH$>—$CONH_2$>—OH，且一般认为这些亲水性基团混合使用比单独使用效果更好。

在保证树脂不溶解的前提下，树脂的吸水能力随交联度的增大而降低。通常，高吸水性树脂的表面积越大，吸水速率越快，但粒子直径过小时，由于表层快速吸水形成凝胶层，阻碍水分向内迁移，反而使吸水速率降低，即产生所谓"面团现象"。

在纯水中，等交联度的离子型高吸水性树脂的吸液能力要高于非离子型高吸水性树脂；在盐溶液（如水泥浆滤液）中，离子型高吸水性树脂的吸液倍率相比于在纯水中大幅度减小，两性离子型高吸水性树脂的吸液倍率相比于在纯水中增加，而非离子型高吸水性树脂的吸液能力变化不明显（图4.30）。

高吸水性树脂在水泥基材料中具有复杂的水分迁移交换及状态演变过程。

当高吸水性树脂以干粉状态加入水泥基材料中时，其会直接吸收部分拌合水，高吸水性树脂在水泥基材料中的实际吸水倍率随水泥基材料孔溶液中离子浓度的变化也呈动态变化。一般情况下，干粉状态高吸水性树脂刚加入混凝土中时吸水倍率迅速增加（图4.31中 *OA* 段）；在到达峰值后，吸水倍率逐渐降低（图4.31中 *AB* 段），之后逐渐趋于平衡（图4.31中 *BC* 段）；随着水泥水化的继续进行，混凝土内部相对湿度下降，孔溶液离子浓度上升，高吸水性树脂吸收的水分逐渐释放出来（图4.31中 *CD* 段）。

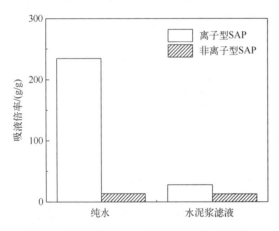

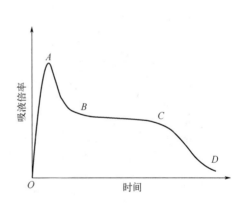

图4.30　不同类型 SAP 在纯水和水泥浆滤液中的吸液性能[17]　　　　图4.31　混凝土中 SAP 吸液倍率随时间的变化[18]

当高吸水性树脂以预吸水状态加入水泥基材料中时，其预吸水倍率与其在水泥浆体中的实际吸水倍率之间的差异将直接影响高吸水性树脂在水泥浆体内部的水分交换过程。当预吸水倍率相对较高时，受渗透压的影响，高吸水性树脂拌合后会立即开始释水；当预吸水倍率相对较低时，高吸水性树脂因尚未达到水分饱和状态而会继续从周围浆体吸收水分。

高吸水性树脂在水泥浆体水化硬化的不同阶段（包括早期塑性阶段和后期硬化阶段）也呈现不同的释水机制[19]：早期释水性受混凝土内部盐浓度影响较大，此时渗透压是影响释水性的主要因素，渗透压越大，高吸水性树脂的释水率及释水速率也越大；后期释水性还受混凝土内部相对湿度的影响。有研究发现，高吸水性树脂的释水性随相对湿度近似呈对数规律变化。

高吸水性树脂上述特性的差异，导致其在混凝土中表现出的减缩作用不同，对混凝土的工作性、力学性能等也会产生不同的影响。

4.5.3 性能与应用技术

4.5.3.1 性能

由于 SAP 独特的吸/释水特性，在 SAP 的使用过程中，需要定义如下三种水灰比：**有效水灰比**（effective water to cement ratio，ew/c），指混凝土实际拌合用水与水泥质量的比值，不包括由高吸水性树脂预吸水而额外引入的水分；**额外水灰比**（additional water to cement ratio，aw/c），指由高吸水性树脂预吸水而额外引入的水量与水泥质量的比值；**总水灰比**（total water to cement ratio，tw/c），指混凝土实际拌合用水和由预吸水高吸水性树脂额外引入水的总量与水泥质量的比值。

当有效水灰比相同时，相较于空白混凝土，掺入预吸水高吸水性树脂后，额外引入水会显著推迟高强混凝土内部相对湿度开始下降的时间，在相同龄期时，掺高吸水性树脂的混凝土的内部相对湿度远高于空白混凝土，自收缩显著减小（图 4.32）。

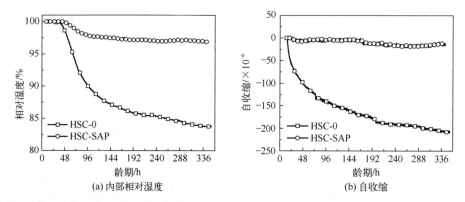

图 4.32　有效水灰比相同时，SAP 的掺入对高强混凝土（HSC）内部相对湿度和自收缩的影响[20]
（HSC-0 为 ew/c=0.29，aw/c=0，tw/c=0.29；HSC-SAP 为 ew/c=0.29，aw/c=0.05，tw/c=0.34）

在总水灰比一致的情况下，掺预吸水高吸水性树脂的混凝土虽然有效水灰比相对空白混凝土低，但其内部相对湿度仍然高于空白混凝土。相应地，混凝土的自收缩量也远小于空白混凝土（图 4.33）。在合适的高吸水性树脂掺量下可完全消除自收缩。这主要是由于在渗透压和体系内部相对湿度梯度的驱动下，高吸水性树脂内部所储存的水分迁移至水泥基体，提高了基体湿度，降低了毛细孔负压，进而减少了混凝土的自收缩。

对不同特性高吸水性树脂的内养护效果及减缩能力研究结果表明，在总水胶比一致且高吸水性树脂掺量相同的条件下，高吸水性树脂的尺寸越大、在模拟孔溶液中的吸液倍率越高，其抑制水泥基材料自收缩的能力越强（图 4.34、图 4.35）。

预吸水高吸水性树脂对混凝土干燥收缩的影响存在正负效应：一方面，高吸水性树脂具有保水作用，能够补充因扩散损失的水分，延缓混凝土内部水分的蒸发和相对湿度的下降，减小因水分消耗引起的收缩；另一方面，额外引入的水分增大了混凝土的总水灰比，可蒸发水量增加，又会增加干燥收缩趋势。上述两方面作用相叠加导致引入高吸水性树脂的混凝土的干燥收缩在不同情况下可能有差异。

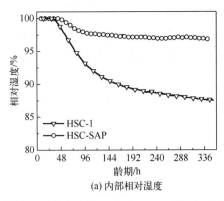
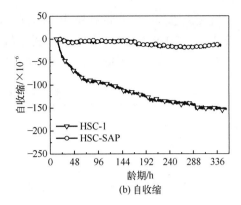

(a) 内部相对湿度 （b) 自收缩

图 4.33 总水灰比一致时，SAP 的掺入对高强混凝土（HSC）内部湿度和自收缩的影响[15]

HSC-1—ew/c=0.34，aw/c=0，tw/c=0.34；HSC-SAP—ew/c=0.29，aw/c=0.05，tw/c=0.34

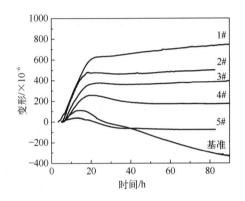
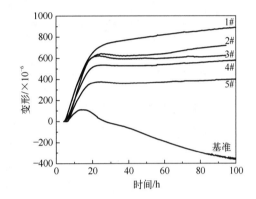

图 4.34 不同颗粒尺寸 SAP（掺量为 0.3%）对水泥净浆自收缩变形的影响[5]

（1#~5#SAP 颗粒尺寸分别为 215~242μm、140~160μm、105~135μm、68~95μm、55~72μm）

图 4.35 颗粒尺寸相近、吸液倍率不同的 SAP（掺量为 0.6%）对水泥净浆自收缩变形的影响[5]

1#—Q_1=230g/g，Q_2=26g/g；2#—Q_1=173g/g，Q_2=22g/g；3#—Q_1=130g/g，Q_2=20g/g；4#—Q_1=93g/g，Q_2=19g/g；5#—Q_1=73g/g，Q_2=16g/g（Q_1、Q_2 分别为 SAP 在纯水和模拟孔溶液中的吸液倍率）

此外，高吸水性树脂的吸/释水行为也会一定程度上影响混凝土的工作性和力学性能。当高吸水性树脂以干粉状态加入混凝土时，高吸水性树脂会吸收部分拌合水，使得有效水灰比降低，混凝土工作性能下降。通常在实际使用中，可以通过适当的额外引水，来改善高吸水性树脂对混凝土工作性的影响。

高吸水性树脂对混凝土强度的影响也存在正负效应。在总水灰比一致的情况下，高吸水性树脂吸收了部分拌合水，导致基体有效水灰比较低，基体密实度增加，混凝土强度增加。在有效水灰比一致的情况下，后期高吸水性树脂释水至基体，促进了胶凝材料的水化，也有助于混凝土强度发展。但高吸水性树脂释水后留下的孔对强度不利。因此，控制高吸水性树脂吸液倍率及掺量，以控制其额外引水量及硬化后的孔结构，是保障掺高吸水性树脂混凝土强度的关键。

此外，高吸水性树脂的吸/释水行为引起了混凝土中水分的重分布，会影响混凝土的传输行为，进而影响混凝土的耐久性。当高吸水性树脂释水以后，原来占据的孔基本被空气填充，具有和引气剂孔相似的作用，可以改善混凝土的抗冻性。研究发现，高吸水性树脂的掺入对抗冻性、抗氯离子渗透性和抗碳化能力均有改善作用。

JC/T 2551—2019《混凝土高吸水性树脂内养护剂》从凝结时间、流动性、强度、自收缩等方面，对用于混凝土的高吸水性树脂内养护剂的性能指标进行了规定，如表 4.9 所示。

表 4.9　SAP 性能指标

检验项目		性能指标	
		Ⅰ 型	Ⅱ 型
凝结时间之差/min	初凝	−120～+120	
	终凝	—	
流动度比/%		≥60	
抗压强度比/%	7d	≥80	
	28d	≥95	
自收缩率比/%	7d	>0, ≤50	≤0

注：凝结时间之差性能指标中的"−"号表示缩短，"+"号表示延缓。

4.5.3.2　应用技术

通常当高吸水性树脂额外引入水量不超过胶凝材料质量的 4%时，可显著降低混凝土的自收缩，且不会显著影响混凝土的 28d 强度，在抗裂防渗要求较高的大体积或超长结构混凝土中具有较好的应用前景。

高吸水性树脂等内养护技术主要适用于低水灰比的高强或高性能混凝土，以降低混凝土内部的自干燥作用，起减缩防裂的效果。中低强混凝土具有较高的水灰比，自干燥现象不明显，所以自收缩不大，此时内养护对于降低其收缩的意义通常不大。然而在某些特殊情况下，内养护也可在这类混凝土中发挥不可替代的作用，如在高温干旱等不便进行外部养护的环境中施工时，内养护可以有效减少因表面水分快速蒸发产生干燥收缩而引起的表层裂缝。

高吸水性树脂在混凝土中的实际吸液倍率是一个动态变化过程，因此高吸水性树脂掺入混凝土后，使得新拌混凝土中参与拌合的自由水量也呈现动态变化过程。当高吸水性树脂吸液倍率变化过大时（持续大幅度吸水或过早大量释放水），可能导致新拌混凝土出现坍落度损失过快或者坍落度反增长，在使用高吸水性树脂的过程中尤其要关注新拌混凝土工作性的变化。

思考题

1. 混凝土产生温度变形的原因是什么？
2. 混凝土产生自收缩和干燥收缩的机理有何异同？
3. 膨胀剂的品种有哪些？简述温湿度的变化对膨胀剂膨胀性能的影响。
4. 标准型减缩剂和减水型减缩剂在用法和用量上有哪些区别？
5. 简述水化温升抑制剂降低混凝土结构温升的基本原理。
6. 对于近似绝热的混凝土结构，水化温升抑制剂能否大幅度降低其温升？
7. 简述高吸水性树脂为什么能够减少混凝土的自收缩。
8. 高吸水性树脂在混凝土内部的吸/释水行为与哪些因素有关？
9. 高吸水性树脂对高强混凝土与普通混凝土的影响规律和机理有何异同？

参考文献

[1] Knoppik-Wróbel A. Analysis of early-age thermal-shrinkage stresses in reinforced concrete walls[D]. Gliwice: Silesian University of Technology, 2015.

[2] Bentur A. Early age cracking in cementitious systems—State of the Art Report of the RILEM Technical Committee 181-EAS[R]. RILEM, Cachan, 2002.

[3] Kovler K, Jensen O M. Internal curing of concrete—State-of-the-Art Report of RILEM Technical Committee 196-ICC[R]. Bagneux: RILEM Publications S.A.R.L., 2007.

[4] Jensen O M, Hansen P F. Autogenous deformation and RH-change in perspective[J]. Cement and Concrete Research, 2001, 31: 1859-1865.

[5] 刘加平, 田倩. 现代混凝土早期变形与收缩裂缝控制[M]. 北京: 科学出版社, 2020: 79, 209-234, 262-271.

[6] Fairbairn E M R, Azenha M. Thermal cracking of massive concrete structures—State of the Art Report of the RILEM Technical Committee 254-CMS[R]. Cham: Springer International Publishing, 2019.

[7] ASTM C1698-09 (Reapproved 2014). Standard test method for autogenous strain of cement paste and mortar[S]. ASTM International, 2014.

[8] 赵顺增, 游宝坤. 补偿收缩混凝土裂渗控制技术及其应用[M]. 北京: 中国建筑工业出版社, 2010: 74-125.

[9] Mo L W, Deng M, Tang M S. Effects of calcination condition on expansion property of MgO-type expansive agent used in cement-based materials[J]. Cement and Concrete Research, 2010, 40: 437-446.

[10] Aïtcin P C, Flatt R J. Science and technology of concrete admixtures[M]. [S.l.]: Woodhead Publishing, 2015: 305-318.

[11] Eberhardt A B. On the Mechanisms of shrinkage reducing admixtures in self consolidating mortars and concretes[M]. Aachen: Shaker Verlag GmbH, 2011.

[12] 高南箫, 刘加平, 冉千平, 等. 两亲性低分子聚醚减缩剂减缩机理探索[J]. 功能材料, 2012, 43(14): 1931-1935.

[13] Yan Y, Ouzia A, Yu C, et al. Effect of a novel starch-based temperature rise inhibitor on cement hydration and microstructure development[J]. Cement and Concrete Research, 2020, 129: 105961.

[14] Mechtcherine V, Reinhardt H W. Application of super absorbent polymers (SAP) in concrete construction—State of the art report of RILEM Technical Committee 225-SAP[R]. New York: Springer, 2012.

[15] 李建颖. 高吸水与高吸油性树脂[M]. 北京: 化学工业出版社, 2005: 15-20.

[16] Jensen O M, Hansen P F. Water-entrained cement-based materials: I. Principles and theoretical background[J]. Cement and Concrete Research, 2001, 31(4): 647-654.

[17] Zhong P H, Wyrzykowski M, Toropovs N, et al. Internal curing with superabsorbent polymers of different chemical structures[J]. Cement and Concrete Research, 2019, 123: 105789.

[18] 张守祺, 路振宝, 昂源, 等. 高吸水树脂吸液特性对混凝土性能的影响[J]. 硅酸盐学报, 2020, 48(8): 1278-1284.

[19] Yang J, Wang F Z, Liu Z C, et al. Early-state water migration characteristics of superabsorbent polymers in cement pastes[J]. Cement and Concrete Research, 2019, 118: 25-37.

[20] 张珍林. 高吸水性树脂对高强混凝土早期减缩效果及机理研究[D]. 北京: 清华大学, 2013.

第 5 章

耐久性提升类外加剂

　　混凝土耐久性是指混凝土在环境或荷载作用下抵御侵蚀、长期保持所需工程性能的能力，是决定混凝土结构使用年限和服役安全的关键指标。根据暴露环境和所需性能，混凝土需要不同的耐久性设计，暴露环境可划分为一般环境、冻融环境、海洋氯化物环境、除冰盐等其他氯化物环境和化学腐蚀环境。其中，一般环境下混凝土碳化比较常见，容易引起钢筋锈蚀；冻融环境会导致混凝土损伤；海洋或除冰盐等氯化物环境会加速钢筋锈蚀；含有硫酸盐等化学物质的化学腐蚀环境会加速混凝土腐蚀破坏。此外，在长期潮湿或接触水的环境中，混凝土可能会发生碱-骨料反应、延迟钙矾石生成和混凝土溶蚀等问题[1,2]。实际环境中，混凝土通常遭受多种环境因素的耦合作用，特别是在具体环境中存在冻融与除冰盐、氯离子与硫酸根离子、冻融与碳化等耦合作用，还可能存在高速流水、风沙以及疲劳荷载等侵蚀因素对混凝土表面造成冲刷、磨损等影响。

　　造成钢筋混凝土性能劣化的因素复杂众多，其腐蚀破坏可归纳为钢筋锈蚀、冻融损伤和化学腐蚀造成的基体失效[3]。目前，解决上述问题的混凝土耐久性提升类外加剂主要包括**引气剂**、**阻锈剂**、**侵蚀抑制剂**和**防水剂**等。本章主要介绍混凝土耐久性理论基础和耐久性提升类外加剂的分类、作用原理、性能与测试方法及应用注意事项。

5.1　耐久性理论基础

　　在全寿命服役周期内，钢筋混凝土作为各类建筑物的主体，不但要承受恒载、活载、风、地震及爆炸等各类荷载，还要承受服役环境因素的长期作用。环境作用主要包括温度、湿度及其变化以及二氧化碳、氧、盐、酸性介质等因素。荷载和环境作用均会导致混凝土结构或材料性能的劣化。然而，耐久性通常只关注环境因素长期作用的劣化效应，环境与荷载作用的耦合效应只在必要时予以考虑。环境作用导致钢筋混凝土性能劣化的主要表现为钢筋锈蚀与混凝土基体失效[4]。钢筋锈蚀和基体失效均与侵蚀介质传输相关，现有规范中混凝土结构的设计使用年限基本由混凝土的孔结构以及侵蚀介质的传输进程决定。基于此，本部分将从钢筋混凝土性能劣化机制、混凝土介质传输性能与耐久性两个方面进行介绍。

5.1.1　钢筋混凝土性能劣化机制

5.1.1.1　钢筋锈蚀

　　钢筋锈蚀（图 5.1）影响钢筋混凝土结构耐久性，严重锈蚀会引起钢筋与混凝土之间握裹力退化、结构承载力下降，进而影响结构的安全性和使用性能，是当前最突出的工程问题。

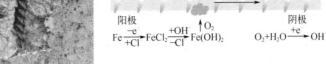

(a) 宏观锈蚀破坏　　　　　　　　　(b) 微观电化学腐蚀反应

图 5.1　混凝土中钢筋锈蚀

在一般环境下，碳化引起的混凝土碱度降低是引起钢筋锈蚀的主要因素。所谓碳化是指混凝土服役过程中，空气中 CO_2 在浓度梯度的驱动下通过孔隙扩散进入其内部并与孔溶液和水化产物中 Ca^{2+}、OH^- 发生化学反应，逐步消耗 Ca^{2+} 和 OH^-，导致 CH、AFt、C-S-H 等水化产物逐步转变为碳酸钙与溶胶相，孔溶液 pH 值降低。碳化反应过程由混凝土表层扩散至内部，碳化达到一定深度时钢筋逐渐脱钝并在水分和氧气存在的条件下发生锈蚀。

在海洋氯化物环境或除冰盐等其他氯化物环境中，氯离子侵蚀是触发钢筋锈蚀的最主要因素。以海洋氯化物环境为例，在海洋浪溅与潮差区干湿交替和水下区浓度梯度驱动下，氯离子通过混凝土孔隙进入其内部，钢筋表面的氯离子浓度累积达到阈值，在水分与氧气的共同作用下发生电化学腐蚀反应导致钢筋表面脱钝，致使脱钝区域钢筋基体与完好钝化膜区域形成电位差，产生腐蚀电流，引起钢筋锈蚀。

钢筋发生脱钝锈蚀的时间还与湿度、温度、氧气等服役环境因素和混凝土保护层渗透性有关。在海洋浪溅与潮差区，干湿交替导致氯离子在毛细吸附作用下快速传输，最终缩短了钢筋起始脱钝时间；温度升高，氯离子扩散迁移速度加快，温度平均每提高 10℃，钢筋锈蚀速度大约提高 1 倍[5]。一方面，环境中氯离子浓度越高，到达钢筋表面的时间越早、浓度积累也越快，加速钢筋锈蚀。另一方面，混凝土保护层的渗透性越低，氯离子扩散系数也就越低；混凝土保护层厚度增大，氯离子传输到达钢筋表面的时间也就越长；碱度越高，钢筋开始脱钝的临界氯离子浓度也越高，上述因素均提升钢筋混凝土的耐锈蚀性能。

5.1.1.2　混凝土侵蚀破坏

（1）冻融破坏

冻融破坏是影响寒区混凝土耐久性的重要因素，可分为水冻破坏和盐冻破坏两类。水冻破坏主要以自然界中淡水作为混凝土冻融介质，破坏形式表现为混凝土的表层剥落与内部开裂；盐冻破坏则以工业用除冰盐或自然界海水等盐水作为混凝土冻融介质，破坏形式表现为混凝土由表及里逐层剥落。冻融作用不但使表层混凝土开裂剥蚀（图 5.2），还使内部混凝土产生裂纹损伤并加速钢筋脱钝锈蚀，最终导致混凝土的力学性能降低。

水冻造成混凝土损伤的机理主要包括静水压力、渗透压力、临界饱水度等理论。在冻结过程中，在表面张力作用下，混凝土毛细孔隙中水的冰点随孔径减小而降低。在降温过程中，大孔中的孔隙液先结冰，而小孔中的孔隙液依然以液体的形式存在。静水压力理论认为，混凝土内毛细孔溶液结冰时往往冰水共存，结冰产生约 9% 的体积膨胀将推动未冻水向外迁移，一旦这种迁移水流受阻，就在毛细孔中形成破坏内应力，即静水压力。渗透压力理论认为，随着较大孔隙内部液态水冻结，附近小孔中溶液离子浓度增大，在浓度差作用下孔隙中液体发生定向移动，从而在混凝土内部产生渗透压力。当静水压力和渗透压力等孔隙水压力超过混凝土材料的抗拉强度时，混凝土内部产生微裂缝。在经历多次冻融循环后，微裂缝扩展、贯穿并形成肉眼可见的宏观裂缝，从而产生剥蚀。临界饱水度理论认为混凝土水饱和度存在一个与极限平均气泡间距系数相对应的临界值，当水饱和度超过此临界水饱和度时，混凝土将发生冻融破坏。

图 5.2　混凝土冻融破坏

对于盐冻引起的冻融损伤，黏结剥落理论认可度较高。黏结剥落理论认为，混凝土表面盐水结成的冰层和基体的热膨胀系数不同，在降温过程中产生不同程度的收缩，从而在基体表面产生应力。表层混凝土在单向冻结过程中先结冰，结冰后其热膨胀系数远高于基体[−10℃时冰的热膨胀系数约 $51.7×10^{-6}K^{-1}$，基体的热膨胀系数为 $(11\sim13)×10^{-6}K^{-1}$]，导致表层混凝土内产生较高拉应力使其开裂剥落。一方面，盐浓度增加显著降低溶液结冰膨胀率和结冰压，有利于降低混凝土盐冻破坏；另一方面，混凝土内部毛细管吸水饱水度和吸水速度随盐浓度增加而显著提高，加剧了混凝土盐冻破坏。以 NaCl 为例，质量分数为 2%～3%的溶液将产生最大的结冰压，从而形成最严重的混凝土盐冻破坏。

尽管学术界已经提出众多冻融损伤理论，但由于冻融损伤破坏过程影响因素众多且非常复杂，迄今尚无广泛认可的冻融环境下混凝土服役寿命理论预测模型。

（2）硫酸盐腐蚀

西南地区石膏岩层与西北地区盐渍土等富含硫酸盐，硫酸盐是引起混凝土腐蚀破坏的主要环境因素。硫酸盐腐蚀（图 5.3）过程包括化学腐蚀和物理结晶破坏。化学腐蚀是由硫酸盐与铝酸钙或水化铝酸钙发生化学反应造成的，该过程产生针棒状晶体 AFt 且体积显著膨胀，致使混凝土内部产生裂纹，胶结力丧失，混凝土表层腐蚀剥落。当侵入混凝土中硫酸根离子浓度较高时，腐蚀反应产物除 AFt 外还有石膏，上述腐蚀产物共同产生体积膨胀导致混凝土表层腐蚀剥落。这些腐蚀破坏将进一步加速硫酸根离子在混凝土中传输并形成恶性循环，致使混凝土保护层逐渐被硫酸盐侵蚀破坏。物理结晶破坏主要发生在干湿交替区。受干湿循环影响，硫酸盐随水分的毛细作用迁移进入表层混凝土，干燥时会析出硫酸盐晶体，经过多次循环，累积的硫酸盐结晶（体积膨胀）产生结晶压，当结晶压大于混凝土抗拉强度时，其内部便会产生微裂纹，最终导致表层混凝土开裂剥落，通常这一过程由表及里直至混凝土保护层整体失效。

图 5.3　混凝土硫酸盐腐蚀破坏

综上，服役环境中的气体（CO_2 和 O_2 等）、水、离子（氯离子和硫酸根离子等）向混凝土内部的传输进程在混凝土性能劣化过程中扮演非常关键的角色。此外，在某些特定条件下，混凝土材料内部的离子由内至外的传输也会影响其耐久性，例如软水侵蚀条件下混凝土中 Ca^{2+} 的溶出等。

5.1.2　混凝土介质传输性能与耐久性

混凝土耐久性主要取决于基体与所处环境间发生水、气和侵蚀性离子等介质交换的过程，若能有效降低介质在混凝土中的传输性能将显著提升其耐久性。然而，混凝土是典型的多孔材料，孔结构非常复杂，内部孔隙尺寸跨越从纳米到毫米多个数量级，且体积孔隙率通常在 10%～25% 之间甚至更高，较高的孔隙率和复杂的孔结构决定了混凝土中水、气和侵蚀性离子等不同介质传输机制存在差异。

5.1.2.1　介质传输机制

液态水与离子在混凝土中的传输机制主要有渗透、毛细吸附与扩散三种，在不同服役环境条件下还存在着多种传输机制耦合作用。

渗透指压力梯度驱动液、气等流体在多孔介质内部的传输过程。尽管混凝土材料的孔隙率与常见沉积岩差不多，但由于其孔结构的特殊性，它的水分渗透率等传输性能远低于后者。现代混凝土水分渗透率通常在 $1.0 \times 10^{-22} \sim 1.0 \times 10^{-18} m^2$ 范围，比沉积岩低 4～8 个数量级[4]。

毛细吸附是水分高效传输的重要机制。除水下混凝土结构外，绝大多数混凝土处于非饱和状态，孔隙中气-液弯液面的存在使混凝土内部产生很高毛细压力。依据经典 Kelvin 方程可知，当混凝土材料内部相对湿度为 75%、温度为 20℃时，毛细压力将高达 38.9MPa。当混凝土材料接触液态水时，在如此高的毛细压力作用下，外部水分将被快速吸入混凝土结构内部，其中的氯离子等也将一同快速迁移。在干湿循环条件下，水分的毛细吸附及由此引起的离子对流传输是导致混凝土结构耐久性快速劣化的主要原因。

扩散是指氯离子、硫酸根离子等在浓度梯度的驱动下发生传输，分子热运动将驱使水中离子从高浓度向低浓度迁移。目前有多种氯离子扩散系数的测试方法，主要有自然扩散法、使用外加电场加速的非稳态快速氯离子迁移系数法（RCM 法）和电通量法等。利用这些方法测量所得氯离子迁移系数等指标，这些指标可以对不同混凝土材料抵抗氯离子迁移能力的相对优劣及其耐久性进行评价，但不能直接用于预测混凝土结构服役寿命。

5.1.2.2 影响介质传输的主要因素

水泥基材料的孔结构和含水状态是影响介质传输的主要因素，二者在实际服役中常以耦合作用形式存在，例如冻融环境下混凝土的抗冻性能、氯盐环境下的氯离子传输速率均与孔结构和含水状态相关。

水泥基材料孔隙形貌不规则，表面凹凸不平且时常发生折叠与扭曲，空间排布和连通情况较为复杂，这些差异直接决定了水、气和离子等介质在孔隙网络中的复杂传输性。一般而言，混凝土介质传输性能与硬化水泥石及水泥石与骨料界面过渡区的孔隙率、孔径大小及分布、连通性与曲折度密切相关。孔隙率与孔径越小且孔径分布倾向于小孔径范围、连通性越低、曲折度越高，则混凝土介质传输系数越低。

除孔结构外，水泥基材料的含水状态也显著影响介质传输性能。当混凝土材料的含水率从完全饱和降低至饱和度为 0.8 左右时，氯离子扩散系数和非饱和水分渗透率将降低90%。实际上，当水泥基材料内部相对湿度降低至80%左右时，只有孔径在 10nm 以下的纳米孔还含有水分，对应的饱和度通常在 0.5 左右，这将显著降低水分和氯离子迁移速度，但对 CO_2 和 O_2 等扩散更为有利。如果较为干燥的混凝土材料表面直接接触水溶液，则水分及水中离子将以非常快的速度向材料内部迁移。从介质传输角度分析混凝土材料的耐久性时，除孔结构外，应特别关注含水率及其变化的影响。

考虑到实际工程中混凝土耐久性提升与施工的便捷性，普遍采用优化混凝土配合比和添加混凝土外加剂的方法。通过引气剂引入细小、均匀的气孔增强混凝土抗冻融损伤性能；阻锈剂通过在钢筋表面形成保护膜减缓钢筋锈蚀；侵蚀抑制剂通过抑制硫酸盐、氯盐等侵蚀性介质在混凝土中的传输，提升混凝土的耐腐蚀性能；防水剂通过增强混凝土抗水渗透性，一定程度上改善混凝土耐久性。在实际工程中，针对具体的混凝土结构设计使用年限、服役环境类别与作用等级，一般会优选其中一种或几种外加剂协同提升混凝土耐久性。

5.2 引气剂

引气剂是一类具有两亲性结构的表面活性剂，其他混凝土外加剂如消泡剂、减缩剂、聚羧酸减水剂等也大多属于表面活性剂，因此本节首先介绍表面活性剂。

5.2.1 表面活性剂基本原理

人们在长期生产实践中发现，有些化合物在浓度很低时就能显著改变溶液的表面性质，如降低溶液的表面张力，增加润湿、洗涤、乳化及起泡性能等。日常生活中使用的肥皂就是其中一种，其主要成分油酸钠在很低浓度时就可将水的表面张力从 72mN/m 降至 25mN/m。随着科技进步，人们合成了能满足应用要求的各种不同结构的表面活性剂。**表面活性剂**是一种在较低浓度下可以降低溶剂（一般为水）的表面张力（或液-液界面张力）、改变体系的表面状态从而产生润湿和反润湿、乳化和破乳、分散和凝聚、起泡和消泡以及增溶等一系列作用的化合物。

5.2.1.1 表面活性剂的结构特点

表面活性剂分子由性质截然不同的两部分组成，一部分是与油有亲和性的疏水基（或称为憎水基），另一部分是与水有亲和性的亲水基（或称为憎油基）。表面活性剂溶于水后，亲水基受到水分子吸引，而疏水基受到水分子排斥。为了克服这种不稳定状态，表面活性剂分子只占据溶液的表面，将疏水基伸向气相，亲水基伸入水中（图5.4）。表面活性剂的主要疏水、亲水基团如表5.1所示。

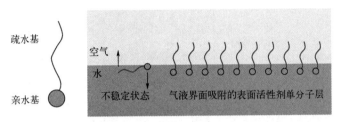

图 5.4　表面活性剂结构特点及其在气液界面的自组装排列

表 5.1　表面活性剂的主要疏水基、亲水基

疏水基团	亲水基团
长链烃基 $C_8 \sim C_{18}$	磺酸基 $-SO_3^-$，硫酸酯基 $-O-SO_3^-$ 羧基
烷基苯基R ⬡—*	磷酸基
烷基萘基R ⬡⬡—*	羟基 $-OH$
高氟代烷基	季铵盐基团 $*-\overset{\mid}{\underset{\mid}{N}}-$
硅氧烷基 $*-\overset{CH_3}{\underset{CH_3}{Si}}-O-\overset{CH_3}{\underset{CH_3}{Si}}-*$	酰胺基
丙氧基 $*-CH_2-\overset{CH_3}{CH}-O-*$ 或 $-CH_2-CH_2-CH_2-O-*$	乙氧基 $*-CH_2-CH_2-O-*$

5.2.1.2 表面活性剂的分类

表面活性剂最常见的分类方式为按照离子类型进行分类，可分为阴离子型表面活性剂、阳离子型表面活性剂、两性离子型表面活性剂、非离子型表面活性剂（图5.5）。

5.2.1.3 亲水亲油平衡

表面活性剂分子亲水亲油性的强弱一般使用亲水亲油平衡（hydrophile-lipophile balance，HLB）值来衡量，HLB值反映了表面活性剂分子的亲水亲油倾向，HLB值越大表面活性剂分子亲水性越强。

HLB值的获得方法有很多种，比如基团数法、分子量法、浊度测试法等，这里主要介绍基团数法。表面活性剂分子结构可理解为一些基团组合，每个基团对HLB值都有一定的贡献，根据实验结果，可以获得各种基团的 HLB 值，称其为 HLB 基团数，表 5.2 给出了一些典型基团的 HLB 基团数，根据下式可以计算出 HLB 值。

$$HLB（离子型）=7+\Sigma(亲水的基团数)-\Sigma(亲油的基团数)$$
$$HLB（非离子型）=(亲水基团分子量/化合物分子量)\times20$$

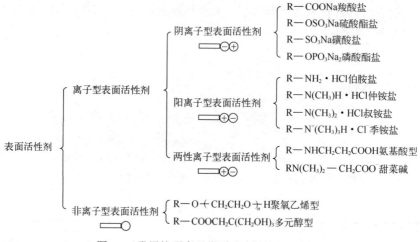

图 5.5　常用按照离子类型分类的表面活性剂

表 5.2　一些基团的 HLB 基团数

亲水基	基团数	亲油基	基团数
—SO₄Na	38.7	—CH₂—	
—COOK	21.1	—CH₃	0.475
—COONa	19.0	=CH—	
—SO₃Na	11.0	—C₃H₆O—	0.15
叔胺	9.4	—CF₂—	0.15
酯（自由的）	2.4	—CF₃	0.87
—COOH	2.1		
—OH（自由的）	1.9		
—O—	1.3		
—C₂H₄O—	0.33		

实际应用时可根据 HLB 值（表 5.3）选择合适的表面活性剂。

表 5.3　HLB 值范围及应用

HLB 值范围	作用效果	HLB 值范围	作用效果
1～3	消泡作用	13～15	洗涤去污
3～6	油包水型乳化作用	15～18	增溶作用
7～9	润湿、渗透作用	13～30	起泡稳泡作用

5.2.1.4　溶液性质

在极低浓度时，表面活性剂在溶液中呈现游离的单分子状态；浓度增加至某一临界值时，表面活性剂分子会进行自组装形成胶束（图5.6）。这个临界浓度被称作**临界胶束浓度**（critical micelle concentration，CMC）。

CMC是一个非常重要的参数，当表面活性剂溶液的浓度低于CMC时，溶液性质随着表面活性剂浓度变化会发生明显变化；而当浓度高于CMC时，溶液性质随着表面活性剂浓度增加变化不明显。常用测定CMC的方法有表面张力法、电导法、折射率法和染料增溶法等，这里主要介绍表面张力法。

测试不同浓度表面活性剂溶液的表面张力，绘制表面张力与浓度对数值的关系曲线，即表面活性剂的表面张力曲线。溶液表面张力随着表面活性剂浓度对数值增加而线性降低，当表面活性剂浓度超过临界值时，溶液的表面张力不再随表面活性剂浓度增加而显著变化。图5.7所示两条拟合直线的交点对应的浓度，即表面活性剂在此条件下的CMC。

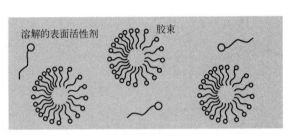

图5.6　表面活性剂分子在溶液中的状态　　　图5.7　表面张力曲线确定表面活性剂的临界胶束浓度

5.2.2　定义与品种

引气剂是指在混凝土拌合过程中稳定大量均匀分布、闭合的微小气泡，且能将气泡保留在硬化混凝土中，从而提升混凝土抗冻融破坏能力的外加剂[6]。需要注意的是，"引气剂"是混凝土外加剂领域的俗称，其表达可能会产生混淆，因为这类外加剂本身不引入气泡，只是稳定混凝土拌合过程中引入的气泡，其更应被称为"稳泡剂"。引气剂分为阴离子、非离子、阳离子和两性离子等类型，目前使用较多的是阴离子型表面活性剂。混凝土引气剂的发展大致分为三代：第一代是改性生物质材料如改性松香类、皂苷类引气剂等；第二代为烷基-芳基磺酸/硫酸盐类，其技术源自洗涤日化领域；第三代为烷基聚醚磺酸/硫酸盐类，其在混凝土高碱、高盐溶液环境中具有更好的适应性。

5.2.2.1　改性松香类引气剂

松香是从松树分泌的树脂中提取的天然产物，其主要成分为松香酸，经皂化反应可制得松香皂引气剂（图5.8）。松香皂含较多疏水基团，影响了引气效果和其溶解性，通过化学改性（马来酸化、酯化、磺化等），将一些亲水基团引入其化学结构中，大大提升了松香皂引气剂的引气性能，其得到了大规模应用。

5.2.2.2　皂苷类引气剂

皂角树果实皂角中含有一种辛辣刺鼻的物质，主要成分为三萜皂苷（图5.9），具有较好的引气性能。皂苷类引气剂的引气作用是由三萜皂苷的分子结构决定的，单糖基中有很多羟基能与水分子形成氢键，亲水性较强，而苷元基中的苷元具有亲油性，是憎水基团。由于三萜皂苷分子结构较大，形成的分子膜较厚，气泡壁的弹性和强度较高，气泡保持相对稳定。

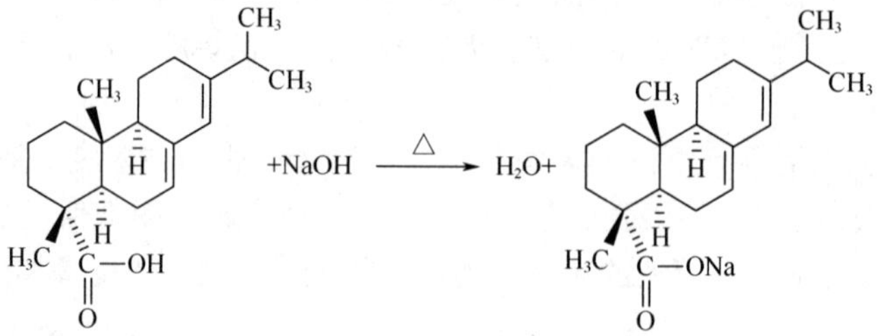

图 5.8　松香皂化反应

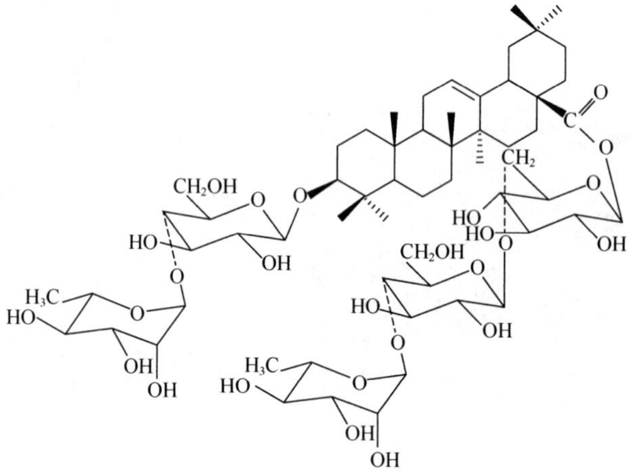

图 5.9　三萜皂苷类化合物结构式

5.2.2.3　烷基–芳基磺酸/硫酸盐类引气剂

烷基苯磺酸盐、烷基磺酸盐为规整的直链结构（图 5.10），可在气液界面进行规整紧密排列形成单分子膜，促进气泡快速形成，由于亲水段较短，其排列形成的单分子膜的稳定性较差，当单分子膜受到干扰而破坏时，气泡随即融合或破灭，因而这类引气剂引入的气泡稳定性较差。

5.2.2.4　烷基聚醚磺酸/硫酸盐引气剂

这类引气剂改进了烷基-芳基磺酸/硫酸盐的分子结构缺陷，在其结构（图 5.11）中引入环氧乙烷或/和环氧丙烷链段来调节亲水亲油性，可以针对具体的应用场景对亲疏水单元比例进行设计，提高引气和稳泡性能。引入同样含气量的条件下，相比烷基-芳基磺酸/硫酸盐类引气剂，其掺量降低 30% 以上，相比松香类引气剂，其掺量降低 50% 以上，目前其已经成为混凝土引气剂的重要品种。

5.2.2.5　其他种类引气剂

除了上述主要品种外，还有一些两性离子型表面活性剂作为功能组分用来提升引气剂的

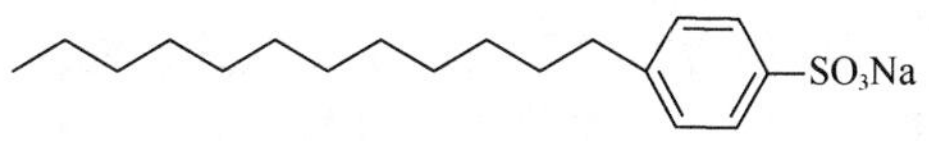

十二烷基苯磺酸钠（LAS）

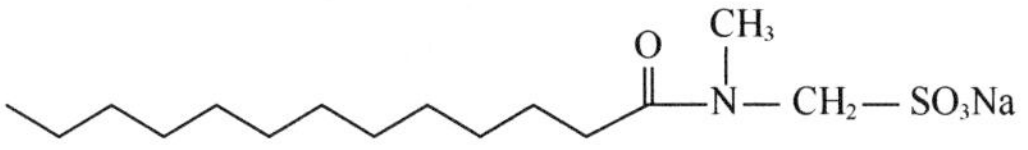

椰油酰基甲基牛磺酸钠

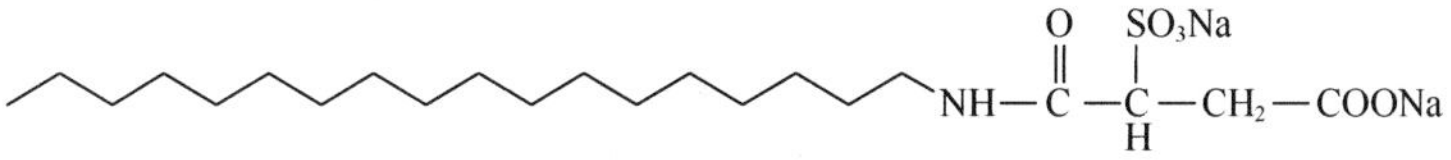

十八烷基琥珀酰胺磺酸钠

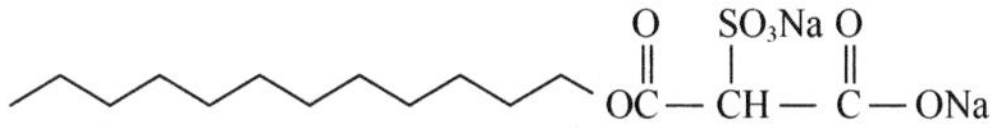

月桂醇磺基琥珀酸盐

十二烷基硫酸钠（K12）

图 5.10　常见的烷基-芳基磺酸盐引气剂的分子结构

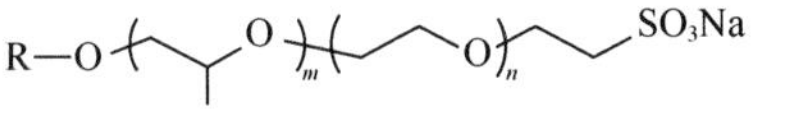

$R-O \left(\text{O} \right)_m \left(\text{O} \right)_n SO_3Na$　　　　$R=C_8 \sim C_{18}$

图 5.11　烷基聚醚硫酸盐引气剂（AES）的化学结构式

综合性能，常与上述引气剂复合使用，主要包括烷基甜菜碱类化合物和氧化胺类化合物（图 5.12），其对掺合料的适应性较好，同常规引气组分配伍后能提升引气剂对原材料的适应性。

　　非离子表面活性剂在混凝土中大多作为稳泡组分（同引气组分复合使用），主要包括烷基聚氧乙烯醚、烷基酚基聚氧乙烯醚、烷基糖苷和椰油酰胺等化合物（图 5.13）。

　　此外，新型双子型表面活性剂也可以作为引气剂使用[7]。从化学结构（图 5.14）上看，双子型表面活性剂相当于将两个传统的单链型表面活性剂共价结合在一起，它在气液界面能更加规则地排列，气液界面的稳定性更强，引气和稳泡效果更好，对 Ca^{2+} 等高价阳离子耐受性较好，目前已成为混凝土引气剂领域的关注热点。

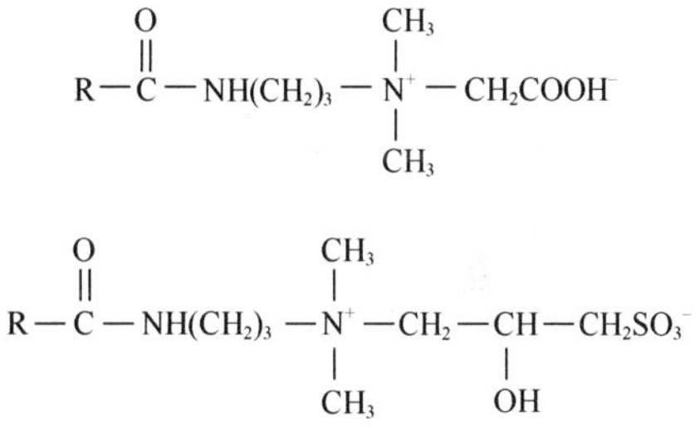

烷基甜菜碱(CAO)

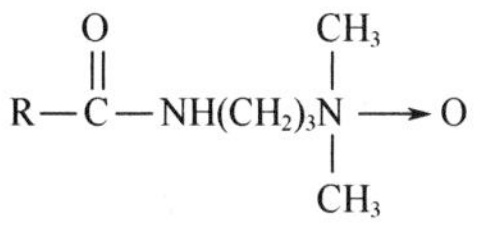

氧化胺类化合物(OA)

图 5.12　应用于混凝土的两性离子型表面活性剂的主要品种
（R 表示碳原子数 10～16 的烷基）

5.2.3　作用机理

　　混凝土的孔隙结构直接影响混凝土的抗冻融和抗介质渗透等性能。混凝土的孔隙主要包括水泥水化形成的微结构孔隙和引入气泡产生的气孔这两种。在混凝土拌合过程中引入气泡主要来源于三个方面：原材料中所含空气、混凝土搅拌或泵送过程中引入的空气、添加的活性组分在混凝土制备过程中发生化学反应产生的气体。普通混凝土中的气泡主要来源于前两方面，只有部分发泡混凝土中的气泡来源于活性组分在强碱性条件下发生反应产生的 H_2、O_2 等气体。

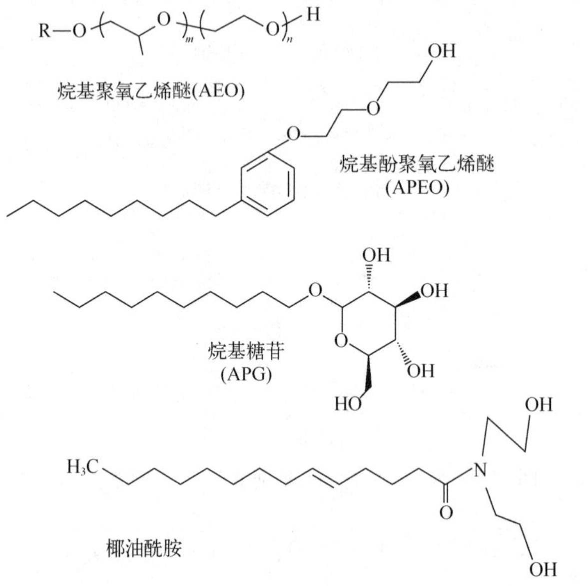

烷基聚氧乙烯醚(AEO)
烷基酚聚氧乙烯醚
(APEO)
烷基糖苷
(APG)
椰油酰胺

图 5.13　应用于混凝土领域的非离子型表面活性剂的主要品种

（R 表示碳原子数 10～16 的烷基）

SO3Na
(CH2)2
SO3Na
气泡
水

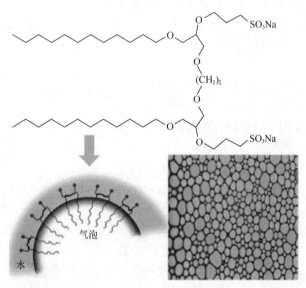

图 5.14　新型双子型引气剂的化学结构及其作用效果[8]

气泡在新拌混凝土中本质上是不稳定的，因为气泡的存在增加了混凝土体系的气液界面面积从而提高了体系的界面自由能。从热力学稳定的角度，气泡倾向于互相融合从而减小界面面积、降低界面自由能。当混凝土从塑性状态向硬化状态转变时，大量的气泡不断融合、破裂或逃逸出体系，这就导致硬化混凝土结构中气孔含量显著降低。

为了增加气泡在混凝土中的稳定性，通常加入引气剂。引气剂分子可以在已经形成的气泡的气液界面进行自组装排列，从而起稳定气泡的作用。在引气剂作用下，混凝土中的气泡可以较长时间地稳定存在（图5.15）。

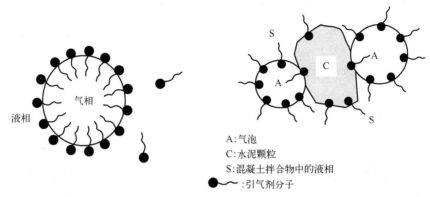

A：气泡
C：水泥颗粒
S：混凝土拌合物中的液相
●~：引气剂分子

图5.15　引气剂分子在气液界面排布示意图以及气泡同水泥颗粒的作用

引气剂属于典型的表面活性剂，它可以吸附在气液界面并进行自组装，这种自组装行为显著降低了界面张力，从而产生起泡、稳泡功能（图5.16）。添加了引气剂后，在搅拌混凝土过程中产生的大量细小气泡变得稳定而不易破裂。这种气泡在混凝土硬化过程中保持稳定，最终形成了混凝土的多闭孔结构。

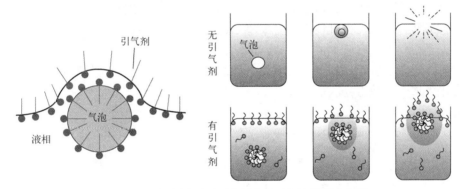

图5.16　引气剂分子界面自组装及对气泡的稳定作用

5.2.4　性能与应用技术

引气剂的性能指标包括表面活性指标和混凝土性能指标两类。表面活性指标主要有表面张力、泡沫性能等，混凝土性能指标主要有含气量、塑性气泡含量及分布、硬化气孔参数等。引气剂加入后，可关注混凝土新拌性能、力学性能与耐久性。

5.2.4.1　表面张力

在液体和气体的分界处，即液体表面，由于液体分子之间的吸引力，产生了极其微小的拉力。设想在表面处存在一个薄膜分子层，它承受着液体本体分子的拉伸力，这一拉伸力被称为表面张力。当引气剂分子在气液界面规则排列时形成单分子膜，这种单分子膜会降低溶液的表面张力，导致混凝土体系孔隙内溶液表面张力降低，起泡和稳泡特性增强。表面张力的测试方法有吊环法、吊片法、滴体积（滴重）法、最大气泡压力法等，其中吊环法最为普遍。

吊环法测定的是使一个金属环或圈从液体表面脱离时需要的力。假设吊环向上拉时带起一些液体，当提起的液体重力与沿环液体交界处的表面张力相等时，液体质量最大，继续提升则液环断开。如图 5.17 所示，设拉起的液环呈圆筒形，其对环的附加拉力 P 为

$$P = G + 2\pi R\gamma + 2\pi(R + 2r)\gamma \tag{5.1}$$

式中，P 为拉起的液体对环的附加拉力；R 为环的内半径；r 为金属丝半径；G 为环自身重力；γ 为表面张力。

表面张力按式（5.2）计算，即

$$\gamma = \frac{P - G}{4\pi(R + r)} \tag{5.2}$$

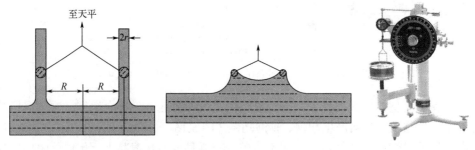

图 5.17 吊环法测试表面张力原理图及仪器照片

如图 5.18 所示，当引气剂浓度低于临界值（CMC）时，溶液的表面张力随引气剂浓度的对数值增加而线性下降，当引气剂浓度超过 CMC 时，溶液的表面张力不随引气剂浓度的增加而变化。当引气剂浓度低于 CMC 时，其分子为溶解状态或气液界面吸附状态；当浓度高于 CMC 时，过量的引气剂分子会在溶液中形成胶束，胶束状态的引气剂分子对降低表面张力没有效果，属于无效组分。

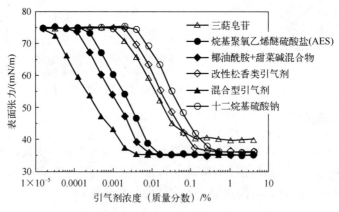

图 5.18 不同引气剂纯水溶液的表面张力曲线[9]

5.2.4.2 泡沫性能

引气剂在溶液中的起泡能力越强，通常在混凝土体系中的引气能力也越强，因此可以通过测试引气剂溶液的泡沫性能来评价引气剂的性能。一般采用搅拌或鼓泡产生泡沫的方式测试不同引气剂溶液的起泡高度以及泡沫高度随时间的变化。常用测试泡沫性能的仪器有罗氏

泡沫仪、动态泡沫分析仪等，图5.19给出了常用泡沫分析仪的测试原理。图5.20为泡沫高度和泡沫尺寸测试结果，一般地，泡沫高度越高，泡沫高度经时衰减越小，单位面积内气泡数量越多，气泡尺寸越小，则引气剂的引气与稳泡能力越强。另外，鼓泡法还可以给出泡沫照片，直观对比泡沫中气泡的细密程度，如图5.21所示。

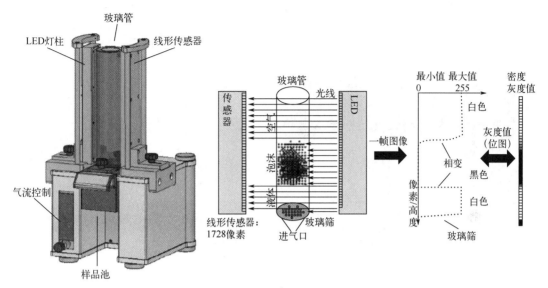

图5.19　常用泡沫分析仪测试原理图

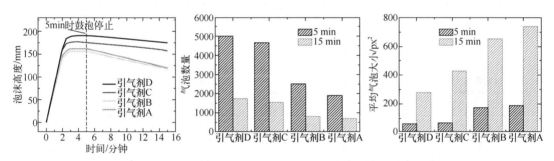

图5.20　鼓泡法测试引气剂泡沫高度及泡沫高度随时间的变化曲线[10]

（px指像素，可表示照片中气泡的相对尺寸）

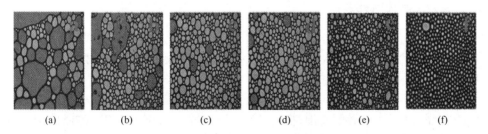

图5.21　不同引气剂溶液经鼓泡法产生的泡沫照片[11]

（a）椰油酰胺0.10mmol/L；（b）AES 0.10mmol/L；（c）AES 0.10mmol/L+椰油酰胺0.02mmol/L；（d）AES 0.10mmol/L+椰油酰胺0.04mmol/L；（e）AES 0.10mmol/L+椰油酰胺0.08mmol/L；（f）AES 0.10mmol/L+椰油酰胺0.10mmol/L

5.2.4.3　含气量

含气量是指混凝土拌合物中气体所占的体积分数，直接反映引气剂在混凝土中稳定气泡的能力。含气量测试采用含气量测试仪（图 5.22），按照 GB/T 50080—2016《普通混凝土拌合物性能试验方法标准》测试，其测定原理是根据气态方程，使保持一定压强的气室和装满混凝土拌合物的容器之间联通，根据平衡后气室的压强减少值计算混凝土中空气所占的百分比，即混凝土含气量。不同引气剂的混凝土含气量测试结果如表 5.4 所示。

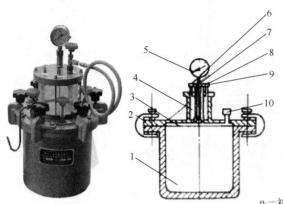

含气量测定原理

$$(p_0+0.1)V_0=n_1RT$$

$$p_0\Delta V=n_2RT$$

$$p(V_0+\Delta V)=(n_1+n_2)RT$$

$$\Delta V=\frac{p_0+0.1-p}{p-p_0}\ V_0=\frac{\Delta p}{0.1-\Delta p}V_0$$

$$A=\frac{\Delta V}{V}=\frac{\Delta p}{0.1-\Delta p}\times\frac{V_0}{V}\times100\%$$

p_0—初始大气压；p—平衡后压强；V_0—气室体积；V—容器体积；R—气体常数；T—温度；n_1—气室中气体的物质的量；n_2—混凝土中气体的物质的量；ΔV—混凝土中气体体积；Δp—平衡前后的压强变化；A—混凝土含气量

1—容器；2—盖体；3—水找平室；4—气室；
5—压力表；6—排气阀；7—操作阀；8—排水阀；
9—进气阀；10—加水阀

图 5.22　混凝土含气量测定仪及其原理

表 5.4　不同引气剂的混凝土含气量测试结果

引气剂种类	掺量/10^{-4}	新拌混凝土含气量/%	1h 后混凝土含气量/%
无引气剂	—	2.3	1.5
改性松香	0.55	5.0	4.0
十二烷基苯磺酸钠（LAS）	0.25	5.2	4.3
十二烷基硫酸钠（K12）	0.20	5.5	4.2
十二烷基聚氧乙烯醚磺酸钠（AES）	0.15	5.3	4.0

注：混凝土拌合测试参数依据 GB 8076—2008《混凝土外加剂》，含气量测定方法依据 GB/T 50080—2016《普通混凝土拌合物性能试验方法标准》，减水剂采用不含引气组分的聚羧酸减水剂，引气剂掺量均为相对于胶凝材料总量的折固掺量。

5.2.4.4　混凝土硬化气孔参数

混凝土硬化后，塑性阶段的气泡即转化为硬化阶段的气孔。硬化混凝土气孔参数主要包括平均气孔直径和气孔间距系数，其中平均气孔直径为混凝土中不同尺寸气孔的平均直径，气孔间距系数是指硬化混凝土中相邻气孔边缘之间距离的平均值。

一般采用图像法测试混凝土试片中的气孔，进行数据统计后得到平均气孔直径和气孔间距系数两项参数，测试方法参照美国材料实验协会（ASTM）的测试标准 ASTM C457—06《硬化混凝土中孔隙系统参数显微测定试验方法》，测试仪器见图 5.23。另外，硬化混凝土的气孔尺寸及分布还可以使用 X 射线断层扫描（CT）等方法进行测试。

混凝土的气孔间距系数同含气量之间的关系如图 5.24 所示，随着含气量的增加，气孔间距系数减小。含气量高于 3% 时，气孔间距系数下降至 300μm 以内并降幅减缓。相同的含气量可能对应不同的间距系数，在一定含气量时，气孔尺寸越小，气孔间距系数越小。采用高性能引气剂可以显著减小气泡尺寸，气孔间距系数可降至 150μm 以内。

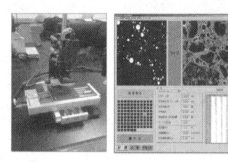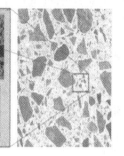

图 5.23　硬化混凝土气孔参数测试示意

新拌混凝土的气孔参数，除含气量外，气泡尺寸及分布也十分重要，但尚无简便通用的测试方法。有损检测方法如气泡排出测试法或光学显微镜法，测试中容易导致气泡的破坏和干扰。相比之下，采用 X 射线断层扫描（CT）可对流态样品中的气泡进行三维成像和数据统计，但此方法的测试样品体积较小，适用于测试流态砂浆。

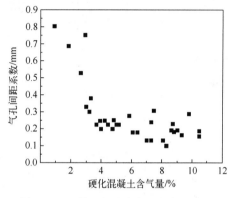

图 5.24　硬化混凝土含气量与气孔间距系数关系图[12]

5.2.4.5　混凝土工作性

在混凝土搅拌过程中，掺入微量引气剂，引入稳定的微细气泡在新拌混凝土中类似滚珠，可以增加新拌混凝土的流动性；由于气泡包裹于浆体中，相当于增加新拌混凝土浆体体积，提高混凝土和易性，有效减少新拌混凝土的泌水，避免离析。

5.2.4.6　混凝土力学性能

引气剂增加了混凝土中的气泡含量，降低混凝土抗压强度。含气量每增加 1%，混凝土抗压强度降低 4%～6%，抗折强度降低 2%～3%。但如果考虑到引气剂具有一定的减水作用，实际应用中，适量掺加引气剂可以降低拌合水用量，在一定含气量范围内混凝土强度基本不会降低。

5.2.4.7　混凝土耐久性

引气剂在混凝土拌合过程中引入的细小气泡，在硬化混凝土中可以缓解冻融过程中产生的冰胀压力和毛细孔水的渗透压力，从而提高其抗冻融能力。引气剂可以将硬化混凝土的平均气泡直径和气孔间距系数都降低至 200μm 以内，其抗冻性比不掺引气剂的硬化混凝土高1～6 倍。掺入不同引气剂后，相同含气量等级的硬化混凝土冻融循环次数与混凝土相对动弹性模量、质量损失率的关系如图 5.25 所示，不同化学结构的引气剂引入的气泡尺寸、气孔数量、气泡间距等均有差异，其对混凝土抗冻融能力的影响也不尽相同。

除冰盐引起的盐冻破坏已经成为寒冷地区路面和桥涵混凝土破坏的最主要因素。如图5.26（a）所示，引入一定的含气量可大幅提高混凝土抗盐冻剥蚀性能。如图 5.26（b）所示，随着含气量增加，盐冻剥蚀量明显减小；含气量 6%以上时，混凝土剥蚀量基本保持不变。如图 5.26（c）所示，随着气孔间距系数减小，混凝土盐冻剥蚀量迅速下降；当气孔间距系数为 180μm 以下时，混凝土盐冻剥蚀量缓慢减小。

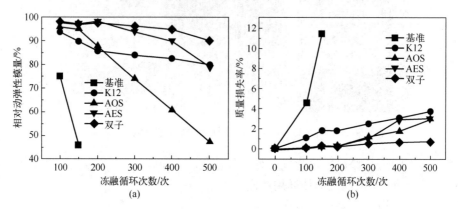

图 5.25　引气剂品种对混凝土抗冻性的影响[13]

（a）相对动弹性模量；（b）质量损失率

（"双子"指双子型表面活性剂）

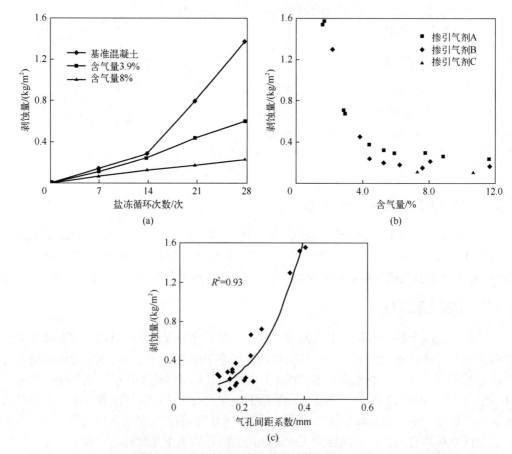

图 5.26　引气剂对混凝土抗盐冻特性的影响[14]

（a）含气量与混凝土盐冻剥蚀的关系；（b）掺不同品种引气剂的混凝土盐冻剥蚀量随含气量变化情况；

（c）气孔间距系数与混凝土盐冻剥蚀的关系

引气剂对混凝土渗透性的影响是有争议的[15]，有些学者认为引气剂会降低混凝土的渗透性，另外一些学者则认为没有任何影响。编者认为非连通气泡网络的存在降低了水在毛细系统中的迁移能力。出于同样的原因，引气混凝土的抗渗透性应优于相同水灰比非引气混凝土。

5.2.4.8 注意事项

引气剂可用于抗冻混凝土、抗渗混凝土、抗硫酸盐混凝土、贫混凝土、轻骨料混凝土、人工砂混凝土以及对饰面有要求的混凝土等，但不宜用于蒸养混凝土和预应力混凝土。引气剂还可用于改善新拌混凝土工作性，新拌混凝土含气量宜控制在3%～5%。

混凝土含气量的试验应采用工程实际使用的原材料和配合比，有抗冻融要求的混凝土含气量应根据混凝土抗冻等级和粗骨料最大公称粒径等经试验确定，但不宜超过表5.5规定的含气量。

表5.5 掺引气剂混凝土的含气量限值

粗骨料最大公称粒径/mm	10	15	20	25	40
混凝土含气量限值/%	7.0	6.0	5.5	5.0	4.5

资料来源：GB 50119—2013《混凝土外加剂应用技术规范》。
注：表中含气量，C50、C55混凝土可降低0.5%，C60及C60以上混凝土可降低1%，但不宜低于3.5%。

引气剂用量一般为混凝土中胶材用量的0.001%～0.01%，实际使用时宜以溶液形式使用。引气剂可与减水剂、早强剂、缓凝剂、防冻剂等混凝土外加剂复合使用。配制溶液时，如产生絮凝或沉淀等现象，应分别配制溶液，并应分别添加。

掺引气剂的混凝土宜采用机械搅拌，搅拌时间及搅拌量应通过试验确定，出料到浇筑的停放时间不宜过长；采用插入式振捣时，同一振捣点振捣时间不宜超过20s。施工时应严格控制混凝土的含气量，当原材料、配合比或施工条件变化时，应相应增减引气剂用量。

混凝土原材料中骨料的泥/石粉含量高、机制砂级配差、掺合料中碳含量高都会导致引气困难和气泡不稳定，这主要是由于黏土、石粉、含碳物质对引气剂分子的吸附导致引气剂失效。这种情况下一般优选在这些材料表面吸附作用弱的引气剂，也可以使用吸附牺牲剂同引气剂复合使用，降低引气剂在上述材料表面的无效吸附。高寒、高海拔地区环境气压低，混凝土引气困难，气泡不稳定，可采用引气剂、稳泡剂、黏度调节剂等多种功能组分复配提升作用效果。

5.3 阻锈剂

阻锈剂能抑制或减缓钢筋锈蚀，适用于受海洋、盐渍土等环境侵蚀的混凝土中钢筋的腐蚀防护与修复。阻锈剂的发展及应用主要经历两个阶段：第一阶段是从20世纪50年代开始研究并于70年代规模化应用的无机亚硝酸盐阻锈剂，在碱性环境中阻锈效果良好，但存在毒性大、潜在致癌性等问题，应用逐渐受到限制；第二阶段是20世纪80年代末期开始兴起的有机阻锈剂，具有环境友好、高效、安全等特点，且可以涂覆在混凝土表面使用。近年来，有机阻锈剂开始从内掺、自然迁移逐渐向电迁移和智能阻锈的方向发展，具有新型结构及功能特点的阻锈剂不断涌现。本节将从阻锈剂的分类、作用机理、性能与测试方法及应用技术等相关内容进行介绍。

5.3.1 定义与品种

阻锈剂是一种掺入混凝土内或涂覆钢筋混凝土表面，能抑制或减缓钢筋腐蚀的外加剂，按化学组成分为无机阻锈剂和有机阻锈剂；按应用方式分为内掺型和涂覆型；按作用效果分为单功能钢筋阻锈剂和多功能钢筋阻锈剂，其中单功能钢筋阻锈剂主要抑制氯盐对钢筋的锈蚀，多功能钢筋阻锈剂（防腐阻锈剂）除抑制氯盐对钢筋的锈蚀外，还可以抑制硫酸盐对混凝土的腐蚀。

5.3.1.1 无机阻锈剂

无机阻锈剂主要有亚硝酸盐、铬酸盐、钼酸盐、磷酸盐等种类。亚硝酸盐阻锈剂由于效果显著、成本低廉，是其主要品种。亚硝酸盐阻锈剂包括亚硝酸钠阻锈剂和亚硝酸钙阻锈剂，由于钠离子对混凝土耐久性能的负面影响，实际应用的多为亚硝酸钙类无机阻锈剂。其他类型无机阻锈剂由于成本高昂或对混凝土性能负面影响大，实际应用较少。

5.3.1.2 有机阻锈剂

相比无机阻锈剂，有机阻锈剂种类更多，常用有机阻锈剂按化学组成可分为胺基醇、芳基羧酸及其衍生物、氨基羧酸酯和苯并三氮唑类等。

（1）胺基醇类阻锈剂

胺基醇类一般由烷基胺与环氧衍生物通过烷基或烷氧基化反应制备而成，代表性结构式如图 5.27 所示。胺基醇具有较高的饱和蒸气压，容易气相渗透进入混凝土内部，大多作为迁移性阻锈剂的主要组分。

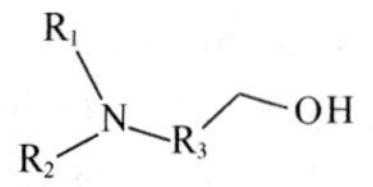

R_1—C_1～C_8烷基或环烷基；R_2—C_1～C_4烷基或烷氧醇；R_3—C_1～C_3烷基

图 5.27　胺基醇结构式

（2）芳基羧酸及其衍生物类阻锈剂

芳基羧酸及其衍生物一般为一元羧酸，代表性结构式如图 5.28 所示。此外，芳基羧酸还可以通过改性变成二元酸或三元酸。芳基羧酸一般不单独使用，多与胺基醇形成羧酸盐。

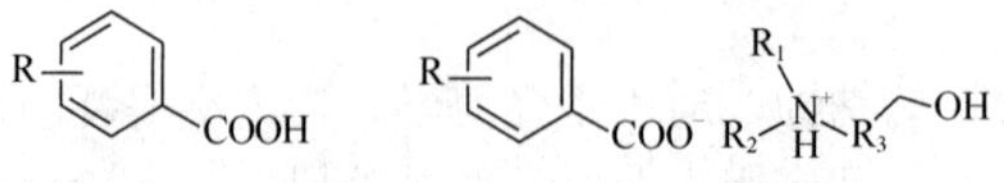

(a)　　　　　　　　　　　(b)

图 5.28　芳基羧酸（a）及其衍生物（b）

R—H、C_1～C_4烷基、硝基或羟基；R_1—C_1～C_8烷基或环烷基；R_2—C_1～C_4烷基或烷氧醇；R_3—C_1～C_3烷基

（3）氨基羧酸酯类阻锈剂

氨基羧酸酯（图 5.29）是多功能有机阻锈剂，一般通过长链氨基酸与醇或醇胺通过酯化

反应制备而成，多作为内掺型阻锈剂应用。该类阻锈剂在混凝土的碱性环境下能够水解释放出氨基酸和醇或醇胺，氨基酸能够与混凝土孔隙中钙离子等反应生成水不溶性颗粒，增强混凝土耐腐蚀性能，而醇或醇胺能够迁移至钢筋表面，并在钢筋表面形成吸附膜抑制钢筋锈蚀，具有混凝土基体防腐和钢筋阻锈的双重功能。

（4）苯并三氮唑类阻锈剂

苯并三氮唑及其衍生物（图 5.30）一般通过邻苯二胺及其衍生物与亚硝酸钠制备而成，是铜及其合金的有效缓蚀剂，在混凝土中苯并三氮唑也具有较好的抑制钢筋锈蚀的作用。

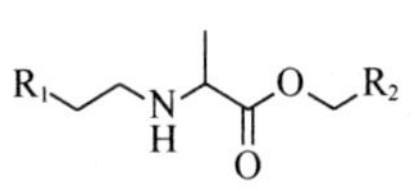

图 5.29　氨基羧酸酯
R₁—长链烷基；R₂—烷基或烷基胺

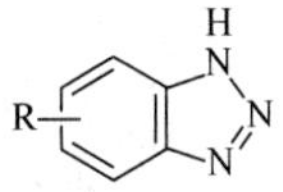

图 5.30　苯并三氮唑及其衍生物
R—H、C₁～C₈的烷基、硝基或羟基

5.3.1.3　新型阻锈剂

一些新型生物制剂、植物提取物（图 5.31）等也可以作为钢筋阻锈剂，其来源广泛、环境友好且对人体无毒，已成为钢筋阻锈领域关注的热点。

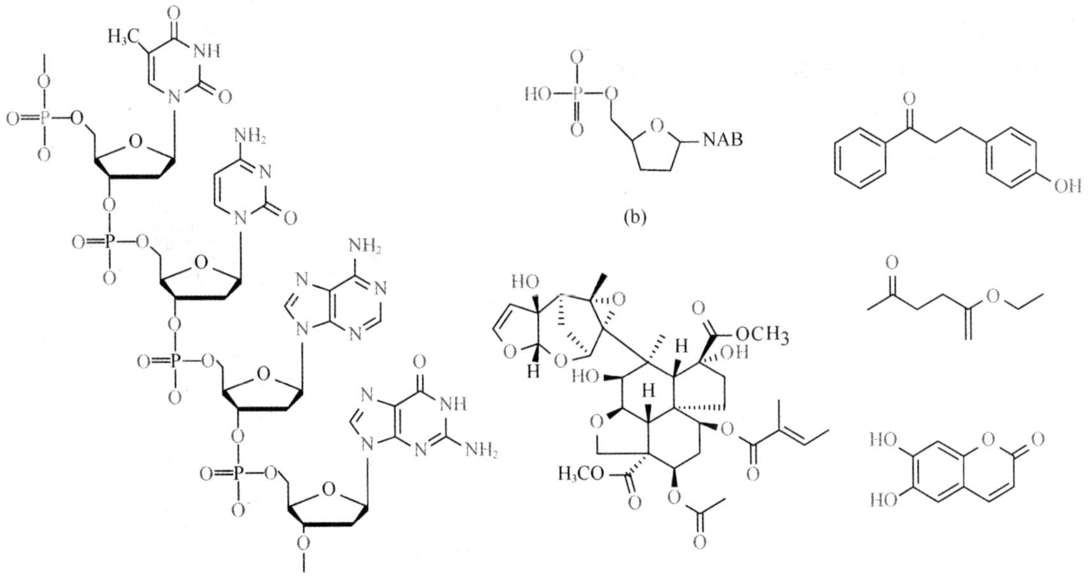

图 5.31　生物制剂与植物提取物

［（a）和（b）为寡核苷酸和脱氧核苷酸分子（NAB 指碱基）结构[16]，（c）和（d）为树叶提取物分子结构[17,18]］

此外，自身具有带电结构或者离子化后带电的有机物，如季铵盐、咪唑啉季铵盐、有机胍、咪唑离子液等也可以作为钢筋阻锈剂（图 5.32）。此类阻锈剂通过电场加速的方式快速向混凝土内部迁移，可以解决部分混凝土密实度较高或保护层较厚时涂覆型阻锈剂难以自然渗透到达钢筋表面的问题。该类阻锈剂还可以与电化学除盐或电化学再碱化等电化学修复技术联合应用，这是钢筋混凝土无损修复的有效手段。

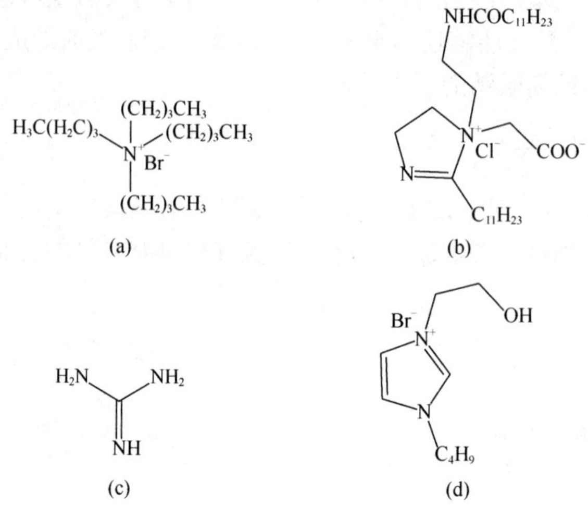

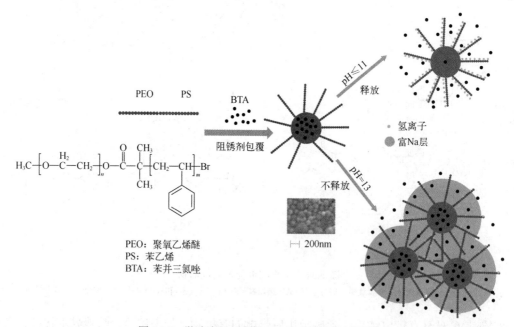

图 5.32　钢筋阻锈剂

　　为了提升阻锈剂的长期耐锈蚀性能，通过微胶囊包覆或多孔材料的负载调控阻锈剂的溶解释放行为，可以减少阻锈剂的溶出与耗散，提高阻锈剂的利用效率。例如，pH 敏感的微胶囊包覆有机阻锈剂就是一种核壳型钢筋阻锈材料（图 5.33）[19]。该微胶囊在强碱性环境下具有较好的稳定性，而在钢筋锈蚀诱发之后，局部锈蚀区域 pH 值下降，pH 值降低触发微胶囊内的阻锈剂释放，实现对钢筋锈蚀破坏的智能防护。

图 5.33　微胶囊阻锈剂的 pH 响应性释放过程[19]

5.3.2　作用机理

　　由于阻锈剂种类繁多，应用方式不同，其作用机制也各不相同。内掺应用时，一般只考虑其对钢筋锈蚀的影响，作用机理可分为阳极抑制机制、阴极抑制机制、吸附成膜机制。涂覆应用时，作用机理包括自然迁移和电迁移渗透机制。

5.3.2.1　阳极抑制机制

阳极抑制是指阻锈剂具有抑制腐蚀过程中阳极电化学反应的功能，一般通过在钢筋表面促进钝化膜形成来实现，亚硝酸盐、铬酸盐、钼酸盐等均属于阳极抑制型钢筋阻锈剂。以亚硝酸盐为例，其阻锈机理如式（5.3）和式（5.4）所示，NO_2^-、OH^- 和钢筋失去电子产生的 Fe^{2+} 反应，生成 Fe_2O_3 和 $\gamma\text{-}FeOOH$ 致密氧化物层，生成物能够有效抑制氯离子、O_2 等腐蚀性介质对钢筋基体的破坏，从而实现钢筋基体的腐蚀防护。

$$2Fe^{2+} + 2OH^- + 2NO_2^- \longrightarrow 2NO + Fe_2O_3 + H_2O \tag{5.3}$$

$$Fe^{2+} + OH^- + NO_2^- \longrightarrow NO + \gamma\text{-}FeOOH \tag{5.4}$$

通常，在混凝土强碱性环境下，钢筋表面钝化膜较为稳定。然而，当氯离子侵入钢筋表面并累积超过一定浓度时，钝化膜就会被氯离子溶解破坏，引发局部腐蚀。一般局部腐蚀区域为阳极区，未腐蚀的钝化膜为阴极区，亚硝酸盐通过浓度扩散的方式进入阳极区，与氯离子发生竞争反应，促进钝化膜生成，当钝化膜形成速率大于溶解速率时，可有效抑制钢筋腐蚀（图5.34）。

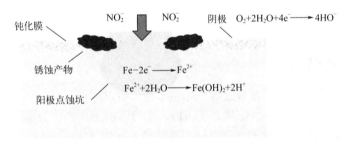

图 5.34　亚硝酸盐阳极抑制作用机制

5.3.2.2　阴极抑制机制

阴极抑制是指阻锈剂与混凝土孔溶液中的部分离子反应生成难溶性盐沉积或者直接吸附在电化学反应的阴极区域，阻止或减缓阴极得到电子，从而抑制钢筋腐蚀的阴极反应过程，磷酸盐、多羟基胺基醇等能在阴极区产生吸附的阻锈剂均属于此类。以单氟磷酸钠（Na_2PO_3F）为例，它可以与孔溶液中的 $Ca(OH)_2$ 反应生成 $Ca_5(PO_4)_3F$ ［式（5.5）］，覆盖在钢筋腐蚀电化学反应的阴极区域，使得溶解氧难以向钢筋表面扩散，降低了阴极反应速率。

$$5Ca(OH)_2 + 3Na_2PO_3F + 3H_2O \longrightarrow Ca_5(PO_4)_3F + 2NaF + 4NaOH + 6H_2O \tag{5.5}$$

5.3.2.3　吸附成膜机制

阻锈剂还可以通过在钢筋表面的阳极或阴极区形成吸附膜，抑制侵蚀性离子与钢筋基体接触，从而阻止钢筋锈蚀。大多数有机阻锈剂属于此类作用机制。有机阻锈剂通常包含电负性较大的 O、N、P 等杂原子为中心的极性基团，这些基团吸附在钢筋表面形成吸附膜，从而改变钢筋表面的双电层结构并提高铁原子离子化过程的活化能，阻碍腐蚀反应过程的电荷转移或物质转移，降低钢筋腐蚀速率。以胺基醇为例，其吸附成膜见图5.35。

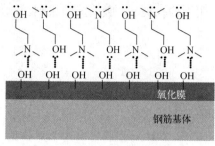

图 5.35 有机阻锈剂吸附成膜[20]

有机阻锈剂在钢筋表面的吸附形式包括物理吸附、化学吸附或 π 键吸附等。物理吸附来源于阻锈剂分子与钢筋表面电荷产生的静电引力和两者之间的范德瓦耳斯力，其中静电引力起重要作用。某些离子化的烷基胺基醇、有机羧酸通过物理吸附阻止钢筋锈蚀。阻锈剂分子极性基团中 N、O、P 等孤对电子易与铁原子存在的空 d 轨道进行杂化，形成配位键，从而发生化学吸附。化学吸附作用力较强，吸附后难以再脱附。此外，像芳基羧酸、苯并三氮唑等具有 π 电子和杂原子结构的化合物，通过 π 电子向钢筋表面的空 d 轨道提供电子而形成配位键，发生 π 键吸附。

5.3.2.4 自然迁移机制

涂覆型阻锈剂通过迁移渗透进入混凝土内部并到达钢筋表面形成吸附膜抑制钢筋锈蚀（图 5.36）。由于涂覆型阻锈剂自身具有较低的表面张力和较高的饱和蒸气压，它可以通过液相和气相扩散向混凝土内部迁移。迁移一般经过以下几个阶段。首先，利用混凝土的毛细作用，阻锈剂溶液快速吸入混凝土内部；然后，通过浓度梯度和气相扩散向混凝土内部迁移；阻锈剂分子到达钢筋表面后，再通过物理或化学吸附的方式在钢筋表面形成吸附膜，将钢筋与氧气、水分、二氧化碳、氯离子等腐蚀介质隔离，达到阻锈的效果。涂覆型阻锈剂一般适用于混凝土表面干燥部位，不适合水下区涂覆应用。

5.3.2.5 电迁移渗透机制

对于水下区或涂覆型阻锈剂难以迁移的结构部位，可以用电迁移阻锈剂进行锈蚀修复。以混凝土内部的钢筋作为阴极，外加阳极，在阴极和阳极间施加电场，带电的阻锈剂分子可以从混凝土表面迁移至钢筋表面，实现钢筋阻锈或锈蚀修复（图 5.37）。通电过程中电场强度、电流密度的控制较为重要，应根据钢筋的面积、混凝土密实性和保护层厚度等综合考虑确定。

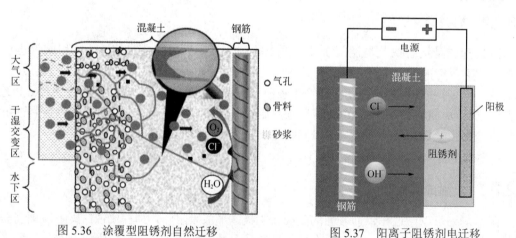

图 5.36 涂覆型阻锈剂自然迁移 　　　　　图 5.37 阳离子阻锈剂电迁移

5.3.3 性能与应用技术

阻锈剂主要功能是提升钢筋耐锈蚀性能，由于标准及测试方法不同，性能指标也各有不同，主要包括钢筋锈蚀面积百分率比、耐盐水浸渍性能、腐蚀电流密度和阻锈效率等。此外，内掺型阻锈剂还要求其对混凝土工作性和力学性能不能有太大的负面影响，涂覆型阻锈剂和电迁移阻锈剂还对迁移性能有特殊要求。

5.3.3.1 钢筋锈蚀面积百分率比

钢筋锈蚀面积百分率比是指在加速腐蚀条件下掺入阻锈剂的混凝土中钢筋的锈蚀面积百分率与基准混凝土中钢筋的锈蚀面积百分率之比。加速腐蚀试验方法通常有内掺氯盐浸烘循环法和干湿循环自然渗透法两种。

内掺氯盐浸烘循环法测试试件见图 5.38，混凝土成型过程中直接加入氯盐进行拌制，通过浸烘循环快速对比加入阻锈剂与未加阻锈剂混凝土中钢筋的锈蚀面积率差异，国内及日本标准均采用此方法。该方法特点是钢筋锈蚀加速，测试周期短，但存在与实际腐蚀过程差异较大的问题。

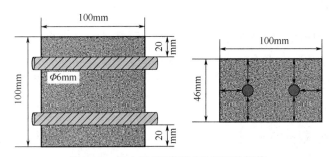

图 5.38　盐水浸烘循环试验用试件规格

干湿循环自然渗透法采用外置氯盐溶液，通过干湿循环加速氯盐渗透来评估钢筋的耐锈蚀性能。该方法与实际环境中钢筋锈蚀过程较为接近，但存在测试周期长、混凝土自身密实性差异影响钢筋阻锈性能等问题。美国标准 ASTM C1582M—11 采用该方法进行阻锈剂性能的评价。

上述两种测试方法对阻锈剂的性能指标要求有差异，内掺氯盐法要求钢筋锈蚀面积百分率比≤5%，而自然渗透法则要求钢筋锈蚀面积百分率比≤1/3。现有的无机阻锈剂和有机阻锈剂在合适掺量下均能满足上述性能指标要求，但无机阻锈剂掺量比略高于有机阻锈剂。

5.3.3.2 耐盐水浸渍性能

盐水浸渍试验是一种快速直观评价钢筋阻锈性能的测试方法，测试装置见图 5.39。将处理好的钢筋浸泡在加入阻锈剂的氯化钠溶液中，以钢筋的开路电位和腐蚀电流来评价阻锈剂效果。一周后，钢筋试件表面无锈蚀痕迹，玻璃瓶中无腐蚀锈迹，则认为满足要求。

5.3.3.3 腐蚀电流密度

腐蚀电流密度是指钢筋表面单位面积上发生腐蚀时产生的电流大小，该指标直接反映钢筋腐蚀速率的快慢。阻锈剂对钢筋腐蚀速率的影响一般通过在特定环境中测试钢筋的腐蚀电流密度大小随侵蚀时间的变化来评估，特定环境指氯离子侵蚀环境下的模拟混凝土孔隙液或钢筋混凝土结构。如图 5.40 所示，未加阻锈剂的基准钢筋在氯离子侵蚀下，钢筋的腐蚀电流密度随侵蚀时间延长逐渐增加，而加入阻锈剂后，钢筋的腐蚀电流密度显著降低，这表明阻锈剂对钢筋的腐蚀有较好的抑制效果。

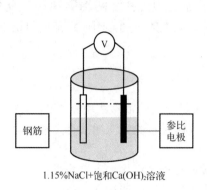

图 5.39 盐水浸渍试验

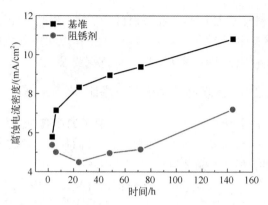

图 5.40 3.5% NaCl 的模拟混凝土孔隙液中钢筋腐蚀
电流密度随侵蚀时间变化规律

5.3.3.4 阻锈效率

阻锈剂性能，一般用阻锈效率作为评价指标。阻锈效率是指空白钢筋的腐蚀速率与添加阻锈剂后钢筋的腐蚀速率之差占空白钢筋的腐蚀速率的百分比。不同钢筋的腐蚀速率测试方法得出的阻锈效率略有差异，代表性测试方法包括动电位极化法和腐蚀失重法。

（1）动电位极化法

动电位极化法是电化学测试方法的一种，主要通过给钢筋电极施加一定区间的电位，通过动电位极化产生的电流响应，获得钢筋动电位极化曲线（图 5.41），再通过拟合计算得到阻

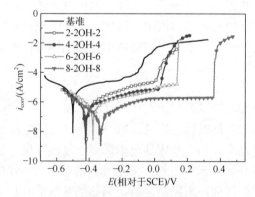

图 5.41 不同结构胺基醇阻锈剂对钢筋动电位极化曲线影响[21]

锈剂的阻锈效率。该方法能够快速地对比不同结构阻锈剂对钢筋腐蚀电化学参数的影响，如腐蚀电位、点蚀电位、腐蚀电流密度和阻锈效率等（表 5.6）。腐蚀电位和点蚀电位越正，钢筋的耐腐蚀性能越好；而腐蚀电流密度越小，钢筋的腐蚀速率越低，阻锈剂的阻锈效率就越高。

表 5.6　不同结构有机阻锈剂对钢筋的阻锈效率影响

项目	腐蚀电位/mV	点蚀电位/mV	腐蚀电流密度/（μA/cm²）	阻锈效率/%
基准	−501	−112	1.12	—
2-2OH-2	−419	−5	0.12	89.3
4-2OH-4	−422	34	0.10	91.1
6-2OH-6	−378	138	0.016	98.6
8-2OH-8	−329	359	0.006	99.4

（2）腐蚀失重法

腐蚀失重法是通过钢筋在空白和添加阻锈剂的模拟混凝土孔溶液中浸泡后的失重对比评价阻锈剂的阻锈性能。这种方法可以多组同时进行，但误差较大，无法探讨阻锈机理。表 5.7 表明，醇胺类阻锈剂可以有效降低钢筋的腐蚀速率，随着溶液中阻锈剂浓度提高，其阻锈效率逐渐上升。

表 5.7　由腐蚀失重法测得的不同浓度醇胺类阻锈剂 MIB 溶液中钢筋的腐蚀速率[22]

浓度/%	腐蚀速率×10⁴/[g/(m²·h)]	阻锈效率/%	浓度/%	腐蚀速率×10⁴/[g/(m²·h)]	阻锈效率/%
0	7.67	—	3.5	1.34	82.5
2.5	1.91	75.1	4.5	1.14	85.1

5.3.3.5　迁移性能

阻锈剂除内掺使用达到钢筋阻锈性能外，涂覆型或电迁移型应用时还需要考虑阻锈剂的自然迁移和电场加速迁移性能。

（1）自然迁移性能

自然迁移是涂覆型阻锈剂的主要性能之一，通过涂覆阻锈剂后不同时间和不同深度处单位质量混凝土中阻锈剂含量来表征。阻锈剂的自然扩散需要一定的时间，时间越长阻锈剂迁移渗透深度越深，钢筋表面阻锈剂累积浓度越高。然而阻锈剂的自然迁移能力还与混凝土的致密程度有关，为了调节阻锈剂的迁移性能，有时还复合渗透剂进一步增强阻锈剂的渗透能力。按阻锈剂应用技术规程要求，自然迁移型阻锈剂的渗透深度须满足≥50mm。

（2）电场加速迁移性能

电场加速迁移性能是电迁移阻锈剂的主要性能指标之一，电场加速迁移快慢受电场强度、阻锈剂分子结构、通电时间以及混凝土自身密实程度影响。图 5.42 表明，电化学迁移处理后咪唑啉季铵盐到达钢筋表面并富集。对于长龄期混凝土，由于其密实程度增加，阻锈剂的迁移性能受到一定程度影响。

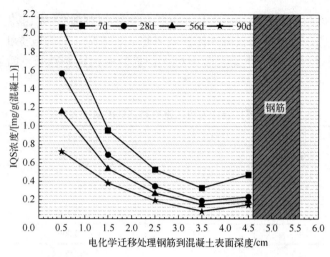

图 5.42　电迁移咪唑啉季铵盐（IQS）在不同龄期混凝土内的浓度分布[23]

除上述性能外，阻锈剂还应满足 GB/T 31296—2014《混凝土防腐阻锈剂》、JT/T 537—2018《钢筋混凝土阻锈剂》等现行标准中的指标要求。不同标准中的阻锈剂技术性能指标存在差异，见表 5.8 和表 5.9。

表 5.8　GB/T 31296—2014《混凝土防腐阻锈剂》中混凝土技术性能指标

序号	试验项目		性能指标		
			A 型	B 型	AB 型
1	泌水率/%		≤100		
2	凝结时间差/min	初凝	−90～+120		
		终凝			
3	抗压强度比/%	3d	≥90		
		7d	≥90		
		28d	≥100		
4	收缩率比/%		≤110		
5	氯离子渗透系数比/%		≤85	≤100	≤85
6	硫酸盐侵蚀系数比/%		≥115	≥100	≥115
7	腐蚀电量比/%		≤80	≤50	≤50

5.3.3.6　注意事项

阻锈剂主要提升严酷服役环境下钢筋的抗锈蚀性能，延长混凝土服役寿命，其效果与阻锈剂品种和掺量紧密相关。实际工程中，内掺型钢筋阻锈剂的用量取决于设计服役年限内混凝土中钢筋表面的氯离子浓度。GB/T 33803—2017《钢筋混凝土阻锈剂耐蚀应用技术规范》规定，在设计寿命期内进入混凝土中钢筋表面的氯离子量无法确定时，采用单功能型、有机型钢筋阻锈剂宜满足表 5.10 的推荐掺量，其他根据环境腐蚀性等级经试验确定阻锈剂掺量。在能够确定钢筋表面氯离子含量时，若采用亚硝酸盐类阻锈剂，亚硝酸根离子与钢筋表面氯离子的摩尔比应小于 0.6。其他类阻锈剂根据生产厂家推荐量并经试验确定掺量。

表 5.9 JT/T 537—2018《钢筋混凝土阻锈剂》中的技术性能要求

序号	项目		I 型	II 型	III 型
1	细度		粉剂型阻锈剂, 0.315mm 筛余应小于 15%		
2	钢筋的耐盐水浸渍性能		无腐蚀	无腐蚀	无腐蚀
3	盐水干湿循环环境中钢筋锈蚀面积百分率比		≤45%	≤30%	≤25%
4	钢筋在砂浆中的耐锈蚀性能		无腐蚀	—	—
5	混凝土凝结时间差/min	初凝	−60～+120		—
		终凝			—
6	混凝土抗压强度比	7d	≥95%		—
		28d			
7	混凝土抗渗性		抗渗等级不降低		—
8	盐水浸烘环境下混凝土中钢筋的锈蚀面积百分率比		<5%		—
9	混凝土氯离子迁移系数比		≤100%		
10	混凝土渗透深度/mm		—		≥50

注:"—"表示提前,"+"表示延后。

表 5.10 钢筋阻锈剂推荐掺量

环境分类	环境条件		阻锈剂掺量/（kg/m³）
II	水下区		4～10
	大气区	轻度盐雾区①	4～10
		重度盐雾区②	6～15
	潮汐区或浪溅区	非炎热地区	10～20
		炎热潮湿地区③	15～30
	土中区	非干湿交替	4～10
		干湿交替	6～15
III	工业（氯化物）环境		6～15
IV	海洋工业（氯化物）环境		6～15
V	岩土环境		6～15
VI	较低氯离子浓度④		4～10
	较高氯离子浓度		6～15
	高氯离子浓度，或干湿交替引起氯离子累积		10～20

① 指离平均水位上方 15m 以上的海上大气区，离涨潮岸线 100m 外至 300m 内的陆上室外环境。
② 指离平均水位上方 15m 以内的海上大气区，离涨潮岸线 100m 内的陆上室外环境。
③ 炎热地区年平均温度高于 20℃。
④ 反复冻融环境、经常进行除冰盐作业按较高氯离子浓度处理。

　　目前，内掺型钢筋阻锈剂应用较多，而电迁移型阻锈剂应用较少。T/CECS 565—2018《混凝土结构耐久性电化学技术规程》对电迁移阻锈剂的种类、系统组成、技术的适用环境、相关参数等进行了明确规定（表 5.11）。该技术规程的制定推进了电迁移型阻锈剂在我国实际工程中的应用。

　　在使用钢筋阻锈剂时应密切关注阻锈剂对混凝土性能的影响，特别是相关标准和规程中规定的混凝土力学性能、抗渗性、工作性能和凝结时间等。

表 5.11　双向电迁移技术参数

项目	双向电迁移技术参数
通电时间/d	15～30
电流密度 i/（mA/m²）	1000≤i≤3000（普通混凝土） 1000≤i≤2000（预应力混凝土结构）
通电电压 U/V	U≤50
阳极溶液	阳离子型阻锈剂溶液
确认效果的方法	测定混凝土的氯离子含量、钢筋电位和阻锈剂浓度
确认效果的时间	通电结束后

此外，使用粉剂型阻锈剂时应适当延长混凝土拌合时间，确保混凝土拌合物的均匀性。掺钢筋阻锈剂的同时应适量减少拌合水用量，并按照一般混凝土生产过程的要求严格施工，充分振捣，确保混凝土密实性。对一些需作重点支护的工程结构，可将 5%～10% 的钢筋阻锈剂溶液涂在钢筋表面，然后用含钢筋阻锈剂的混凝土进行施工。

钢筋阻锈剂用于建筑物修复时，应剔除已被腐蚀、污染或中性化的混凝土层，并应清除钢筋表面锈蚀物后进行修复。根据腐蚀破坏程度不同，可以在钢筋表面直接涂覆阻锈剂或将其掺入混凝土中进行建筑物修复。

阻锈剂不宜在酸性环境中使用；亚硝酸盐阻锈剂不适合在饮用水系统的钢筋混凝土工程中使用，以免发生亚硝酸盐中毒。

阻锈剂一般具有一定的毒性或腐蚀性，施工中不得用手触摸，也不得用阻锈剂溶液洗刷衣物、器具。

阻锈剂储存运输过程中应避免混杂放置，严禁明火，远离易燃易爆物品，防止烈日直晒，保持干燥，避免受潮吸潮，严禁漏淋和浸水。

5.4　侵蚀抑制剂

侵蚀抑制剂是一种新型混凝土耐久性提升类外加剂，具有较强的毛细孔疏水和孔隙堵塞性能，能够有效抑制氯盐、硫酸盐等侵蚀性介质在混凝土中的传输，对混凝土的化学腐蚀具有显著的抑制效果。侵蚀抑制剂在增强混凝土毛细孔疏水性能的同时对混凝土的力学性能影响小，可用于海洋、盐渍土等腐蚀环境下重要基础工程钢筋混凝土。

5.4.1　定义与品种

侵蚀抑制剂是掺入水泥混凝土中，抑制环境中侵蚀性介质向混凝土内部传输，并提升混凝土结构抗侵蚀能力的外加剂。按化学成分，侵蚀抑制剂分为有机羧酸盐、有机硅乳液和有机-无机纳米杂化材料三类。按照作用机制不同，侵蚀抑制剂分两类：一类只提升非饱水状态下混凝土的抗侵蚀性能；另一类可以同时提升饱水和非饱水状态下混凝土抗侵蚀性能。

5.4.1.1　有机羧酸盐

有机羧酸盐主要为长链烷基羧酸盐，加入混凝土后参与水泥的水化反应，生成具有疏水和抗介质渗透性的金属皂盐。有机羧酸盐具有较强的表面活性，直接掺入会产生大量气泡，降低混凝土强度，往往与其他功能助剂复合使用。该类侵蚀抑制剂在非饱水状态下能够较好地抑制水分和离子的传输，但在有水压的情况下效果不显著。

5.4.1.2　有机硅乳液

有机硅乳液在水泥水化过程中参与反应并在混凝土孔隙内壁形成疏水性膜层，抑制侵蚀性介质向混凝土内部传输，提升混凝土耐久性。该类侵蚀抑制剂在非饱水状态下对混凝土孔隙内壁的疏水性改善较为明显，饱水状态下对抗离子扩散性能影响甚微。

5.4.1.3　有机-无机纳米杂化材料

有机-无机纳米杂化材料是疏水脂肪酸盐或有机硅乳液与无机纳米材料复合形成的新型侵蚀抑制剂，其不仅能够改善混凝土的孔隙疏水性，还可以增强混凝土的密实性，因而能有效抑制饱水或非饱水条件下侵蚀性介质在混凝土内部的传输与富集。

5.4.2　作用机理

侵蚀抑制剂提升混凝土耐久性主要通过两方面作用：一是增强混凝土的毛细孔疏水性能；二是提升混凝土基体的密实性。通过两者协同提升混凝土的抗介质传输性能。

5.4.2.1　毛细孔疏水机制

混凝土由多种不同尺度的孔隙组成，其中毛细孔由于存在较大的孔隙负压，会加速水分、离子等侵蚀性介质在混凝土的传输。毛细孔疏水化是改善混凝土多孔结构在非饱水状态下抗介质渗透的主要技术手段。侵蚀抑制剂在混凝土拌合过程中加入，在水泥水化过程中参与反应生成疏水性颗粒，或通过疏水性基团吸附在混凝土孔隙内壁，改善毛细孔疏水性能。有机硅乳液属于这类作用机制，有机硅氧键可与混凝土孔隙内壁形成化学键，其疏水性基团抑制水分、氯离子、硫酸根离子等在混凝土孔隙中的传输。脂肪酸盐也是类似的作用机制，它通过羧基与混凝土孔隙表面作用，疏水链段使孔隙界面疏水化，从而抑制侵蚀介质在混凝土孔隙中的传输（图 5.43）。此外，脂肪酸盐还可以与钠、钙等碱/碱土金属离子反应生成疏水化合物，抑制水分及侵蚀性离子在混凝土中的传输。

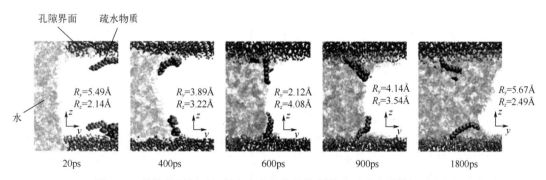

图 5.43　侵蚀抑制剂对混凝土中水分传输抑制的分子动力学模拟过程[24]

（1Å=0.1nm）

5.4.2.2　孔隙堵塞机制

孔隙堵塞是提升混凝土抗介质渗透的另一重要机制，一般能够填充混凝土孔隙的有无机纳米材料或参与水泥水化生成的微纳米疏水颗粒。有机-无机纳米杂化材料属于这种机制，它在水泥水化过程中能够响应性释放疏水基团和纳米颗粒。疏水性基团与水泥水化产生的 Ca^{2+} 等金属离子反应生成疏水性脂肪酸盐颗粒，与无机纳米颗粒一起沉积于孔隙内或附着于孔隙内壁堵塞孔隙（图 5.44）。混凝土孔隙堵塞和孔隙内壁疏水性改善显著提高了孔隙密实度与毛细孔疏水性能，抑制饱水或非饱水状态下水分、离子的渗透。

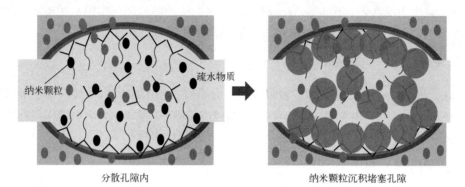

分散孔隙内 　　　　　　　　　　　　　纳米颗粒沉积堵塞孔隙

图 5.44　混凝土侵蚀抑制剂的作用机制[25]

5.4.3　性能与应用技术

混凝土侵蚀抑制剂主要性能评价指标有毛细孔疏水性能、抗氯离子渗透性能和抗硫酸盐侵蚀性能等。

5.4.3.1　毛细孔疏水性能

毛细孔疏水性能常被用于评价混凝土的抗介质渗透性能。如图 5.45 所示，未掺侵蚀抑制剂的混凝土吸水率随着浸泡时间延长增加显著，一定时间后相对稳定。掺入侵蚀抑制剂，混凝土吸水率显著降低，且随着其掺量增加降低幅度提高。

5.4.3.2　抗氯离子渗透性能

抗氯离子渗透性能通常用两种方法进行表征。一种是通过自然渗透进行混凝土中氯离子抗渗透性能测试，该方法测试周期长，但更接近工程实际；另一种是饱水状态下通过电场加速氯离子迁移的方式进行氯离子迁移系数测试（RCM 法），RCM 法测试周期短，但与工程中氯离子扩散行为相差较大。不同测试方法测得的侵蚀抑制剂的抗氯离子渗透性能也各不相同。图 5.46 表明，侵蚀抑制剂能够有效抑制自然浸泡条件下混凝土中氯离子的渗透，且随着侵蚀抑制剂掺量增加，抑制作用提高。

然而，在饱水状态下，单纯通过孔隙疏水难以降低混凝土中氯离子的渗透性能。对比有机硅乳液和有机-无机纳米杂化材料对氯离子电迁移系数的影响，饱水状态下，有机硅乳液（仅具有疏水修饰作用）不能降低混凝土中氯离子电迁移系数，而有机-无机纳米杂化材料（具有疏水修饰及孔隙堵塞作用）可以显著降低氯离子的迁移系数（图 5.47）。

5.4.3.3　抗硫酸盐侵蚀性能

混凝土抗硫酸盐侵蚀性能是表征混凝土在硫酸盐环境下耐腐蚀性能的关键指标，按照 GB/T 50082—2024《混凝土长期性能和耐久性能试验方法标准》中规定的硫酸盐干湿循环法进行测试，通过硫酸盐腐蚀后混凝土抗压强度的损失判断性能优劣。图5.48表明，经过硫酸盐干湿循环后，混凝土出现腐蚀失重，掺入混凝土侵蚀抑制剂后，混凝土腐蚀失重随侵蚀抑制剂掺量增加而降低，耐蚀系数随掺量增加而增加，抗硫酸盐腐蚀性能逐渐增强。

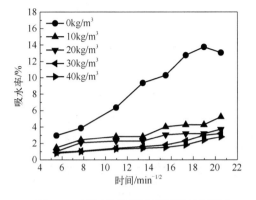

图5.45　不同掺量侵蚀抑制剂对混凝土
吸水率影响[26]

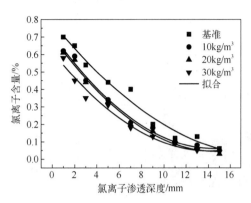

图5.46　自然浸泡条件下侵蚀抑制剂对
混凝土氯离子渗透性能影响

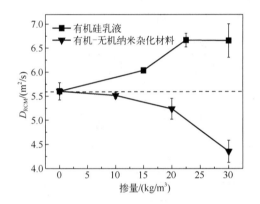

图5.47　饱水状态下不同掺量侵蚀抑制剂对氯
离子电迁移系数的影响

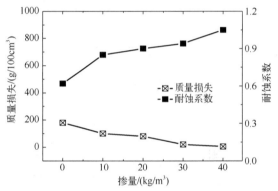

图5.48　不同掺量侵蚀抑制剂对抗硫酸盐
腐蚀性能影响

在半浸泡条件下，混凝土中毛细吸水和水分蒸发带动水分渗透和离子富集，而侵蚀抑制剂能够很好地抑制这一过程。图5.49表明，无论是在单纯硫酸盐还是氯盐与硫酸盐耦合腐蚀环境下，侵蚀抑制剂均明显降低了腐蚀性离子在混凝土中的渗透。

侵蚀抑制剂适用于跨海桥梁、港口、核电站等工程，用于受氯盐、硫酸盐等侵蚀的钢筋混凝土结构腐蚀防护，尤其适用于受干湿交替等侵蚀性介质快速传输的结构部位。按 JC/T 2553—2019《混凝土抗侵蚀抑制剂》（除标准名称外，为避免歧义，本书正文全部使用"侵蚀抑制剂"，与此处"抗侵蚀抑制剂"含义相同）的规定，侵蚀抑制剂根据吸水率、氯离子渗透系数比、120 次干湿循环抗压耐蚀系数以及收缩率比等不同分成Ⅰ型和Ⅱ型，其中Ⅱ型指标要求更高，主要技术指标见表5.12。

5.4.3.4　注意事项

侵蚀抑制剂一般推荐掺量为 20～30kg/m³，应用时等量扣除混凝土用水量，实际应用掺量可根据混凝土配合比、原材料以及性能指标要求不同略作调整。根据环境作用等级和工程服役寿命需求的不同，侵蚀抑制剂种类选择也略有差异。Ⅰ型适用于氯化物环境作用等级为Ⅲ-D、Ⅲ-E、Ⅳ-C以及硫酸盐作用等级Ⅴ-C的钢筋混凝土结构；Ⅱ型适用于Ⅲ-E、Ⅲ-F、Ⅳ-D、Ⅳ-E以及硫酸盐环境作用等级Ⅴ-D、Ⅴ-E的钢筋混凝土结构。

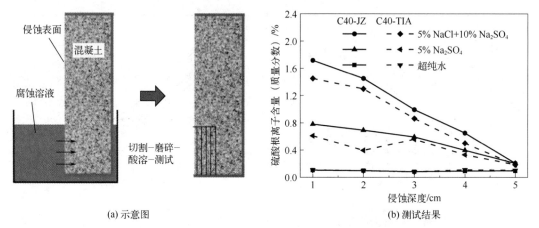

(a) 示意图　　　　　　　　　　　　　(b) 测试结果

图 5.49　半浸泡条件下水下区不同侵蚀深度硫酸根含量

（JZ 为未掺侵蚀抑制剂，TIA 为掺入侵蚀抑制剂）[27]

表 5.12　受检混凝土的性能指标

检验项目		Ⅰ型	Ⅱ型
凝结时间之差/min	初凝	≥−90①	
泌水率比/%		≤100	
抗压强度比/%	3d	≥70	≥75
	28d	≥85	≥90
吸水率/%	30min	≤1.20	≤0.85
氯离子渗透系数比/%		≤100	≤85
120 次干湿循环硫酸盐抗压耐蚀系数		≥0.75	≥0.90
收缩率比/%		≤110	≤100
盐水浸烘环境中钢筋腐蚀面积百分率减少/%		≥50	≥75

①凝结时间"−"表示提前。

对于氯盐或硫酸盐腐蚀环境下的混凝土，可掺入侵蚀抑制剂进行腐蚀防护，应用时混凝土水胶比不宜高于 0.4，混凝土强度等级不宜低于 C40，可适当掺入粉煤灰或矿粉等矿物掺合料以提高混凝土密实度，建议胶材用量不低于 380kg/m³，特殊工程需要对混凝土配比进行针对性设计。

侵蚀抑制剂大多具有较强的表面活性，应用时根据混凝土引气或消泡需求选择，避免强引气或强消泡型侵蚀抑制剂导致混凝土力学性能降低或含气量不足等问题。

侵蚀抑制剂在混凝土中均匀分散是发挥其效果的关键。加入侵蚀抑制剂的混凝土搅拌时间应比普通混凝土延长 1~2min，且根据实际工程应用需求，建议入模坍落度控制在 180~200mm，扩展度在 450~520mm，浇筑成型过程中尽量保证混凝土的均匀性，避免过度振捣导致混凝土出现泌水、泌浆、分层、离析等问题。

掺侵蚀抑制剂混凝土成型后良好的养护质量是提升混凝土抗侵蚀性能的关键。混凝土需要充分的湿养护才能保障其耐腐蚀效果和力学性能发展，一般工程湿养护时间要求至少 7d，特殊工程养护建议不少于14d。

有机-无机纳米杂化材料类侵蚀抑制剂宜存放在干燥、通风、阴凉的室内，适宜温度为5～40℃，避免室外暴晒或冷冻造成有机-无机纳米杂化材料团聚或凝胶。

5.5 防水剂

防水剂是一种能降低砂浆、混凝土吸水性和透水性的外加剂，在砂浆或混凝土拌合过程中加入，减少混凝土吸水量、增强抗水渗透性能。掺加防水剂后，孔隙通道中的水分蒸发被抑制并保留在混凝土中，该部分水分可进一步与未水化的水泥反应，部分或全部填充原始孔隙通道改善混凝土的孔隙结构（图5.50）[28]。

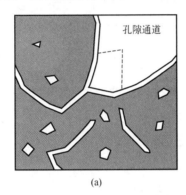 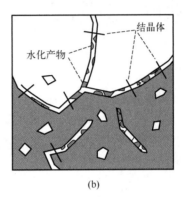

图5.50　普通混凝土（a）与掺防水剂混凝土（b）孔结构对比示意图

5.5.1　品种与作用机理

防水剂按化学成分分为无机化合物类和有机化合物类，品种包括无机防水剂、有机硅防水剂、脂肪酸类防水剂、水泥基渗透结晶型防水剂和乳液类防水剂等。

5.5.1.1　无机防水剂

无机防水剂主要包括氯盐、硅酸盐和铝盐。以氯化铁为例，其作用机理为：一方面可与水泥熟料中的铝酸三钙形成水化氯铝酸钙结晶，增加水泥石的密实性；另一方面可与氢氧根反应生成氢氧化铁胶体，并进一步与水化生成的氢氧化钙作用生成水化铁酸钙，阻塞和切断毛细管通道。所以它不仅提高混凝土抗渗性能，还提高其强度和抗冻性。

5.5.1.2　有机硅防水剂

有机硅防水剂具有较好的疏水性、抗酸、抗盐、防菌、抗碱、透气性和保色性，且对环境无害，被广泛应用于无机建筑材料（混凝土、石材、石膏等）、纤维建筑材料（石棉、石英纤维、陶瓷纤维、塑料纤维等）以及高分散无机物（如珍珠岩、硅石及热绝缘材料等）基层的憎水处理。有机硅防水剂种类繁多，其活性成分主要包括甲基硅醇盐、烷基烷氧基硅烷和硅氧烷低聚物等。

（1）甲基硅醇盐

甲基硅醇盐是较早应用的有机硅防水剂，易被弱酸分解，在空气中CO_2和水的作用下，生成网状甲基硅酸树脂憎水膜，堵塞水泥砂浆内部的毛细孔道，提高抗渗能力。图5.51为甲基硅醇盐的结构式。实际使用中需根据性能需求配合其他组分。

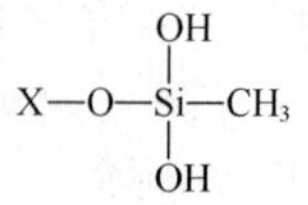

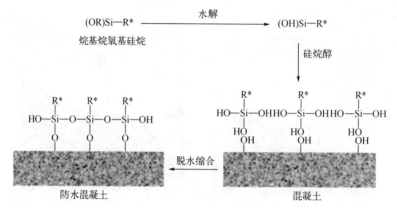

图5.51　甲基硅醇盐结构式

（2）烷基烷氧基硅烷

烷基烷氧基硅烷是另一类典型的有机硅防水剂，其分子结构及作用机制如图5.52所示。烷基烷氧基硅烷的活性基团首先发生水解生成硅醇结构，随后与硅酸盐发生缩合反应，生成具有很小表面张力的疏水网状分子薄膜，均匀地分布在无机硅酸盐基材的孔隙表面上，实现疏水。

图5.52　烷基烷氧基硅烷防水机理

R—甲基或乙基；R*—长链的烷基或芳基

（3）硅氧烷低聚物

硅氧烷低聚物（图5.53）一般由硅氧烷缩合而成，具有一定的反应活性，且主链结构与无机硅酸盐结构相似，因此与无机硅酸盐材料如混凝土、砂浆、石材、陶瓷、砖、瓦等之间存在较强的化学亲和力，可以改变这些无机硅酸盐材料的表面特性。硅氧烷低聚物兼顾了无机材料和有机树脂的双重特性，具有优异的耐热性、耐寒性、耐候性和憎水性。该类防水剂作用机制与烷基烷氧基硅烷作用机制相同。

5.5.1.3　脂肪酸类防水剂

脂肪酸类防水剂主要有两类：一类是反应型，分子结构中含有羧基（图5.54），可以和水泥浆体中的 $Ca(OH)_2$ 发生反应，生成不溶性盐，填塞浆体内部的微裂缝和毛细孔隙，增强水泥砂浆的抗渗性，但该类防水剂在长期浸水状态下有效组分易被水浸出，降低防水效果；另一类是非反应型，大多为脂肪酸与碱反应生成的脂肪酸盐，如硬脂酸钙、硬脂酸锌、硬脂酸铝等，该类防水剂不参与水泥水化反应，但影响水化产物间的黏结，掺量较高时影响混凝土的力学性能。

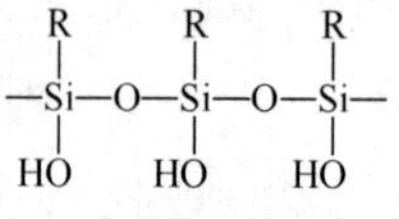

图5.53　硅氧烷低聚物结构式

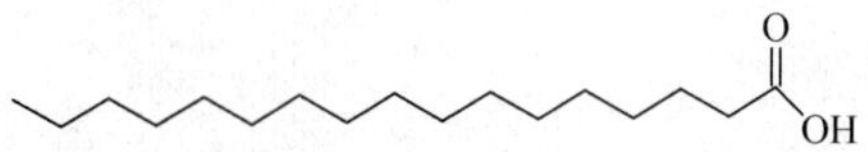

R—甲基或乙基

图5.54　脂肪酸类防水剂分子结构式

5.5.1.4　水泥基渗透结晶型防水剂

水泥基渗透结晶型防水剂是以硅酸盐水泥和活性化学物质为主要原材料制成的粉状材料。掺入混凝土拌合物后,在一定的养护条件下,水溶性的活性化学物质以水为载体,通过表面张力作用和浓度差发生渗透,在混凝土的微孔及毛细孔中传输,填充并促使混凝土中未完全水化的水泥颗粒继续发生水化作用,形成不溶的结晶体复合物,填塞毛细通道实现防水。

5.5.1.5　乳液类防水剂

乳液类防水剂主要包括乳化石蜡、乳化沥青、乳化橡胶和树脂类乳液等。此类防水剂能够在混凝土孔隙内壁形成疏水性薄膜或高分子膜层,使内部孔洞结构和孔隙表面憎水,显著提升混凝土的抗冲击性、延伸性和抗渗性。由于该类防水剂对水泥水化的负面影响较大,其一般仅用于力学性能要求不高的防水砂浆、泡沫混凝土中。其掺量较高时制成的聚合物砂浆或聚合物混凝土,主要应用于混凝土路面和机场跑道面层、工业建筑的防水。

5.5.2　性能与应用技术

5.5.2.1　防水剂性能

防水剂主要用于砂浆或混凝土的抗水渗透性提升,包括无水压和有水压作用两种情况。在无水压作用下,可通过水分浸润性和吸水率表征,其中浸润性可通过接触角评估,吸水率可根据 GB/T 50082—2024《混凝土长期性能和耐久性能试验方法标准》测定。图 5.55(a)～(d)对比了普通砂浆和掺入防水剂后砂浆表面及内部的水分浸润性。防水剂显著增加了砂浆表面及内部的接触角,降低了水分浸润性,从而增大了水分在砂浆表面及内部的传输阻力。图 5.55(e)展示了两种渗透结晶防水剂(LLH、IOC)对混凝土吸水率的影响,随防水剂掺量增加,吸水率不断降低。

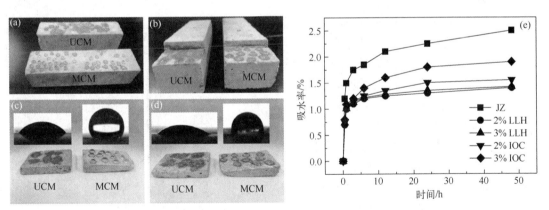

图 5.55　普通砂浆(UCM)和防水砂浆(MCM)抗水渗透性

[(a)砂浆表面[29];(b)新暴露表面[29];(c)外表面[29];(d)内表面[29];(e)渗透结晶防水剂对混凝土吸水率影响[30]]
(JZ 为不掺加任何渗透结晶型防水剂的基准混凝土)

在水压作用下,水分可侵入砂浆和混凝土内部,表面浸润性的改善对水渗透的抑制效果显著减弱,需通过渗水高度评价水分渗透性,测试方法参照 JC/T 2553—2019《混凝土抗侵蚀抑制剂》。图 5.56 展示了掺入不同外加剂对水压作用下混凝土渗水高度的影响。与基准混凝

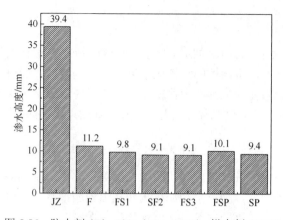

图 5.56　防水剂（F）、SiO₂（FS1~FS3）、憎水剂（FSP）以及 SiO₂+憎水剂（SP）对混凝土渗水高度影响
（JZ 为不掺任何外加剂的基准混凝土）[31]

土相比，防水剂的加入显著降低了压力作用下混凝土中水分渗透能力，渗水高度降低 70%以上；而纳米 SiO_2 的掺入对混凝土抗水分渗透的抑制效果最为显著，可能的原因是纳米 SiO_2 优化了混凝土孔隙结构，提升了混凝土的密实度，使混凝土抗水渗透性能得到提高。

5.5.2.2　力学性能

不同品种防水剂对混凝土及砂浆力学性能的影响不同，因此实际使用中应根据需要选择合适的防水剂。具有良好疏水性的防水剂（如硅烷乳液、硬脂酸盐等）掺入混凝土后，通常会对其力学性能造成不利影响，因此较少应用在重要结构部位，而多应用于工业或民用建筑的防水、堵漏。常见防水剂掺量及其对混凝土力学及疏水性能的影响见表 5.13。

表 5.13　不同类型防水剂对混凝土力学及疏水性影响

防水剂类别	掺量/%	力学性能	疏水性
有机硅类（甲基硅醇钠）	0.3~0.8	略有影响	疏水性较好
有机硅类（硅烷乳液）	0.5~2	掺量越高，强度越低	疏水性好
脂肪酸盐类（硬脂酸钙）	≤1.0	掺量越高，强度越低	疏水性好
水泥基渗透结晶型	2~3	影响较小	疏水性较好

以硬脂酸钙为例，其掺入后使得混凝土强度相对于未掺加防水剂的混凝土显著下降，且随掺量增加，混凝土强度降低越大，甚至可达 20%~30%。因此，硬脂酸盐类防水剂掺量不宜超过 4kg/m³，同时不宜用于早期强度要求高的混凝土工程。

水泥基渗透结晶型防水剂的疏水性虽不及有机硅和硬脂酸类防水剂，但其对混凝土力学性能影响较小，部分复合了密实和减水组分的水泥基渗透结晶防水剂甚至还会略微提高混凝土的致密性，改善其力学性能（图 5.57）。

除上述性能外，混凝土防水剂性能还须满足 JC/T 474—2008《砂浆、混凝土防水剂》或 GB 18445—2012《水泥基渗透结晶型防水材料》的指标要求，不同的标准对防水剂的性能指标存在差异，如表 5.14 和表 5.15 所示。

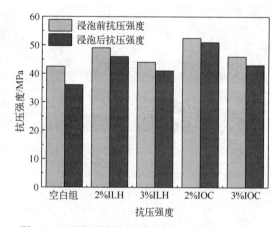

图 5.57　两种渗透结晶型防水剂（ILH 和 IOC）对混凝土性能的影响[31]

表 5.14　受检砂浆、混凝土的性能指标（JC/T 474—2008《砂浆、混凝土防水剂》）

试验项目		性能指示			
		受检砂浆		受检混凝土	
		一等品	合格品	一等品	合格品
安定性		合格	合格	合格	合格
凝结时间	初凝/min	≥45	≥45	≥-90①	≥-90①
	终凝/h	≤10	≤10	—	—
抗压强度比/%	3d	—	—	≥100	≥90
	7d	≥100	≥85	≥110	≥100
	28d	≥90	≥80	≥100	≥90
透水压力比/%		≥300	≥200	—	—
渗透高度比/%		—	—	≤30	≤40
泌水率比/%		—	—	≤50	≤70
吸水量比（48h）/%		≤65	≤75	≤65	≤75
收缩率比（28d）/%		≤125	≤135	≤125	≤135

① 为凝结时间差。

注：安定性和凝结时间为受检净浆的试验结果，其他项目数据均为受检砂浆/混凝土与基准砂浆/混凝土的比值。

表 5.15　水泥基渗透结晶型防水剂性能指标（GB 18445—2012《水泥基渗透结晶型防水材料》）

序号	试验项目		性能指标
1	减水率/%		<8
2	含气量/%		≤3.0
3	凝结时间差	初凝/min	>-90
4	抗压强度比/%	7d	≥100
		28d	≥100
5	收缩率比（28d）/%		≤125
6	混凝土抗渗性能	掺防水剂混凝土的抗渗压力①（28d）/MPa	报告实测值
		抗渗压力比（28d）/%	≥200
		掺防水剂混凝土的第二次抗渗压力（56d）/MPa	报告实测值
		第二次抗渗压力比（56d）/%	≥150

① 基准混凝土28d抗渗压力应为 $0.4^{+0.0}_{-0.1}$ MPa，并在产品质量检验报告中列出。

5.5.2.3　注意事项

防水剂主要应用在工业与民用建筑的桩基和地下空间结构、地铁、人防工程、隧道、蓄水建筑、港口工程以及刚性防水屋面等。为了更好地发挥防水剂的防水效果，还需要结合混凝土配比进行调整，其掺量按混凝土结构所要求的防水性能，参考厂家的推荐掺量，进行试配确定，避免使用不当导致质量事故。不同种类的防水剂应用时还需注意以下要点。

① 含氯盐防水剂不得用于钢筋混凝土结构，严禁用于预应力混凝土结构；电解质类防水剂不得用于有杂散电流的钢筋混凝土和预应力混凝土结构，不宜用于重要的薄壁混凝土结构，不宜用于少筋厚大混凝土结构。

② 有机硅以及乳液类防水剂大多具有较强的消泡性能，不适合作为内掺型防水剂应用于抗冻混凝土，如需应用必须与专门的引气剂等进行调配使用。甲基硅醇盐类防水剂大多具有缓凝性，须严格控制其掺量，使用前需要根据混凝土配比、材料特点和环境温度等进行试

配确定，避免出现超缓凝影响混凝土结构力学性能发展。

③ 脂肪酸类防水剂，超量掺加时形成较多气泡，影响混凝土强度与防水效果，需通过试验确定。

④ 防水混凝土应加强早期保湿养护，不同气温条件下的湿养护天数应适当调整。掺氯化铁、引气剂、膨胀剂的防水混凝土养护温度不宜低于 15℃，也不宜高于 80℃。拆模时混凝土温度与环境温差不宜大于 15℃，混凝土温度大于环境温度 15℃时，应洒水降温，达到允许温差后再拆模，并在拆模后继续保温保湿养护，保湿养护天数不得少于 7d。

思考题

1. 以混凝土结构耐久性影响为标准，暴露环境类别可划分为哪些？请举例说明。
2. 简述钢筋混凝土耐久性劣化的主要机制。
3. 论述冻融损伤的主要理论。
4. 简述混凝土硫酸盐腐蚀的主要机制。
5. 混凝土中气泡如何引入？如何提升新拌混凝土气泡稳定性？
6. 简述引气剂对混凝土性能的影响规律。
7. 简述引气剂提升混凝土抗冻融性能的作用机制。
8. 简述钢筋阻锈剂的分类和特点。
9. 简述内掺型阻锈剂和迁移型阻锈剂的作用机制。
10. 简述侵蚀抑制剂的主要种类及作用机制。
11. 侵蚀抑制剂降低吸水率及降低氯离子迁移系数的原理是什么？
12. 简述防水剂的主要类别及作用机制。

参考文献

[1] Wang R J, Hu Z Y, Li Y, et al. Review on the deterioration and approaches to enhance the durability of concrete in the freeze-thaw environment[J]. Construction and Building Materials, 2022, 321: 126371.

[2] Yi Y, Zhu D J, Guo S C, et al. A review on the deterioration and approaches to enhance the durability of concrete in the marine environment[J]. Cement and Concrete Composites, 2020, 113: 103695.

[3] Mehta P K. Durability of concrete-fifty years of progress?[J]. ACI Symposium Publication, 1991, 126: 1-32.

[4] Powers T C. Structure and physical properties of hardened Portland cement paste[J]. Journal of the American Ceramic Society, 1958, 41(1): 1-6.

[5] 徐文冰, 孙策, 李进辉, 等. 温度对海工混凝土抗氯离子侵蚀性能的影响及寿命预测[J]. 公路, 2014, 59(10): 50-54.

[6] Du L X, Folliard K J. Mechanisms of air entrainment in concrete[J]. Cement and Concrete Research, 2005, 35(8): 1463-1471.

[7] Qiao M, Chen J, Yu C, et al. Gemini surfactants as novel air entraining agents for concrete[J]. Cement and Concrete Research, 2017, 100: 40-46.

[8] Chen J, Qiao M, Gao N X, et al. Sulfonic gemini surfactants: Synthesis, properties and applications as novel air entraining agents for concrete[J]. Colloids and Surfaces A: Physicochemical and Engineering Aspects, 2017, 522: 593-600.

[9] Ke G J, Zhang J, Tian B, et al. Characteristic analysis of concrete air entraining agents in different media[J]. Cement and Concrete Research, 2020, 135: 106142.

[10] Chen J, Qiao M, Gao N X, et al. Cationic oligomeric surfactants as novel air entraining agents for concrete[J]. Colloids and Surfaces A: Physicochemical and Engineering Aspects, 2018, 538: 686-693.

[11] Shan G C, Zhao S, Qiao M, et al. Synergism effects of coconut diethanol amide and anionic surfactants for entraining stable air bubbles into concrete[J]. Construction and Building Materials, 2020, 237: 117625.

[12] 蒋亚清. 混凝土外加剂应用基础[M]. 北京: 化学工业出版社, 2004: 162.

[13] 张小冬, 高南萧, 乔敏, 等. 引气剂对溶液及混凝土性能的影响[J]. 新型建筑材料, 2018, 45(5): 36-40.

[14] 张辉, 潘友强, 张健, 等. 水泥混凝土抗盐冻性能影响因素研究[J]. 重庆交通大学学报 (自然科学版), 2013, 32(4): 597-600.

[15] 田培. 混凝土外加剂手册[M]. 北京: 化学工业出版社, 2015: 126.

[16] Jiang S B, Jiang, L H, Wang Z Y, et al. Deoxyribonucleic acid as an inhibitor for chloride-induced corrosion of reinforcing steel in simulated concrete pore solutions[J]. Construction and Building Materials, 2017, 150: 238-247.

[17] Valdez-Salas B, Vazquez-Delgado R, Salvador-Carlos J, et al. *Azadirachta indica* leaf extract as green corrosion inhibitor for reinforced concrete structures: Corrosion effectiveness against commercial corrosion inhibitors and concrete integrity[J]. Materials, 2021, 14(12): 3326.

[18] Anitha R, Chitra S, Hemapriya V, et al. Implications of eco-addition inhibitor to mitigate corrosion in reinforced steel embedded in concrete[J]. Construction and Building Materials, 2019, 213: 246-256.

[19] Zhu Y Y, Ma Y W, Yu Q, et al. Preparation of pH-sensitive core-shell organic corrosion inhibitor and its release behavior in simulated concrete pore solutions[J]. Materials & Design, 2017, 119: 254-262.

[20] Liu J P, Cai J S, Shi L, et al. The inhibition behavior of a water-soluble silane for reinforcing steel in 3.5% NaCl saturated Ca(OH)$_2$ solution[J]. Construction and Building Materials, 2018, 189: 95-101.

[21] Cai J, Chen C, Liu J, et al. Influence of alkyl chain length of 1,3-bis-dialkylamino-2-propanol on the adsorption and corrosion behavior of steel Q235 in simulated concrete pore solution[J]. International Journal of Electrochemical Science, 2012, 7(11): 10894-10908.

[22] 麻福斌. 醇胺类迁移型阻锈剂对海洋钢筋混凝土的防腐蚀机理[D]. 北京: 中国科学院大学, 2015: 7.

[23] 费飞龙. 新型电迁移性阻锈剂的研制及其阻锈效果与机理的研究[D]. 广州: 华南理工大学, 2015: 121.

[24] Zhou Y, Cai J S, Chen R X, et al. The design and evaluation of a smart polymer-based fluids transport inhibitor[J]. Journal of Cleaner Production, 2020, 257: 120528.

[25] 刘加平, 穆松, 蔡景顺, 等. 水泥水化响应纳米材料的制备及性能评价[J]. 建筑结构学报, 2019, 40(1): 181-187

[26] 朱哲, 蔡景顺, 洪锦祥, 等. 水化响应纳米材料对钢筋混凝土整体耐蚀性能影响[J]. 中国腐蚀与防护学报, 2021, 41(5): 732-736.

[27] 石亮, 谢德擎, 王学明, 等. 抗侵蚀抑制剂对混凝土吸水性能及抗盐结晶性能的影响[J]. 材料导报, 2020, 34(14): 14093-14098.

[28] Namoulniara K, Mahieux P Y, Lux J, et al. Efficiency of water repellent surface treatment: Experiments on low performance concrete and numerical investigation with pore network model[J]. Construction and Building Materials, 2019, 227. 116638.

[29] Wu S L, Zhang C C, Zhou F, et al. The effect of nano-scale calcium stearate emulsion on the integral waterproof performance and chloride resistance of cement mortar[J]. Construction and Building Materials, 2022, 317: 125903.

[30] 李崇智, 牛振山, 吴慧华, 等. 新型水泥基渗透结晶型防水剂的制备及性能[J]. 材料导报, 2021, 35(Z1): 216-219.

[31] 廖建平. 纳米改性复合防水剂对混凝土性能的影响[D]. 杭州: 浙江大学, 2015.

第 6 章

其他类型外加剂

混凝土外加剂种类繁多，除了前述章节介绍的主要外加剂种类外，还有许多其他用以提升混凝土特殊性能的外加剂，比如用于混凝土冬期施工的**防冻剂**、减少混凝土有害气孔的**消泡剂**、制备发泡混凝土的**发泡剂**、制备**水下不分散混凝土**的**水下不分散混凝土絮凝剂**、提升混凝土黏结/抗折/抗渗等性能的**聚合物乳液类外加剂**等。本章节对上述功能性外加剂进行介绍。

6.1 防冻剂

6.1.1 定义与品种

JGJ/T 104—2011《建筑工程冬期施工规程》明确规定，当室外日平均气温连续 5 天稳定低于 5℃即进入冬期施工。冬期施工的混凝土凝结时间延长，当温度低于−10℃时，水泥水化反应基本停止，混凝土强度不再增长。混凝土中水分冻结后体积膨胀 9%左右，混凝土结构遭受破坏，即发生冻害。为了保证冬期混凝土施工的质量和进度，常在混凝土中添加防冻剂。

防冻剂是指能使混凝土在负温下硬化，并在规定养护条件下达到预期性能的外加剂，一般分为液体防冻剂和粉状防冻剂，其中液体防冻剂是目前冬期施工混凝土中应用最为广泛的防冻剂。冬期施工可根据环境温度选择不同防冻温度的防冻剂。JC 475—2004《混凝土防冻剂》规定了−5℃、−10℃和−15℃三种负温养护温度，满足对应养护温度要求的防冻剂可用于最低温度分别为−10℃、−15℃、−20℃的环境下防冻混凝土的配制，更低温度使用的防冻剂尚无相关标准。

由于防冻剂的组成比较复杂，通常按照防冻组分进行分类，分为强电解质无机盐类、有机化合物类、复合型防冻剂。强电解质无机盐类防冻剂分为以氯盐（氯化钠、氯化钙）为防冻组分的氯盐类防冻剂，以亚硝酸盐（亚硝酸钠、亚硝酸钙）、硝酸盐、碳酸盐、硫酸盐、硫氰酸盐等无机盐为防冻组分的无氯盐类防冻剂，含有阻锈组分并以氯盐为防冻组分的氯盐阻锈类防冻剂。有机化合物类防冻剂常以乙二醇、三乙醇胺、二乙醇胺、三异丙醇胺、尿素等有机物为防冻组分，同无机盐类防冻剂相比，有机化合物类防冻剂掺量更低。复合型防冻剂是将防冻组分与早强、引气、减水组分进行复合，除满足混凝土的防冻要求外，还满足混凝土的工作性等其他性能要求。冬期施工大多使用复合型防冻剂。

6.1.2 作用机理

防冻剂作用机理主要包括以下三个方面。

（1）降低溶液冰点

由拉乌尔定律（Raoult's law）推导出稀溶液的凝固点随溶质的浓度增加而降低。常用无机盐防冻剂饱和溶液的冰点如表6.1所示。掺加防冻剂的混凝土中冰晶析出是一个动态过程，当温度降至溶液冰点时，开始有冰析出，溶液浓度提高，冰点下降，冰晶不断形成，溶液冰点持续降低，直至防冻剂与冰的最低共熔点，冰全部析出。

表6.1　常用无机盐防冻剂饱和溶液的冰点

溶质	质量浓度/%	冰点/℃	溶质	质量浓度/%	冰点/℃
氯化钠	23.1	−21.2	硝酸钠	36.9	−18.5
氯化钙	29.9	−55.6	亚硝酸钙	24.1	−8.5
亚硝酸钠	38.0	−19.6	碳酸钾	36.1	−36.5
硝酸钙	44.0	−28.0	硫酸钠	3.7	−1.2

此外，由于混凝土为多孔结构，其内部存在大量毛细孔隙，水在毛细作用下冰点也会降低，冰点降低值随毛细孔径减小而增加。

（2）冰晶畸变

常压下纯水在0℃时结冰，由于氢键作用，水分子会聚合成分子集合体，造成冻胀应力，当冻胀应力大于混凝土的极限抗拉强度时，会引起混凝土内部结构破坏。防冻剂分子对水分子间氢键具有干扰作用，掺入防冻剂的水溶液，在温度低于冰点时开始有冰析出，析出的冰晶细小且呈絮状结构，大部分为枝型层状、针状或者羽状晶体，宏观上非常松软，冻胀应力显著下降，从而有效缓解冻害对混凝土结构的破坏。

（3）早期结构形成

在受冻混凝土的水泥水化反应停止之前，混凝土强度应超过一个临界值（亦称受冻临界强度），使其足以抵抗受冻破坏。混凝土的受冻临界强度一般不低于设计强度的30%且不低于3.5MPa。因此，使用防冻剂时常复合使用早强剂促进混凝土强度发展，进而提升混凝土防冻性能。

6.1.3　性能与应用技术

（1）性能

防冻剂对混凝土强度的影响，除与防冻剂的种类和掺量有关，还与混凝土受冻时间和温度有关。掺防冻剂的负温混凝土力学性能明显优于未掺防冻剂的普通负温混凝土，但转入正温养护后，掺无机盐类防冻剂的混凝土长期强度一般略低于普通混凝土，如高掺量亚硝酸钠使混凝土长期强度降低；而某些有机化合物类防冻剂（如乙二醇），能提高混凝土的长期强度（表6.2）。

防冻剂与早强组分、减水组分、引气组分复合使用时，其对混凝土流动性的影响与各自单独使用时的规律基本一致。为了提高混凝土受冻临界强度，防冻剂中常含有早强组分，掺用这类防冻剂时混凝土的凝结时间缩短，应用于长距离运输的泵送混凝土时，应考虑由此带来的流动性损失，必要时可以通过与其他外加剂复合使用解决这类问题。

表 6.2　乙二醇的防冻增强效果[1]

掺量/%	−7+28 天（负温养护 7 天+常温养护 28 天）抗压强度/MPa		
	−5℃	−10℃	−15℃
0	38.4	33.16	27.45
0.5	38.26	40.16	33.19
1.0	46.87	42.52	36.57
1.5	—	45.33	38.37
2.0	—	48.24	35.24

　　掺加亚硝酸盐的负温硬化混凝土抗渗性有所降低，在有抗渗性特殊要求的混凝土结构中，为了消除某些防冻剂对抗渗性的不利影响，应进行抗渗性试验；无机盐类防冻组分对混凝土抗冻融耐久性不利，而乙二醇抗冻剂可提高负温混凝土的抗冻融耐久性（图 6.1）；含钾、钠盐的防冻剂提高了混凝土的碱含量，使用时应注意引起碱骨料反应的可能性；有机化合物为主的防冻剂对混凝土的耐久性无明显负面影响。

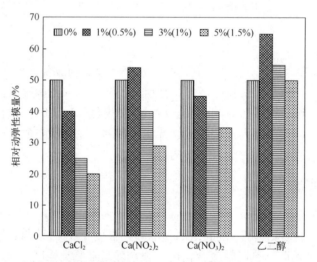

图 6.1　防冻组分（括号前为钙盐掺量，括号中为乙二醇掺量）对混凝土抗冻融性能的影响[1]

（2）应用技术

　　掺防冻剂的混凝土性能应符合行业标准 JC 475—2004《混凝土防冻剂》的技术要求（表 6.3），除减水率、泌水率比、含气量、凝结时间差等性能指标外，防冻剂的性能主要通过评价受检混凝土分别在−5℃、−10℃和−15℃负温条件下养护 7 天后同基准混凝土标准养护 28 天的抗压强度之比（R_{-7}）来进行衡量。

　　对于不同类型的混凝土工程，防冻剂的适用范围不同。氯盐类防冻剂对钢筋有锈蚀作用，适用于砂浆或者素混凝土工程；氯盐阻锈类防冻剂只有在阻锈组分与氯盐的摩尔比大于一定比例时，才能保证钢筋不被锈蚀，仅适用于普通钢筋混凝土工程；无氯盐类防冻剂可用于钢筋混凝土和预应力混凝土，但硝酸盐、亚硝酸盐、碳酸盐类防冻剂不得用于预应力混凝土及镀锌钢材或与铁相接触部位的钢筋混凝土结构；含有六价铬盐、亚硝酸盐等有毒物质的防冻剂，禁止用于饮用水工程及与食品接触的工程。

表 6.3　掺防冻剂的混凝土性能

试验项目		性能指标					
		一等品			合格品		
减水率/%		≥10			—		
泌水率比/%		≤80			≤100		
含气量/%		≥2.5			≥2.0		
凝结时间差/min	初凝	−150～+150			−210～+210		
	终凝						
抗压强度比/%	规定温度/℃	−5	−10	−15	−5	−10	−15
	R_{-7}	≥20	≥12	≥10	≥20	≥10	≥8
	R_{28}	≥100	≥100	≥95	≥95	≥95	≥90
	R_{-7+28}	≥95	≥90	≥85	≥90	≥85	≥80
	R_{-7+56}	≥100	≥100	≥100	≥100	≥100	≥100
28 天收缩率比/%		≤135					
渗透高度比/%		≤100					
50 次冻融强度损失率比/%		≤100					
对钢筋锈蚀作用		应说明对钢筋有无锈蚀作用					

资料来源：JC 475—2004《混凝土防冻剂》。

　　防冻剂与其他外加剂复合使用时，要在使用前进行试配试验，确定可以共同掺加后方可使用。防冻剂的品种、掺量根据混凝土浇筑后 5 d 内的预计日最低气温选用。在日气温为−10～−5℃、−15～−10℃、−20～−15℃时，应分别选用规定温度为−5℃、−10℃、−15℃的防冻剂。掺防冻剂的混凝土拌合物的入模温度不应低于 5℃。

6.2　消泡剂

　　通常情况下，硬化混凝土内部孔隙结构是影响其强度的重要因素之一，内部孔隙降低了水泥浆体密实度，导致硬化浆体强度降低。聚羧酸减水剂是目前使用最广泛的减水剂，其分子结构中含有聚醚侧链，在混凝土拌合过程中对引入的气泡产生稳定作用，导致混凝土含气量增加，为提高混凝土力学性能，需采用振动、减压等物理方法或外掺消泡剂等消除多余气泡，其中外掺消泡剂是最便捷有效的方法。

6.2.1　定义与品种

　　消泡剂是一种亲油性的表面活性剂，HLB 值一般在 1～3。消泡剂可分为脂肪醇类、聚醚类、有机硅类、聚醚改性有机硅类等，这些消泡剂的化学结构见图 6.2。在混凝土中使用较多的消泡剂主要为聚醚类消泡剂和聚醚改性有机硅消泡剂这两大类。

（1）脂肪醇类消泡剂

　　脂肪醇及其衍生物类消泡剂包括矿物油、脂肪酸、脂肪酸酯、脂肪酰胺、低级醇类等单一有机物或按一定配方复合的混合物等，属于第一代消泡剂。这类消泡剂材料易得，价格低廉，但对致密性泡沫的消除能力较差，目前应用面较窄。

脂肪醇消泡剂

R—OH　R为含有16～30个碳的烷基链

聚醚消泡剂

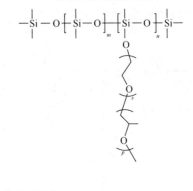

$m=0\sim10$；$n=0\sim10$；$m+n\geqslant1$

R为含有16～30个碳的烷基链；A为醚基、酯基

有机硅消泡剂

图6.2　常用消泡剂的分子结构

（2）聚醚类消泡剂

聚醚类消泡剂是以长链烷基醇、长链脂肪酸等化合物为起始剂，在催化剂作用下，与环氧乙烷、环氧丙烷加成制得的非离子表面活性剂，通过调节环氧乙烷和环氧丙烷链段比例和分子量调节 HLB、表面张力和消泡能力。聚醚类消泡剂在 1954 年开始使用，此类消泡剂具有稳定性高、毒性低、乳化作用强等优点，同聚羧酸减水剂等复合时，相容性较好，一般每吨减水剂中的添加量可达 2kg。实际应用中，聚醚类消泡剂破泡率低，不能快速有效地消除泡沫，常需提高掺量或通过对聚醚化学改性增强其消泡能力。

（3）有机硅类消泡剂

有机硅类消泡剂不仅能降低油水界面张力，还具有较强的润湿铺展能力，破泡效率高，但其分子结构在水泥强碱性环境中稳定性较差。聚二甲基硅烷（亦称硅油）是有机硅消泡剂的主要成分，其疏水性过强导致在溶液中相容性差，通常与乳化剂等助剂进行乳化后使用。较小掺量乳液型有机硅消泡剂可达到较强消泡效果，但与减水剂复合使用时仍然存在相容性问题，在水泥混凝土领域的使用不及聚醚类消泡剂普及。

（4）聚醚改性有机硅类消泡剂

聚醚改性有机硅类消泡剂一般是使用聚醚对硅油类消泡剂改性制得的具有一定亲水性的有机硅消泡剂，其分子结构中的硅氧烷链段具有亲油性，聚醚链段具有亲水性，不仅具有有机硅类消泡剂表面张力低、消泡能力强等特点，还具有聚醚类消泡剂相容性好的特性，扩大了适用范围。

6.2.2　作用机理

消泡是泡沫稳定化的反过程，凡是能破坏泡沫稳定性的因素均可用于消泡。消泡主要包括两方面含义：一是"抑泡"，即对发泡体系有抑制作用，防止气泡（或泡沫）的产生；二是"破泡"，即消除已经产生的气泡。Robinson 和 Harkins 分别定义了消泡剂在液膜中渗透能力的渗透系数 E［式（6.1）］以及在液膜上铺展扩散能力的铺展系数 S［式（6.2）］：

$$E = \gamma_F + \gamma_{FA} - \gamma_A \qquad\qquad (6.1)$$
$$S = \gamma_F - \gamma_{FA} - \gamma_A \qquad\qquad (6.2)$$

式中，γ_F、γ_{FA} 和 γ_A 分别为起泡介质的界面张力、消泡剂与起泡介质的界面张力和消泡剂的界面张力。

$E>0$ 时，消泡剂能够浸入泡沫液膜；$E<0$ 时，消泡剂不能浸入泡沫液膜。$S>0$ 时，消泡剂能在泡沫液膜上展开和扩散；$S<0$ 时，消泡剂难以在泡沫液膜上展开。S 值越高，消泡剂的展开和扩散能力越强。美国胶体化学家 Ross 基于上述定义提出了 Ross 假说：当消泡剂的铺展系数 S 和渗透系数 E 同时大于 0 时，消泡剂与液膜才能接触。首先消泡剂侵入液膜，然后在液膜内部迅速铺展，消泡剂在液膜内的非均匀分布导致液膜内形成了不均匀的表面张力梯度，随着时间推移，液膜局部变薄，气泡之间发生聚并破裂，实现消泡目的（图 6.3）。

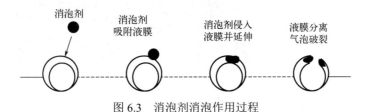

图 6.3　消泡剂消泡作用过程

此外，还有一些消泡作用机理，包括"桥接-铺展"（bridging-spreading）机理和"桥接-去浸润"（bridging-dewetting）机理（图 6.4）。低黏度有机硅和聚醚改性有机硅类消泡剂的作用机制主要是"桥接-铺展"机理，此类消泡剂具有比泡沫液膜更低的表面张力，使其吸附于液膜表面，且快速在表面铺展扩散，消泡过程中消泡剂液滴变形，在液膜层形成凹形的"水-油-水"的架桥型结构，油-水界面和气-水界面处的毛细管压力不平衡使桥中心的油膜不稳定，油膜被不断拉伸变薄，最终导致泡沫破裂［图 6.4（a）］。高黏度消泡剂的作用机制主要是"桥接-去浸润"机理，疏水性消泡剂加入泡沫体系后迅速扩散，然后吸附在液膜表面，由于疏水作用，消泡剂液滴与液膜形成大于 90°的角［图 6.4（b）］，一旦与邻近液膜界面之间形成油桥，就会在水相中脱湿，从而使液膜被油滴穿孔，泡沫破裂。

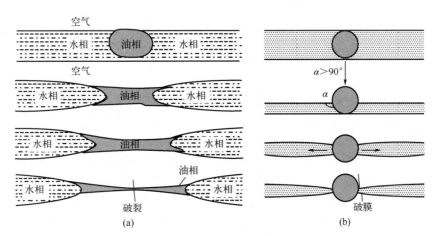

图 6.4　"桥接-铺展"机理（a）和"桥接-去浸润"机理（b）示意图[2]

6.2.3 性能与应用技术

（1）对减水剂溶液气泡特性的影响

聚羧酸减水剂具有一定的引气作用，采用10%聚羧酸减水剂溶液鼓泡会产生明显的泡沫，且气泡尺寸较大。掺加消泡剂后，溶液的鼓泡泡沫高度明显降低，气泡数量明显减少，气泡呈现由小变大的聚并过程。消泡剂破坏了气泡膜的稳定性，导致气泡更容易聚并和破裂（图6.5）。

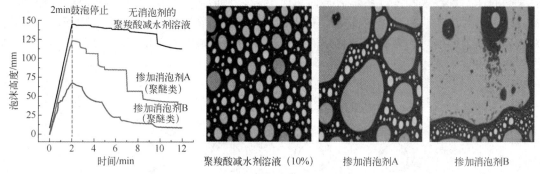

图6.5　掺加消泡剂后的聚羧酸溶液泡沫高度和气泡尺寸的变化

（2）对混凝土含气量及气泡尺寸的影响

聚羧酸减水剂复合使用消泡剂可以有效降低混凝土含气量。随着消泡剂掺量增加，混凝土含气量以及微小气泡含量明显降低（图6.6）。

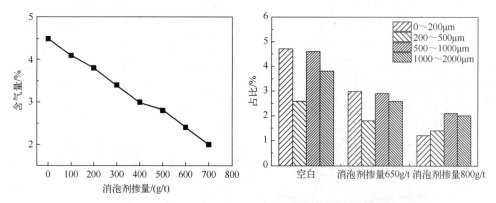

图6.6　消泡剂掺量对混凝土含气量和气泡尺寸的影响[3]

（3）对硬化混凝土性能的影响

消泡剂可以有效消除混凝土搅拌过程中引入的气泡，优化硬化混凝土的孔结构，提高混凝土强度。但当消泡剂用量较大时，混凝土含气量较低（<2.5%），新拌混凝土工作性劣化，出现黏聚性和包裹性差等问题，导致浇筑不均匀密实、强度下降。因此，随着消泡剂掺量增加，混凝土抗压强度一般呈先上升后下降的趋势。每种消泡剂的最佳掺量范围不同，且与混凝土原材料和配合比有关，需要工程技术人员在具体工程应用中去试验调整。

掺入消泡剂可以使混凝土快速消泡，减少混凝土表面大气孔数量与尺寸，优化混凝土外观质量。未掺消泡剂的混凝土硬化后，其表面留下数量众多、明显可见的气孔，增加外界环境中有害物质渗入混凝土的可能性，对混凝土耐久性造成威胁。

（4）应用技术

消泡剂往往与减水剂复合使用。消泡能力较强的消泡剂一般亲油性较强，与水溶性减水剂复配后容易出现分层、飘油等不相容现象，影响使用，因此在选用时尤其需要注意消泡剂与减水剂的相容性问题。判断消泡剂与减水剂的相容性是否合格，可将消泡剂和减水剂按一定比例复配，静置一定时间观察是否有分层、飘油现象。如果工程条件允许，可在使用前对复配消泡剂的外加剂进行搅拌均化处理，或采用消泡剂和减水剂分开添加的方式。

加入消泡剂后，混凝土的孔结构发生改变，进而影响混凝土的抗冻融性能。对于抗冻融要求较高的混凝土，当谨慎选用消泡剂，使用前应采用工程实际使用的原材料和配合比进行试验确定，满足设计和施工要求后方可使用，且严格控制施工现场的混凝土含气量波动。

6.3 发泡剂

传统混凝土自重较大，在混凝土中引入泡沫可形成轻质高强、保温隔热性能良好的泡沫混凝土，在建筑节能、隔音降噪领域得到广泛应用。制备泡沫混凝土的关键在于，使用发泡剂在新拌混凝土内部产生大量微小、密闭、稳定的气泡。

6.3.1 定义、品种与作用机理

发泡剂是指能够在特定条件下通过搅拌、压缩空气等物理方法或化学反应在短时间内产生大量均匀稳定泡沫的物质。根据气体产生方式的不同，发泡剂可分为物理发泡剂和化学发泡剂两类。

物理发泡剂是指通过机械力作用引入空气产生大量泡沫的发泡剂，常用的物理发泡剂为表面活性剂，这类发泡剂的类型、作用机理与应用技术参考 5.2 引气剂，本节仅作简要叙述。物理发泡剂能有效降低溶液的表面张力，其分子在气液界面稳定排列可稳定气泡，多种气泡聚集形成泡沫。改性松香类发泡剂是应用最早的物理发泡剂，其发泡倍数和泡沫稳定性一般。随着表面活性剂技术的发展，用作混凝土发泡剂的表面活性剂有了更多的选择，主要有十二烷基硫酸钠（K12）、α-烯基烷基磺酸钠（AOS）、十二烷基聚氧乙烯醚硫酸钠（AES）、椰子油脂肪酸二乙醇酰胺（6501）、生物基表面活性剂等。

化学发泡剂通常是指通过化学反应释放一种或多种气体，在混凝土中发泡的物质，使用较多的品种主要为铝粉和过氧化氢（双氧水）。

（1）铝粉

铝是一种活泼金属，在酸性或碱性溶液中发生化学反应生成氢气。水泥浆体呈强碱性（pH>12.5），铝粉同水泥浆体中的碱性物质发生反应产生氢气，其反应式如下：

$$2Al + 6Ca(OH)_2 \longrightarrow 6CaO \cdot Al_2O_3 \cdot 3H_2O + 3H_2 \uparrow$$

氢气产生的速度与铝粉掺量、纯度和细度以及水泥矿物组成、水胶比等密切相关，一般铝粉掺量为水泥质量的 0.005%～0.02%。氢气具有燃爆性，应在通风良好的环境中进行操作。

此外，镁粉、锌粉等也可用作化学发泡剂，但是应用较少。

（2）双氧水

双氧水（H_2O_2）在碱性介质中分解产生氧气，其反应式如下：

$$2H_2O_2 \longrightarrow 2H_2O + O_2\uparrow$$

一般来说，1g 30%的双氧水生成约 130mL 氧气，加入次氯酸钙可使氧气释放增加至 200mL，提高发泡效果。在低温使用双氧水发泡剂时，还需加入氢氧化钠、熟石灰、磷酸三钠等碱性物质加速氧气产生。

6.3.2 性能

发泡剂性能指标与测试方法参考 JC/T 2199—2013《泡沫混凝土用泡沫剂》、DGJ32/TJ 104—2017《现浇轻质泡沫混凝土应用技术规程》等。混凝土发泡剂的主要性能指标包括泡沫性能指标和泡沫混凝土性能指标。

（1）泡沫性能指标

泡沫性能指标主要包括发泡倍数、1h 沉降距和 1h 泌水率等（表 6.4）。

表 6.4　泡沫性能指标

项目	指标	
	一等品	合格品
发泡倍数	15～30	
1h 沉降距/mm	≤50	≤70
1h 泌水率/%	≤70	≤80

资料来源：JC/T 2199—2013《泡沫混凝土用泡沫剂》。

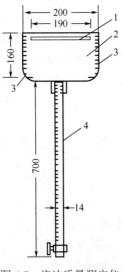

图 6.7　泡沫质量测定仪
1—浮标；2—广口圆柱体容器；3—刻度；4—玻璃管
（摘自 JC/T 2199—2013《泡沫混凝土用泡沫剂》）

将发泡剂按最大稀释倍数配成泡沫液制泡，搅拌均匀，采用 JC/T 2199—2013《泡沫混凝土用泡沫剂》中规定的空气压缩型发泡机制泡，泡沫取样注满泡沫容器内，刮平泡沫，称取质量，要求发泡倍数为 15～30。发泡剂的发泡倍数 N 按式（6.3）计算：

$$N = \frac{V}{(m_1 - m_0)/\rho} \quad (6.3)$$

式中，V 为容器容积，mL；m_0 为容器质量，g；m_1 为容器和泡沫总质量，g；ρ 为泡沫液密度，g/mL。

泡沫 1h 沉降距及 1h 泌水率采用 DGJ32/TJ 104—2017《现浇轻质泡沫混凝土应用技术规程》附录 A 中 A.0.3 所示仪器（图 6.7）测定，容器底部有孔，玻璃管与容器的孔相连，玻璃管直径为 14mm，长度为 700mm，底部有小龙头；浮标是一块直径为 190mm、质量 25g 的圆形铝板，根据上端容器上的刻度测定泡沫的沉降距；根据量管上的刻度测定破裂泡沫所分泌出液体的容积，即为发泡剂的泌水量，进而计算得到泌水率。

（2）泡沫混凝土性能指标

受检泡沫混凝土干密度控制在（400±30）kg/m³，性能指标应符合表 6.5 中的要求。

表 6.5 泡沫混凝土性能指标

项目	指标	
	一等品	合格品
泡沫混凝土料浆沉降率（固化）/%	≤5	≤8
导热系数/[W/(m·K)]	≤0.09	≤0.10
7d 抗压强度/MPa	≥0.7	≥0.5
28d 抗压强度/MPa	≥1.0	≥0.7

资料来源：JC/T 2199—2013《泡沫混凝土用泡沫剂》。

6.4 水下不分散混凝土絮凝剂

在水下浇筑施工时，混凝土需要具有较好的抗分散性，通常需要加入外加剂抑制水下施工时水泥和骨料分散，这种混凝土被称作水下不分散混凝土，所用外加剂被称作**水下不分散混凝土絮凝剂**。目前水下不分散混凝土主要用在海洋平台、海底管线、人工岛、港口、水电站、桥梁等重要工程。

6.4.1 定义与品种

水下不分散混凝土絮凝剂是指在水中施工时，能增加混凝土拌合物黏聚性，减少水泥浆体和骨料分离的外加剂。目前水下不分散混凝土絮凝剂的品种主要包括无机类和有机高分子类。

（1）无机类水下不分散混凝土絮凝剂

无机类水下不分散混凝土絮凝剂是在传统铁盐、铝盐基础上发展的一类水下不分散混凝土絮凝剂，主要包括聚合硫酸铝、聚合氯化铝、聚合硫酸铁、聚合氯化铁等。这类絮凝剂絮凝效果好、价格低廉，成为水下不分散混凝土絮凝剂的主要品种。

（2）有机高分子类水下不分散混凝土絮凝剂

有机高分子类水下不分散混凝土絮凝剂是一类水溶性聚合物，分子链较长、功能性官能团丰富，易溶于水，且对生物、环境无毒。目前使用较多的品种主要包括聚丙烯酰胺系列、纤维素系列等。

常用的品种与分子量见表 6.6。其聚合方式、分子结构、分子量以及溶解速度等均对其絮凝效果有重要影响。其分子链尺寸与水泥颗粒的粒径及其间距相匹配才能获得优异的颗粒间桥架作用。

6.4.2 作用机理

水下不分散混凝土絮凝剂的作用机理主要包括颗粒间桥架作用、分子缔合作用和电中和作用等，通过上述作用增加混凝土的黏聚性，提高其在水下施工时的不分散能力。

表6.6　常用的有机高分子类水下不分散混凝土絮凝剂

类别	材料	分子量/（g/mol）
聚丙烯胺类	聚丙烯酰胺	$5.0\times10^5\sim2.0\times10^7$
	聚丙烯酸钠	$4.5\times10^5\sim2.0\times10^7$
	聚丙烯酰胺与丙烯酸钠的共聚物	$1.2\times10^5\sim1.4\times10^7$
	聚丙烯酰胺水解产物	$5.0\times10^5\sim8.0\times10^6$
纤维素系	甲基纤维素	$7.0\times10^3\sim2.0\times10^6$
	羟甲基纤维素	$7.0\times10^3\sim2.0\times10^6$
	乙基纤维素	$7.0\times10^3\sim2.0\times10^6$
	羟乙基纤维素	$1.0\times10^4\sim3.0\times10^6$
	羟丙基纤维素	$5.0\times10^4\sim2.0\times10^6$
	羟乙基甲基纤维素	$2.0\times10^4\sim3.0\times10^6$
	羟丙基甲基纤维素	$2.0\times10^4\sim3.0\times10^6$
	羟丁基甲基纤维素	$3.0\times10^4\sim3.0\times10^6$
	羟乙基乙基纤维素	$7.0\times10^3\sim2.0\times10^6$
其他	聚乙烯醇	$2.5\times10^4\sim8.0\times10^6$
	聚氧化乙烯	$1.0\times10^5\sim6.0\times10^6$
	海藻酸钠	$3.2\times10^4\sim4.0\times10^5$
	酪蛋白	$1.5\times10^4\sim3.8\times10^5$

无机类水下不分散混凝土絮凝剂的主要作用机理为电中和作用，例如，硫酸铝在碱性条件下产生大量铝酸根离子，这些离子吸附在水泥颗粒表面，中和了颗粒表面的电荷，降低了颗粒之间的静电排斥作用，导致颗粒团聚。

有机高分子类水下不分散混凝土絮凝剂的絮凝作用来源于颗粒间桥架作用和分子缔合作用，同时具有一定的电中和作用。其中，颗粒间桥架作用是指多条聚合物长链同时吸附在多个水泥颗粒表面，形成纵横交错的桥架，将水泥颗粒连接起来，形成絮凝结构并加速团聚[图6.8（a）]。分子缔合作用是指水下不分散混凝土絮凝剂的长链结构中的亲水基团与水分子形成氢键而产生缔合，束缚自由水，增加新拌混凝土表观黏度[图6.8（b）]。

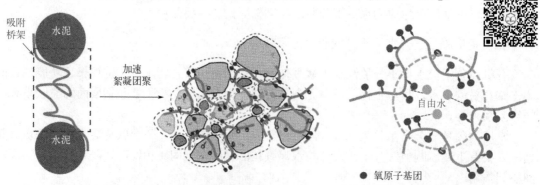

(a) 高分子链在不同颗粒上的桥架絮凝作用　　　(b) 高分子链在溶液中分子缔合作用

图6.8　有机高分子类水下不分散混凝土絮凝剂的颗粒间桥架作用和分子缔合作用示意

6.4.3 性能与应用技术

抗分散性是评价水下混凝土拌合物的核心指标，是指混凝土在水中自由落下时遭水洗后混凝土性能的变化，反映了水下施工混凝土抵抗浆体流失、抑制离析的能力。水下不分散混凝土经水洗后，其水中的悬浮物含量、水的浊度、pH 值等指标通常被用来评价混凝土抗分散性能（表 6.7）。悬浊物指水下不分散混凝土在水中自由落下后水样通过孔径 1 μm 的滤膜，截留在滤膜上并于 105～110℃烘干至恒重的固体物质。悬浊物含量越低、水的浊度和 pH 值越低，混凝土的抗分散性越好。

表 6.7 水下不分散混凝土的抗分散性[4]

絮凝剂掺量/%	悬浊物含量/（mg/L）	浊度/NTU	pH 值
1.5	225	474.57	11.98
2.0	167	460.70	11.73
2.5	126	377.47	11.35
3.0	80	308.34	10.89
3.5	47	179.67	9.73

此外，水陆抗压强度比也是评价水下不分散混凝土抗分散性能的另一重要指标，水陆抗压强度比是指在水中浇注试件与陆上浇注试件相同龄期的抗压强度之比。水陆抗压强度比越高，混凝土的抗分散性越好，其性能指标见表 6.8。

表 6.8 使用絮凝剂的水下不分散混凝土性能要求

项目		指标值	
		合格品	一等品
泌水率/%		≤0.5	0
含气量/%		≤6.0	
1h 扩展度/mm		≥420	
凝结时间/h	初凝	≥5	
	终凝	≤24	
抗分散性能	悬浊物含量/（mg/L）	≤150	≤100
	pH 值	≤12.0	
水下成型试件的抗压强度/MPa	7d	≥15.0	≥18.0
	28d	≥22.0	≥25.0
水陆强度比/%	7d	≥70	≥80
	28d	≥70	≥80

资料来源：GB/T 37990—2019《水下不分散混凝土絮凝剂技术要求》。

为了保证混凝土在水下浇筑时不分散、不被水冲洗，拌合物必须有足够的黏度。通过掺入水下不分散混凝土絮凝剂可大幅提高混凝土拌合物的抗分散性。但需要控制水下不分散混凝土絮凝剂的掺量，避免因混凝土的黏度过大而影响施工性能。

水下不分散混凝土絮凝剂还具有一定的引气作用，适宜引气可以改善混凝土拌合物的和易性，但引气量过大会对混凝土的强度造成负面影响。纤维素系列絮凝剂的引气效应较强，使用时需要格外注意混凝土含气量的变化。在实际工程应用中，应选用引气量较低的水下不分散混凝土絮凝剂品种。为了降低混凝土含气量，水下不分散混凝土絮凝剂可与消泡剂复配使用。

6.5 聚合物乳液类外加剂

6.5.1 定义与品种

在当今建筑工程领域中，大量聚合物作为功能性外加剂应用于水泥基材料中，以改善水泥基材料的诸多性能。按照聚合物形态与应用性质不同，聚合物类外加剂可以分为聚合物乳液、可再分散乳胶粉、水溶性聚合物与液体聚合物，具体分类见图6.9。

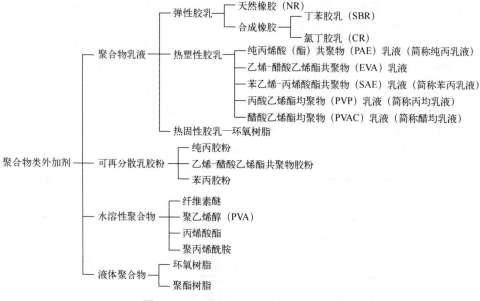

图6.9 水泥基材料中聚合物类外加剂[5]

聚合物乳液类外加剂是以聚合物乳液为主要成分，用以改善水泥基材料黏结、抗折、抗渗、抗裂等性能的一类化学外加剂的总称。聚合物乳液是一种多相分散体系，其中聚合物以乳胶粒子形式均匀分散在与它互不相溶的液体中。可再分散乳胶粉通常是由聚合物乳液经喷雾干燥而得的粉状聚合物颗粒，将乳胶粉与水再次混合时可以重新分散到水中，呈现与原始聚合物乳液基本相同的性能。

聚合物乳液通过乳液聚合制备，除聚合单体外，在合成制备中通常还要加入乳化剂、引发剂、功能单体等其他组分（图6.10）。制得的聚合物乳液表观呈现乳白色液体，通常为粒径在几十到几百纳米的聚合物粒子（图6.11）分散在含有乳化剂、水溶性低聚物等的水相溶液中。

聚合物乳液性能的差异主要源于作为分散相粒子的聚合物性质不同。在乳液聚合体系中，聚合单体是最重要的组分，单体的种类与用量直接决定了乳液聚合物的各种性能，如力学性能（硬度、拉伸强度、弹性、韧性等）、化学性能（耐水性、耐酸性、防腐性等）、黏结性能、透明性等。通常在乳液聚合中应用比较广泛的单体有以下三类：

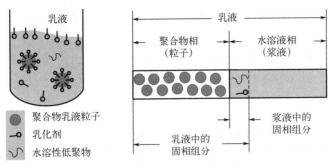

图 6.10　聚合物乳液组成形式[6]

① 乙烯基类单体，如苯乙烯、醋酸乙烯酯、氯乙烯、丙烯腈、丙烯酰胺等；

② 共轭二烯烃单体，如丁二烯、氯丁二烯、异戊二烯等；

③ 丙烯酸酯与甲基丙烯酸酯类单体，如甲基丙烯酸甲酯、丙烯酸乙酯、丙烯酸丁酯等。

针对聚合物乳液的具体用途，合理选择乳液聚合单体至关重要。表 6.9 列出了常采用的主要聚合单体。除此之外，还可用一些其他共聚单体调节聚合物极性、分子量、交联度和**玻璃化转变温度**（T_g）等。

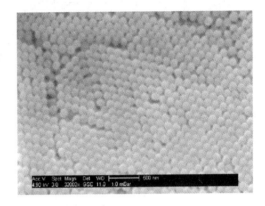

图 6.11　乳液聚合物粒子的扫描电子显微镜照片[7]

表 6.9　在聚合物设计时考虑的不同单体组成

性能表现	常用的共聚单体	单体特点
硬度	甲基丙烯酸、丙烯腈或苯乙烯等	T_g 较高
韧性	丙烯酸丁酯、丙烯酸乙酯、丁二烯等	T_g 较低
黏结性	丙烯酸-2-乙基己酯、丙烯酸己酯	T_g 很低，具有内增塑作用
防水性	N-羟甲基丙烯酰胺等	可形成交联结构
	丙烯酸丁酯、苯乙烯等	憎水性单体
耐溶剂性	丙烯腈等	极性很强且 T_g 较高
	N-羟甲基丙烯酰胺等	可形成交联结构
高抗拉强度	苯乙烯、丙烯腈、甲基丙烯酸等	高 T_g 单体
高伸长率	丙烯酸丁酯、丁二烯等	低 T_g 单体

基于不同单体的性能特点，目前用于聚合物改性水泥砂浆中的常用聚合物乳液主要有丁苯胶乳、纯丙乳液、氯丁胶乳、苯丙乳液、乙烯-醋酸乙烯酯共聚物乳液、聚醋酸乙烯酯乳液等，其化学结构见表 6.10。

6.5.2　作用机理

聚合物乳液加入水泥基材料中可改善其黏结、抗折、抗裂、防水、防渗等各种性能，其关键步骤之一是聚合物粒子在水泥基材料中的干燥成膜。聚合物粒子的成膜过程与聚合物的 T_g 密切相关。绝大部分乳液聚合物的形变随温度的变化有两个关键转折点，即 T_g 和黏流温度

(T_f)。T_g 是指聚合物从玻璃态到高弹态的转变温度，是高聚物力学性能等发生剧变的转折点。当处在 T_g 以下时，聚合物呈现坚硬弹性的玻璃态，分子链运动被冻结。当温度处于 T_g 与 T_f 之间时，聚合物表现出类似橡胶的高弹态，此时部分高分子链段（包含若干重复单元）可以发生运动，这也是人们希望聚合物乳液发挥性能的温度区间。在 T_f 以上，聚合物分子链可以运动，表现出黏流态。

表 6.10　主要应用的乳液聚合物化学结构[5]

乳液类别	聚合物化学结构	乳液类别	聚合物化学结构
天然橡胶	$\begin{array}{c}\left[CH_2-CH=CH-CH_2-CH_2-CH=CH-CH_2\right]_n\\ \quad CH_3 \qquad\qquad\qquad CH_3\end{array}$	纯丙乳液	$\begin{array}{c}O\ \ \ OR\\ \left[CH_2-CH\right]_n\end{array}$
氯丁橡胶	$\begin{array}{c}\left[CH_2-C=CH-CH_2\right]_n\\ \qquad Cl\end{array}$	苯丙乳液	$\begin{array}{c}OR\\ O=C\qquad\\ \left[CH\ \ HC\right]\\ CH_2\ \ CH_2\end{array}$
丁苯胶乳	$\begin{array}{c}\left[CH\qquad CH\right]\\ CH_2-CH=CH_2\end{array}$	乙烯-醋酸乙烯酯共聚物乳液	$\begin{array}{c}\left[CH_2\ \ CH_2\right]\\ CH_2\ \ HC\\ \quad O\\ \quad C=O\\ \quad CH_3\end{array}$

如果已知不同共聚单体形成的均聚物的 T_g 以及不同共聚单体在共聚物中的比例，共聚物的 T_g 可由计算获得。一些在乳液聚合中常用的共聚单体及其对应的均聚物的 T_g 如表 6.11 所示。

表 6.11　乳液聚合中常用单体及其均聚物的 T_g

共聚单体	沸点/℃	均聚物的 T_g/℃	共聚单体	沸点/℃	均聚物的 T_g/℃
1,3-丁二烯	−4.4	−85	氯乙烯	−13	81
丙烯酸正丁酯	148	−54	丙烯腈	77	97
丙烯酸-2-乙基己酯	216	−50	苯乙烯	145	100
丙烯酸甲酯	80	10	甲基丙烯酸甲酯	100	105
醋酸乙烯酯	73	32			

聚合物乳液发挥性能的关键在于聚合物粒子在水泥基材料中形成连续膜，聚合物粒子最低成膜温度与 T_g 具有一定相关性，T_g 低则最低成膜温度亦低，反之亦然，但并不具有直接的定量关系。一般地，乳液聚合物的 T_g 主要取决于该聚合物的分子结构、分子量以及聚集状态，而最低成膜温度除受上述因素影响外，乳液聚合物粒子结构、形貌以及乳液中其他水溶性物质（如乳化剂、水溶性低聚物等）均会对最低成膜温度产生影响。

聚合物粒子的成膜过程如图 6.12 所示，一般需经历水分蒸发与聚合物粒子聚集、聚合物粒子变形以及分子扩散融合等过程。在一个具有梯度温度变化的直板上涂覆一定厚度的聚合物乳液膜，肉眼观测到乳液开始聚集成膜时所对应的温度即为最低成膜温度。将聚合物乳液掺入水泥基材料中，乳液成膜后可封堵硬化水泥基材料中的孔隙与裂隙，改善水泥基材料的各种性能。聚合物在水泥浆中微结构的发展大致分为如下四个步骤（图 6.13）。

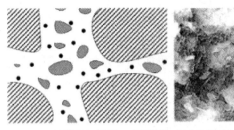

(a) 阶段1（骨料、水泥颗粒、聚合物粒子的分散）

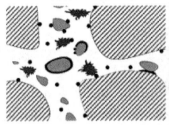

(b) 阶段2（聚合物粒子开始吸附在水泥颗粒、骨料表面）

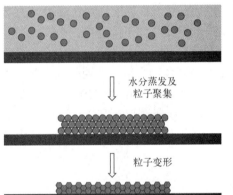

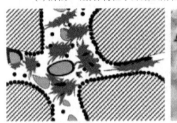

(c) 阶段3（水泥水化程度增加，乳液开始成膜）

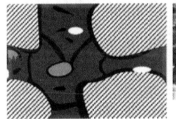

(d) 阶段4（水泥水化程度不断提高，聚合物粒子形成连续的膜）

图 6.12　聚合物粒子成膜过程　　　图 6.13　水化过程中聚合物乳液与固体颗粒的相互作用[8]

　　阶段 1：当聚合物乳液掺入混凝土或砂浆后，聚合物粒子均匀分散在水泥浆体中。同时水泥矿物开始溶解，使溶液环境变为碱性。

　　阶段 2：部分聚合物粒子吸附在水泥颗粒表面，且乳液掺量越大，水泥矿物表面吸附的聚合物粒子越多。部分吸附的聚合物粒子互相聚集堆积，覆盖在水泥矿物表面，抑制水泥水化导致缓凝。

　　阶段 3：随着自由水量减少，聚合物粒子逐渐被限制在毛细孔隙中。随水化进一步进行，毛细孔隙中的水量减少，聚合物粒子逐渐聚集在一起，在水泥水化凝胶的表面形成聚合物薄膜层，黏结了骨料颗粒的表面以及水泥水化凝胶与未水化水泥颗粒混合物的表面。同时，混凝土或砂浆中的较大孔隙被有黏结性的聚合物所填充。养护条件对此过程产生显著影响。没有干燥养护时，聚合物粒子成膜将被推迟，对新拌浆体的影响降低；仅有干燥养护时，乳膜形成加速，严重延缓水泥水化进程并对其强度产生影响。因此理想的养护方式为先湿养护一段时间再干燥养护，这样不但提高了水泥的水化程度，而且提高了聚合物粒子的成膜能力。

阶段4：由于水泥水化过程不断进行，聚合物粒子之间的水分逐渐被水泥水化所消耗，最终聚合物粒子完全融合形成连续的聚合物网络结构，把水泥水化物黏结在一起，改善了水泥石的结构。

6.5.3 性能与应用技术

（1）性能

聚合物乳液与水泥基材料的相互作用改变了硬化水泥基材料性能。本节主要阐述聚合物乳液对水泥基材料力学性能的影响。

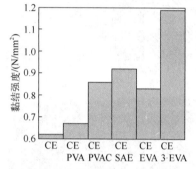

图6.14 掺入聚合物乳液对水泥砂浆黏结强度的影响[9]

① 黏结强度 含有纤维素醚（CE）并掺入不同类型聚合物乳液的水泥砂浆在混凝土基材表面的黏结强度的测试结果如图6.14所示，加入聚合物乳液均显著提高水泥砂浆的黏结强度，但不同聚合物乳液提升幅度差异较大。

② 抗压强度与抗折强度 随着聚合物乳液掺量的增加，水泥砂浆的抗压强度整体呈现下降趋势，而抗折强度呈现先增加后下降的变化趋势（图6.15）。另外，水泥砂浆的养护条件也直接影响聚合物乳液的作用效果，混合养护方式（1天拆模—20℃水中养护6天—20℃70%湿度环境养护21天）下，不论其抗折强度还是抗压强度均高于同一龄期下全程湿养护的样品。这是由于乳液成膜需要干燥条件，而湿养护延缓了乳液成膜过程，因此其强度降低。

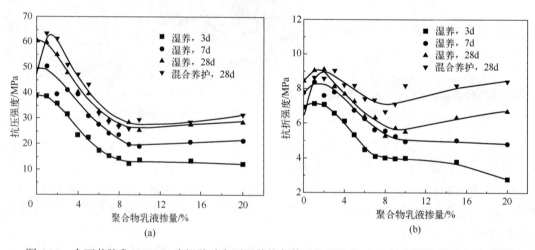

图6.15 含丁苯胶乳（SBR）水泥胶砂在不同养护条件下抗压强度（a）与抗折强度（b）变化[10]

（2）应用技术

聚合物乳液对水泥基材料的性能改善作用具有众多不同的应用场合。本节主要介绍其在水泥基材料力学性能和防水性能改善方面的应用。

① 瓷砖胶黏剂 传统瓷砖胶黏材料是以硅酸盐水泥作为主要黏结组分的胶黏材料。施

工时需采用厚涂工艺，即在预浸水的瓷砖背面涂抹约 10mm 厚胶黏材料，然后贴到墙上或地板上，再轻轻敲打瓷砖保证一定的平整度。该工艺易导致瓷砖背面水泥浆体的变形和错位，引起"空鼓"，且水泥砂浆干燥收缩使黏结面存在较高应力，导致瓷砖易脱落，具有较大隐患。为解决上述问题，常将聚合物乳液掺入水泥基材料中，提高黏结力的同时降低水泥砂浆层厚度，实现瓷砖薄层粘贴。

瓷砖胶黏剂可分为单组分粉状产品与由液料和粉体构成的双组分产品。市场上的瓷砖胶黏剂绝大部分是单组分粉状产品，此类产品一般采用水泥为基本胶凝材料，以 PAE、EVA 等可再分散乳胶粉为改性材料，其掺量一般为水泥质量的 2%～6%。此外，配方中通常还添加保水的改性纤维素醚、防收缩的细骨料砂以及防开裂的木纤维等。JC/T 547—2017《陶瓷砖胶粘剂》对此类产品的分类和质量要求以及实验方法做了详细规定。

② 混凝土界面胶黏剂　混凝土界面胶黏剂又称混凝土界面剂、界面处理剂等，简称界面剂，是一种用于改善混凝土表面性能或赋予混凝土表面特殊功能的表面处理材料，主要利用聚合物成膜作用，形成一个具有良好黏结性能的过渡层，解决材料表面由吸水或光滑引起的面层不易黏结、抹灰层空鼓、开裂、剥落等问题，具有显著增强新旧混凝土之间及混凝土与抹灰砂浆之间黏结力的功能。

根据表观形态的不同，界面剂可分为液体与粉体两种。液体界面剂一般由 EVA 等聚合物乳液与其他助剂组成，使用时再掺入水泥，聚合物乳液掺量为水泥质量的 2%～6%。粉体类为水泥与可再分散乳胶粉的混合物，使用时直接加水搅拌。JC/T 907—2018《混凝土界面处理剂》对该类材料的性能要求做了详细规定，在此不再赘述。

③ 保温砂浆　保温砂浆或轻质保温砂浆多是建筑行业对聚合物水泥基建筑保温隔热材料的习惯称谓，主要是指以聚合物水泥基材料为黏结剂，将松散颗粒状材料黏结在一起形成的功能材料。依据颗粒材料的性质，可分为以有机胶粉聚苯颗粒为主的建筑保温浆料（详见建工行业标准 JG/T 158—2013《胶粉聚苯颗粒外墙外保温系统材料》）和以无机膨胀玻化微珠为主的建筑保温砂浆（详见 GB/T 20473—2021《建筑保温砂浆》）。

在保温砂浆中，各类保温隔热材料均需要加入乳胶粉来提高其性能（黏结强度、抗拉强度、柔韧性和耐水性等），乳胶粉掺量为水泥质量的 3%～5%。由于乳胶粉主要作用为提高保温砂浆与基层的界面黏结力，因此应选用黏结力强、T_g 低的产品，如乙烯-醋酸乙烯酯共聚物胶粉。

④ 修补砂浆　聚合物水泥基修补砂浆一般用于混凝土结构物的修补，其性能要求包括工作性、与旧混凝土良好的相容性、黏结性、相匹配的热膨胀系数与力学性能等。此外，如果所修补混凝土结构处于潮湿环境中，修补砂浆的耐水性能也是一个重要的考虑因素。对混凝土结构物的修补是否成功主要取决于修补材料与旧混凝土的界面黏结，因此需要在修补砂浆中加入乳胶粉提高其黏结力和抗潮耐水性能。纯丙胶粉或苯丙胶粉是修补砂浆中比较常用的两类聚合物，其掺量约为水泥质量的 5%～10%。

⑤ 地坪砂浆　依据地坪装饰材料使用的主要性质不同分为地坪涂料与自流平地坪材料。其中，地坪涂料以聚氨酯和环氧树脂为主要成膜物质，具有很好的耐磨性、弹性、防滑性、耐腐蚀性和抗电性。自流平地坪材料则以无机水泥砂浆材料为主，具有抗磨损性与硬度高、强度增长快、耐久性好等优点。相比纯丙乳液和乙烯-醋酸乙烯酯共聚物乳液等，丁苯胶乳低温柔韧性、耐腐蚀性与耐磨性更好，价格便宜，因此丁苯胶乳耐磨地坪砂浆成为主要的聚合物改性水泥砂浆。丁苯胶乳在集料与水泥石界面处形成的聚合物膜，构建了集料-水泥

石-丁苯胶乳的三维网状结构，增强了硬化砂浆的柔性与抗变形能力。

⑥ 聚合物水泥防水砂浆　聚合物乳液外加剂的另一个优势在于其通过乳液成膜，在水泥基材料内部形成网状结构，堵塞孔径或微裂缝，提高水泥基材料的抗潮防水性能。砂浆是一种渗透性（透水性）很强的多孔材料，其中的孔隙是砂浆产生渗透性的主要原因。在砂浆中引入适量的具有胶结和成膜性质的聚合物，能够弥补结构孔隙缺陷，提高水泥砂浆抗渗性能。根据 JC/T 984—2011《聚合物水泥防水砂浆》，聚合物水泥防水砂浆是以水泥、细骨料为主要组分，以聚合物乳液或可再分散乳胶粉为改性剂，添加适量助剂混合制成的防水砂浆。依据聚合物的状态分为Ⅰ类干粉类与Ⅱ类乳液类防水砂浆，其中聚合物乳液掺量一般为水泥质量的 5%～20%。

⑦ 聚合物水泥防水涂料　根据 GB/T 23445—2009《聚合物水泥防水涂料》，聚合物水泥防水涂料是以丙烯酸酯、乙烯-乙酸乙烯酯等聚合物乳液和水泥为主要原料，加入填料及其他助剂配制而成，经水分挥发和水泥水化反应固化成膜的双组分水性防水涂料。聚合物水泥防水涂料综合了聚合物和水泥的优势，具有"刚柔相济"的特征，既具有聚合物涂抹的延伸性、防水性，也具有水硬性胶凝材料强度高、与潮湿基体黏结力强的优点。与聚合物水泥防水砂浆相比，聚合物水泥防水涂料的最大特点是聚合物乳液掺量显著提高（水泥质量的 40%～60%），因此硬化浆体的柔韧性和弹性得到显著提高，适用于防水效果要求高、容易变形的建筑结构。

思考题

1. 防冻剂的主要种类及作用机理是什么？防冻剂与早强剂对混凝土性能影响有何区别？
2. 从分子结构、作用机理方面叙述消泡剂与引气剂的相似点和不同点。
3. 消泡剂的主要种类及其性能特征有哪些？消泡剂对混凝土性能有哪些影响？
4. 阐述物理发泡剂与引气剂之间的相似点和不同点，并介绍用作物理发泡剂的表面活性剂的结构特点与作用原理。
5. 采用哪些指标可以评价水下不分散混凝土絮凝剂的抗分散性？水下不分散混凝土絮凝剂对水下不分散混凝土的性能有哪些影响？
6. 阐述水下不分散混凝土絮凝剂的主要作用机制。
7. 聚合物乳液的成膜过程与共聚物的玻璃化转变温度密切相关，如何调控共聚物的玻璃化转变温度？
8. 阐述聚合物乳液掺入水泥基材料后的作用过程。
9. 举例说明聚合物乳液的主要用途。

参考文献

[1] 王稷良, 孙小彬, 杨志峰. 防冻组分对水泥混凝土性能的影响研究[J]. 硅酸盐通报, 2014, 33(12): 7-10.

[2] Nikolai D D. Mechanisms of foam destruction by oil-based antifoams[J]. Langmuir, 2004, 20: 9463-9505.

[3] 段彬, 张明, 齐淑芹. 消泡剂和引气剂对混凝土性能影响的研究[J]. 铁道建筑, 2011(12): 131-133.

[4] 叶坤. 高性能海工水下不分散混凝土研究[D]. 扬州: 扬州大学, 2016.

[5] Yoshihiko O. Polymer-based admixtures[J]. Cement and Concrete Composites, 1998, 20(2/3): 189-212.

[6] Kong X M, Emmerling S, Pakusch J, et al. Retardation effect of styrene-acrylate copolymer latexes on cement hydration[J]. Cement

and Concrete Research, 2015, 75: 23-41.

[7] Plank J, Gretz M. Study on the interaction between anionic and cationic latex particles and Portland cement[J]. Colloids and Surfaces A: Physicochemical and Engineering Aspects, 2008, 330: 227-233.

[8] Ohama Y. Principle of latex modification and some typical properties of latex modified mortars and concretes[J]. ACI Materials Journal, 1987, 84(6): 511-518.

[9] Jenni A, Holzer L, Zurbriggen R, et al. Influence of polymers on microstructure and adhesive strength of cementitious tile adhesive mortars[J]. Cement and Concrete Research, 2005, 35: 35-50.

[10] Wang R, Wang P M, Li X G. Physical and mechanical properties of styrene butadiene rubber emulsion modified cement mortars[J]. Cement and Concrete Research, 2005, 35: 900-906.

第 7 章

外加剂的选择及在典型混凝土中的应用

混凝土外加剂品种繁多、功能各异,既可以单独使用,又可以复合使用,掺量范围宽,且使用效果受多种因素影响。因此,根据工程设计要求、混凝土特点、材料组成、施工环境以及长期服役环境特征,科学选择与使用混凝土外加剂是充分发挥外加剂功能,提升混凝土性能的前提。本章主要介绍外加剂的选择原则、外加剂与混凝土原材料的**相容性**,以及典型混凝土中外加剂的应用技术。

7.1 混凝土外加剂的选用

混凝土外加剂应当依据混凝土主要性能需求科学合理地选用,同时不应对混凝土其他性能产生显著负面影响,此外还不应对人体和生态环境产生不利影响。

7.1.1 选用原则

(1)根据混凝土的性能需求,针对性地选用外加剂种类

不同品种的水泥混凝土有不同的性能特点。按照新拌混凝土流动性的大小可分为干硬性混凝土(坍落度小于 10mm)、塑性混凝土(坍落度为 10~90mm)、流动性混凝土(坍落度为 100~150mm)、大流动性混凝土(坍落度≥160mm)和自密实混凝土(坍落扩展度≥550mm)。按照混凝土强度等级可分为低强度混凝土(抗压强度<30MPa)、中等强度混凝土(30MPa≤抗压强度<60MPa)、高强混凝土(60MPa≤抗压强度<100MPa)和超高强混凝土(抗压强度≥100MPa)。按混凝土生产方式可分为现浇混凝土(又称商品混凝土)和装配式混凝土。按混凝土施工方式可分为泵送混凝土、喷射混凝土、碾压混凝土和挤压混凝土等。

不同特性的混凝土,应根据其强度等级、服役环境、施工方式、工程原材料、施工环境与设备有针对性地进行外加剂的选择与组合。可以是单一剂种,也可以是多个剂种组合应用,还可以单一剂种不同品种进行组合应用,但最终都必须通过试验确定外加剂的性能和最佳用量。例如,当工程要求减少混凝土拌合水用量,提高混凝土力学性能时,应根据减水率大小选用减水剂品种;当工程要求延长混凝土凝结时间,应选用缓凝剂;当工程须在日均气温连续 5d 低于 5℃情况下施工,则要采取冬期施工方案,应选用防冻剂;当混凝土需要泵送施工时,应根据商品混凝土运输路程和泵送距离选择不同坍落度保持时间的泵送剂,泵送剂往往由减水剂、坍落度保持剂、缓凝剂、黏度调节剂以及引气剂复合而成;当工程需要提高混凝

土抗冻融性能时，应选用引气剂；喷射混凝土工程要求喷射到作业面的混凝土立即凝结、硬化并尽快产生强度，应选择速凝剂；当水电大坝采用大体积混凝土时，则需要选择水化温升抑制剂或缓凝剂或膨胀剂；当工程采用补偿收缩混凝土或自应力混凝土时，则需要选用不同膨胀效能的膨胀剂或其组合。

（2）选用的混凝土外加剂不应对混凝土结构耐久性产生不良影响

选用混凝土外加剂时，应考虑其不应对混凝土结构耐久性产生不良影响，GB 50119—2013《混凝土外加剂应用技术规范》给出了明确规定。

① 强电解质无机盐会导致镀锌钢材、铝铁等金属发生锈蚀，生成的金属氧化物产生体积膨胀，会导致混凝土结构胀裂。所以含强电解质无机盐的早强型减水剂、早强剂、防冻剂和防水剂，严禁用于与镀锌钢材或铝铁相接触部位的混凝土结构，严禁用于有外露钢筋预埋铁件而无防护措施的混凝土结构。强电解质无机盐在有水存在的情况下会水解为金属离子和酸根离子，这些离子在直流电的作用下会发生定向迁移，使得这些离子在混凝土中分布不均，造成混凝土性能劣化，导致工程安全问题，所以含有强电解质无机盐的早强型减水剂、早强剂、防冻剂和防水剂严禁用于使用直流电源的混凝土结构、严禁用于距高压直流电源 100m 以内的混凝土结构。

② 氯离子易导致钢筋发生电化学锈蚀、膨胀，造成钢筋混凝土结构破坏，所以含有氯盐的早强型减水剂、早强剂、防水剂和氯盐类防冻剂等严禁用于预应力钢筋混凝土、使用冷拉钢筋或冷拔低碳钢丝的混凝土以及间接或长期处于潮湿环境下的钢筋混凝土和钢纤维混凝土结构。

③ 亚硝酸盐、碳酸盐会造成钢筋应力腐蚀与晶格腐蚀，对预应力钢筋混凝土结构安全造成重大影响。所以含有亚硝酸盐、碳酸盐的早强型减水剂、早强剂、防冻剂和含亚硝酸盐的阻锈剂严禁用于预应力钢筋混凝土结构。

④ 混凝土中的碱（Na_2O、K_2O）可与含活性二氧化硅或黏土质、白云质石灰岩类骨料发生碱骨料反应，造成混凝土结构膨胀开裂。因此当使用具有碱活性或潜在碱活性骨料生产混凝土时，应选用碱含量低的混凝土外加剂，由外加剂带入的碱不宜超过 $1kg/m^3$，控制混凝土碱含量（$Na_2O+0.658K_2O$）满足设计要求（小于 $3kg/m^3$），尤其要重点关注掺量较高的膨胀剂、速凝剂、早强剂、防冻剂等带入的碱含量。

（3）选用的混凝土外加剂不应对人体和生态环境产生不良影响

根据现有研究判断，加入了普通减水剂、高效减水剂或高性能减水剂的混凝土，不会释放挥发性物质对人体和环境造成危害，但在特殊使用环境下，某些外加剂还应从人体毒理学、生态学、水体危害等方面考虑其影响。GB 50119—2013《混凝土外加剂应用技术规范》给出了明确规定。

① 六价铬盐、亚硝酸盐和硫氰酸盐对人体健康有毒害作用，因此含上述成分的早强剂和防冻剂严禁用于饮水工程中建成后与饮用水直接接触的混凝土。

② 硝酸铵、碳酸铵和尿素在混凝土碱性条件下会释放出对眼、鼻、咽、肺等有刺激作用的氨，职业危害程度等级为高度危害（Ⅲ级），因此含有硝酸铵、碳酸铵和尿素的早强剂和防冻剂严禁用于办公、居住等有人员活动的建筑工程。GB 18588—2001《混凝土外加剂中释放氨的限量》中规定用于室内使用功能的建筑用混凝土外加剂中氨释放量≤0.10%（质量分数）。

③ 用作缓凝剂的蔗糖、葡糖酸盐、磷酸盐被划为水危害 1 级：对水有轻微危害，它们不应直接进入下水道排水管，也不应直接排放到水生环境或下水道系统。

④ 速凝剂属于强碱或强酸，对人的皮肤、眼睛具有腐蚀性，因此不管是水剂还是粉剂都必须贴上"腐蚀性"标签，在接触或处理这些速凝剂时，应采取必要的安全防护措施，确保人身安全。以硅酸盐、铝酸盐、碳酸盐和甲酸盐为原材料的速凝剂被划为水危害 1 级：对水轻微危害，因此它们不应直接进入下水道排水管，也不应直接排放到水生环境或下水道系统。

⑤ 甲醛是一种无色易溶的刺激性气体，对眼、鼻等有刺激作用，属一类致癌物。GB 31040—2014《混凝土外加剂中残留甲醛的限量》中规定用于室内使用功能的建筑用混凝土外加剂中残留甲醛的量应不大于 500mg/kg。

（4）多种混凝土外加剂复合应用时应具有良好的相容性

混凝土性能需求多样，往往制备时需要掺加两种及以上的外加剂。例如，泵送混凝土往往需要选用减水剂、坍落度保持剂、缓凝剂、黏度调节剂、引气剂等；冬期施工混凝土往往需要选用减水剂、防冻剂、早强剂、引气剂等。为使用方便，实际工程中习惯将多种外加剂复合在一起应用，复合应用前应确认各种外加剂之间不发生化学反应，功能无抵触；各种外加剂中若含有相似功能组分，则其功效叠加需不超出规定允许范围，如缓凝型减水剂与水化温升抑制剂复合应用，需确认混凝土凝结时间未超出设计要求，黏度调节剂与引气剂复合使用需确认混凝土含气量未超过设计要求。此外，液体状外加剂复合时不应产生分层、絮凝、沉淀、变色等相容性问题；粉体状外加剂复合使用时应混合均匀，不产生结块现象。

（5）选用混凝土外加剂应考虑工程原材料和施工环境的变化

混凝土外加剂的选用还应考虑混凝土原材料的波动性、施工周期内环境温湿度的不断变化。当变化不大时，通过外加剂掺量变化或组成比例调整即可消除不利影响；如果材料或施工环境波动太大，则可能要重新选择外加剂品种或调整组成比例才能满足工程混凝土的性能需求。

7.1.2 外加剂与混凝土其他组成材料的相容性

根据 GB 50119—2013《混凝土外加剂应用技术规范》，**相容性**是指含减水组分的混凝土外加剂与胶凝材料、骨料、其他外加剂相匹配时，拌合物流动性及其经时变化程度。混凝土外加剂性能和功能的充分发挥与混凝土原材料如水泥、掺合料、砂石骨料等密切相关，外加剂与混凝土原材料之间存在相容性问题，也称适应性问题。将经检验符合相关标准的某种外加剂掺入按规定可以使用该品种外加剂的混凝土中，若能达到期望的效果，则认为该外加剂与这种混凝土的原材料相容或相容性较好；反之，则相容性较差。GB 50119—2013 的附录 A 规定了混凝土外加剂相容性快速试验方法。实际工程应用前，必须进行外加剂相容性试验，科学选用与混凝土原材料相容性良好的外加剂。

混凝土原材料中水泥、粉煤灰和骨料三者与外加剂之间容易出现不相容问题，其中与减水剂、引气剂、速凝剂等最易出现。下面以几种典型的外加剂为例，阐述外加剂与混凝土原材料之间的相容性及影响因素。

7.1.2.1 与水泥的相容性

水泥与水接触后，水化反应立即开始，其本质是水泥熟料矿物和石膏的溶解，以及新矿物相沉淀生长的过程。熟料矿物中硅酸三钙（C_3S）溶解量最大、铝酸三钙（C_3A）溶解最快，此外还有不同类型石膏的溶解，形成了含 Ca^{2+}、K^+、Na^+、OH^-、SO_4^{2-}、$Al(OH)_4^-$、SiO_3^{2-} 等离子的高碱、高盐溶液体系。当掺入的外加剂与水化过程发生交互作用时，往往会导致外加剂与水泥的相容性问题。

（1）减水剂

减水剂与水泥的不相容或相容性差表现为减水剂掺量高、浆体流动性差、流动性经时损失大。水泥与减水剂不相容的原因较多，其中水泥熟料矿物 C_3A 含量、石膏种类和含量影响最大。由于 C_3A 水化反应活性最高、水化速率最快，新生水化产物数量多、比表面积大，消耗减水剂的能力最强，所以水泥中 C_3A 含量高，减水剂的相容性往往不佳。

水泥浆体溶液中的可溶性硫酸盐（SO_4^{2-}）含量对 C_3A 水化反应有较大影响，并直接影响减水剂的相容性（图 7.1）。在高 SO_4^{2-} 含量条件下，C_3A 水化形成钙矾石（AFt）和单硫型

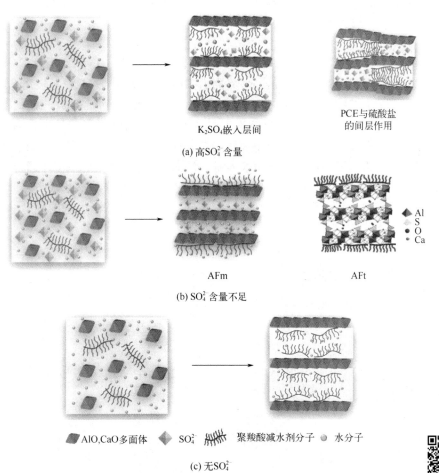

(a) 高SO_4^{2-}含量

(b) SO_4^{2-}含量不足

(c) 无SO_4^{2-}

图 7.1　硫酸盐含量对 C_3A 水化与聚羧酸减水剂相互作用的影响

水化硫铝酸钙（AFm），这些水化产物表面呈正电性，带负电的聚羧酸减水剂分子吸附在颗粒表面，对浆体流动性无显著不利影响；在 SO_4^{2-} 含量不足时，C_3A 水化形成大量层状结构的水化铝酸钙，其层间吸附部分聚羧酸分子，这部分减水剂分子难以发挥分散水泥颗粒的作用，使得聚羧酸掺量需要大幅增加，但采用聚羧酸延迟添加的方式可以有效减少插层消耗，因此显著降低所需掺量[1]。

水泥浆体溶液中的 SO_4^{2-} 少量由水泥熟料中固溶的碱式硫酸盐如 K_2SO_4、Na_2SO_4 提供，大部分由石膏溶解产生。水泥中的石膏可以是天然石膏也可以是工业副产石膏，天然石膏主要为二水石膏、硬石膏，工业副产石膏主要为二水石膏。另外，水泥粉磨温度对石膏也有影响，粉磨温度高时，二水石膏会脱水为半水石膏或无水石膏。因此，水泥中的石膏可能会以二水石膏、半水石膏、无水石膏混合的形式存在。不同形态石膏的溶解速率、溶解度差异较大，导致浆体中即时 SO_4^{2-} 和 Ca^{2+} 浓度不同，从而影响了水泥浆体中 ζ 电位、C_3A 水化反应进程和新石膏晶体生成，最终导致减水剂与水泥的相容性问题。半水石膏溶解度高、溶解速度快，当水泥中半水石膏含量较高时，早期水泥浆体中会生成大量的二水石膏晶体，造成浆体流动性在 3～15min 内显著下降，严重影响混凝土施工性能，过量半水石膏甚至会导致假凝；无水石膏溶解速率快，但溶解度低，易造成水泥浆体内部 SO_4^{2-} 不足，C_3A 水化反应易生成水化铝酸钙，造成浆体流动性下降。

（2）引气剂

水泥混凝土拌合物属高碱、高盐、多界面、多组分、多尺度的复杂环境体系，水泥浆体的 pH 值达 12 以上，Ca^{2+} 浓度甚至可高达 2000mg/L，总盐浓度可达 5%。用于水泥混凝土的引气剂通常为离子型表面活性剂，可能出现引气困难或者气泡不稳定等不相容问题。

离子型引气剂在溶液和界面的自组装行为显著受到溶液中离子的影响，比如 Ca^{2+} 会导致引气剂在溶液中的溶解度下降、界面组装紊乱，从而导致引气剂的表面活性下降，引气性能大幅降低。图 7.2 展示了钙离子同阴离子型引气剂之间的相互作用模型，阴离子型引气剂螯合钙离子，引气剂气液界面排列不规则化，气液界面稳定性下降，气泡更容易聚并消失[2]。

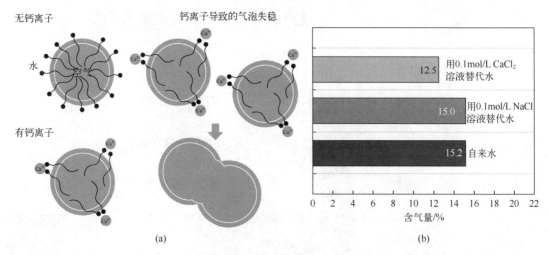

图 7.2　Ca^{2+} 与阴离子型引气剂的相互作用模型（a）以及十二烷基硫酸钠对在水、
NaCl 溶液、$CaCl_2$ 溶液中制备的砂浆含气量的影响（b）

（3）速凝剂

速凝剂与水泥不相容通常表现为水泥凝结时间长、速凝剂掺量高、混凝土或砂浆早期强度低等问题，难以满足施工要求。水泥中 C_3A 含量对速凝剂的凝结时间影响较大，表 7.1 为 C_3A 含量对速凝剂凝结时间的影响。与减水剂刚好相反，随着水泥中 C_3A 含量的提高，达到相同凝结时间所需的速凝剂掺量逐渐降低。因此，适当提高水泥矿物中 C_3A 含量，有利于改善速凝剂与水泥的相容性[3]。

表 7.1　C_3A 含量对速凝剂凝结时间的影响

C_3A 总含量/%	速凝剂掺量/%	凝结时间	
		初凝时间	终凝时间
5.4	5	6min50s	15min00s
	6	4min00s	9min00s
6.4	4	5min50s	13min00s
	5	3min40s	9min00s
7.4	3	3min30s	8min00s
9.4	2.5	3min30s	8min30s

如前所述，水泥中不同石膏溶解速率不同，导致浆体中 SO_4^{2-} 浓度差异大。当加入速凝剂之后，SO_4^{2-} 含量越高，水泥水化产物中水化铝酸钙生成量越少，使得掺速凝剂水泥浆体凝结硬化慢、凝结时间长，必须增加速凝剂掺量才能达到快速凝结的目的。表 7.2 为石膏种类及掺量对掺有碱速凝剂水泥净浆凝结时间的影响，石膏含量越高，该水泥对速凝剂需求量越高，同时凝结时间延长。

表 7.2　石膏种类及掺量对有碱速凝剂凝结时间的影响

石膏掺量/%	石膏种类	速凝剂掺量/%	凝结时间	
			初凝时间	终凝时间
4.3	二水石膏	2.5	2min10s	6min50s
5.4		2.5	2min30s	7min30s
6.5		3.0	2min00s	5min00s
3.4	无水石膏	3.0	3min05s	7min00s
4.3		3.0	3min30s	8min00s
5.1		3.5	3min00s	7min50s

7.1.2.2　与粉煤灰的相容性

优质粉煤灰多为球形颗粒，能够改善混凝土拌合物流动性、保水性，提升可泵性，降低混凝土开裂风险，优化混凝土耐久性，与外加剂具有良好的相容性。然而，当使用低品质粉煤灰或掺假的劣质灰如循环硫化床脱硫灰、高烧失量粉煤灰时，这类粉煤灰中存在较多非球形烧结物颗粒，表面粗糙多孔（图 7.3），对减水剂分子具有强烈的吸附作用，被吸附的减水剂分子不能发挥分散作用，导致严重不相容问题，表现为减水剂掺量大幅增加，浆体流动度差，坍落度损失快，混凝土黏度大。

水泥、Ⅰ级粉煤灰、循环硫化床脱硫灰对减水剂的吸附率截然不同（表 7.3）。循环硫化床脱硫灰对聚羧酸减水剂分子吸附能力较普通粉煤灰有大幅提升，且早期吸附量大，导致水泥浆/新拌混凝土初始流动度小，流动度损失快，表现为减水剂与粉煤灰相容性差。

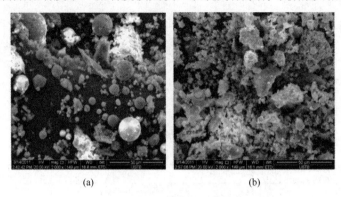

（a）   （b）

图 7.3　普通煤粉炉粉煤灰（a）和循环硫化床脱硫灰（b）

表 7.3　不同粉煤灰对减水剂吸附数据

名称	吸附率/%		
	2min	5min	30min
水泥	25～35	30～45	40～50
Ⅰ级粉煤灰	15～25	25～35	30～40
循环硫化床脱硫灰	50～70	50～80	60～90

此外，高烧失量粉煤灰因含大量高温未燃尽的多孔状碳颗粒，引气剂分子易吸附进入碳颗粒内部，导致引气剂在混凝土拌合物中的有效浓度不足，引气效能下降，所以引气剂与烧失量高的粉煤灰也存在相容性差的问题。

7.1.2.3　与骨料的相容性

混凝土细骨料与外加剂相容性问题最显著，其中以骨料含泥量和颗粒级配问题造成的不相容性问题最为突出。外加剂与细骨料间不相容性表现为外加剂掺量高、混凝土拌合物流动性差、流动性损失快、和易性差等。

（1）骨料含泥量对外加剂性能的影响

骨料含泥量是指天然砂或碎石、卵石中粒径小于 75μm 颗粒的含量，其中天然砂和卵石中主要指黏土颗粒，碎石中主要指黏土和石粉的混合颗粒。与外加剂相容性问题突出的细颗粒主要指黏土颗粒，其矿物成分主要为蒙脱石、高岭石、伊利石、蛭石等。黏土矿物大多为层状结构，对外加剂具有强烈的吸附作用，所以含泥量是影响外加剂与骨料相容性的最主要因素。采用含泥量高的骨料拌制混凝土时，减水剂分散能力显著下降、掺量大幅增加，混凝土拌合物流动性变差，流动性损失加大。泥的种类和含量不同，影响程度也不一样，其中特殊片层结构的蒙脱石劣化减水剂分散性能最为严重，其层状空间内部插层吸附大量减水剂分子，使得减水剂被大量消耗，降低了减水剂分子在水泥颗粒表面的吸附量，从而降低了分散性能，如图 7.4 所示。此外，蒙脱石矿物吸水膨胀也降低了混凝土流动性[4]。

（2）骨料级配对外加剂性能影响

骨料级配对混凝土工作性具有较大影响，尤其是细骨料中细颗粒的含量。一般认为粒径小于 0.315mm 的颗粒含量对混凝土保水性、可泵性影响较大。图 7.5 为骨料在混凝土中堆积示意图，细骨料中 0.315mm 以下颗粒含量较多时，细颗粒能够填充骨料堆积之间的空隙，使骨料堆积密度增大，堆积空隙率低，降低混凝土对浆体的需求量，此时混凝土的保水性、易泵性提升，减水剂、黏度调节剂往往与骨料表现出良好的相容性。当细骨料中 0.315mm 以下颗粒较少时，混凝土的保水性下降，黏度提高，且易出现离析、泌水等施工问题，表现为外加剂与细骨料的相容性差。

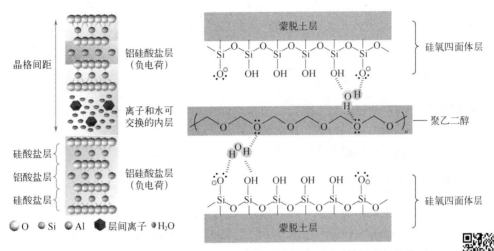

图 7.4　蒙脱石矿物片层结构以及聚羧酸减水剂聚乙二醇侧链的插层作用

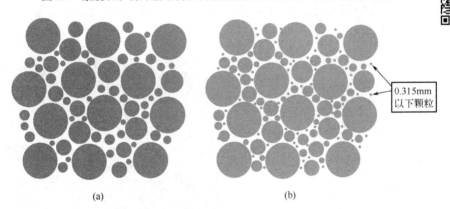

(a)　　　　　　　　　　(b)

图 7.5　混凝土中骨料堆积示意图

（a）不含 0.315mm 以下粒径颗粒；（b）含 0.315mm 以下粒径颗粒

当细骨料中 0.315mm 以下颗粒含量过多时，黏度调节剂与这些颗粒相互作用，形成三维网状结构，能提升混凝土拌合物屈服应力与塑性黏度，使混凝土拌合物流动性下降，施工难度增加，表现为黏度调节剂与细骨料的相容性差。

7.2　典型混凝土中外加剂应用技术

混凝土外加剂在调控混凝土流变性，改善混凝土施工性能，调控水泥水化进程与凝结、硬化速率，提高混凝土强度，降低混凝土开裂风险，以及提升混凝土耐久性方面发挥了重要作用。混凝土外加剂的应用，使**泵送混凝土、自密实混凝土、高强与超高强混凝土、喷射混凝土、大体积混凝土和补偿收缩混凝土**等典型或特种混凝土的制备和规模应用成为可能，使混凝土能够在低温、高温、干燥等不同环境下顺利施工，使混凝土构筑物在冻融环境、氯盐环境、化学腐蚀环境中能够在设计使用年限内保持其适用性和安全性，也使混凝土组成、浇筑、养护更加绿色、低碳、环保。

本节主要针对泵送混凝土、自密实混凝土、喷射混凝土、大体积混凝土、补偿收缩混凝土、超高性能混凝土，以及低温混凝土、高温干燥环境下施工的混凝土和严苛环境中服役的混凝土等各类典型混凝土性能需求，选择与组合不同外加剂解决工程难题，介绍工程应用效果。

7.2.1 泵送混凝土

泵送混凝土是指可通过混凝土泵的泵压推动作用沿管道输送并进行浇筑施工的混凝土。混凝土泵送是一种高效的施工方式，速度快、劳动力需求少，尤其适合于大方量集中浇筑、施工现场面积大、输送距离远、高层建筑等工况下流动性混凝土的浇筑施工[5]。

7.2.1.1 泵送混凝土的性能

混凝土泵送系统主要由混凝土泵体和输送管道组成，按结构形式分为活塞式、挤压式、水压隔膜式。以市场应用最普遍的活塞式混凝土泵（见图7.6）为例，入泵混凝土在两个活塞交替往复运动过程中，首先被吸入输送缸，然后在压力作用下压送出输送缸，进入输送管道，后吸入的混凝土顶压之前吸入的混凝土顺序向前运动，如此循环往复完成混凝土的高远程泵送施工。

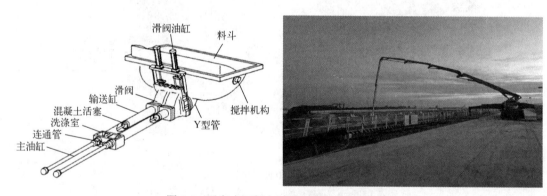

图7.6 活塞式混凝土泵示意图及泵送施工图

混凝土拌合物的吸入、顶压过程连续顺畅是泵送混凝土高效施工的前提，因此泵送混凝土拌合物应具备如下典型特性。

（1）较大的流动性

良好的流动性使混凝土拌合物依靠自身重力或搅拌推力流入输送缸，在相对较低的泵压动力下实现混凝土拌合物在输送管道内的快速移动，减少对泵送设备动力系统的配置要求，提高泵送输送高度和距离。泵送混凝土拌合物的流动性通常以混凝土拌合物坍落度、扩展度作为评价指标，具体技术指标如表7.4所示。

表 7.4　混凝土入泵坍落度与泵送高度关系

最大泵送高度/m	50	100	200	400	400 以上
入泵坍落度/mm	100～140	150～180	190～220	230～260	—
入泵扩展度/mm	—	—	—	450～590	600～740

资料来源：JGJ/T 10—2011《混凝土泵送施工技术规程》。

（2）良好的黏聚性

混凝土拌合物的各种组成材料在施工过程中应具有一定的黏聚力，能保持成分的均匀性，在运输、浇筑、振捣、养护过程中不发生离析。泵送混凝土拌合物良好的黏聚性使浆体和骨料等组分在管道输送过程中协同运动，减小混凝土拌合物与输送管道间的摩擦，保障入泵混凝土与泵出混凝土品质一致。泵送混凝土拌合物黏聚性通常以是否离析以及压力泌水率作为评价指标，不离析为宜，10s 压力泌水率不宜大于 40%。

（3）优异的坍落度保持能力

泵送混凝土多为预拌混凝土，混凝土搅拌生产场所与浇筑施工地点之间有一定的距离，通过混凝土搅拌运输车装载运输，车辆到场后往往需要排队等待，使混凝土拌合物自搅拌完成至入泵施工整个过程持续时间较长，最长可达 8h。实际工程中，混凝土坍落度保持性的控制是根据运输和等候浇筑的时间决定的，一般浇筑时混凝土的坍落度不得低于 120mm。对于运输和等候时间较长的混凝土，应选用坍落度保持性较好的外加剂，GB 50119—2013《混凝土外加剂应用技术规范》进行了规定（表 7.5）。

表 7.5　混凝土运输和等候时间与坍落度 1h 经时变化量的选择

序号	运输和等候时间/min	混凝土坍落度 1h 经时变化量/mm
1	<60	≤80
2	60～120	≤40
3	>120	≤20

注：掺泵送剂混凝土拌合物坍落度 1h 经时变化量按 GB 8076—2008《混凝土外加剂》中规定的方法测试。

7.2.1.2　外加剂性能需求

针对泵送混凝土流动性、黏聚性和坍落度保持能力的需求，泵送混凝土对外加剂的性能要求包括：①大幅提升混凝土拌合物的流动性，根据泵送混凝土强度等级选用不同减水率的减水剂，C30 及 C30 以下强度等级混凝土宜选用减水率在 12%～20%的减水剂，C35～C55强度等级混凝土宜选用减水率在 16%～28%的减水剂，C60 及 C60 以上强度等级混凝土宜选用减水率大于 25%的减水剂；②改善混凝土拌合物的黏聚性，通常选用黏度调节剂、触变剂；③延长混凝土拌合物坍落度保持性能，保障混凝土施工时的可泵性，通常选用坍落度保持剂；④其他性能，包括但不限于延长混凝土凝结时间、优化混凝土气泡结构等，可选用缓凝剂、引气剂、消泡剂等。

7.2.1.3　应用案例

北京中信大厦工程建筑高度 528m，地上 108 层，地下 7 层。工程塔楼高强混凝土结构分为两部分：巨型组合柱、核心筒剪力墙。其混凝土强度等级为：地下 7 层至地上 46 层为强度等级 C70 混凝土，其最大泵送高度达 229.55m；地上 47 层至地上 108 层为强度等级 C60 混凝土，其最大泵送高度达 485.65m。最高处为顶层的停机坪，混凝土强度等级为 C40，泵送高度 528m。本工程核心筒剪力墙墙体结构的特殊性，要求混凝土在浇筑时具有良好的流动性和可泵性，同时北京地区交通运输压力大，混凝土生产结束到入泵浇筑之间的时间大于 2h，为生产安全考虑要求泵送混凝土坍落度保持时间不低于 4h，所使用的强度等级 C60 混凝土配合比见表 7.6。

表 7.6　强度等级 C60 泵送混凝土配合比　　　　　　　　　　　　单位：kg/m³

| 水 | 水泥 | 粉煤灰 | 矿粉 | 硅粉 | 砂 | 碎石 | 复合型高性能减水剂 |
	PO42.5	I 级	S95				
160	400	100	50	25	780	850	14.4

高强泵送混凝土对外加剂提出高减水、高保坍、高黏聚性需求，因此，实际使用的复合型高性能减水剂由聚羧酸减水剂、坍落度保持剂、缓凝剂、黏度调节剂和消泡剂组成。强度等级 C60 泵送混凝土流动性好，施工期内混凝土拌合物坍落扩展度大于 650mm，混凝土生产结束至入泵时扩展度损失小于 50mm，混凝土黏聚性佳，无离析，无泌水，过程泵送压力小于 15MPa，泵送施工顺利，泵送混凝土施工性能见表 7.7。

表 7.7　C60 超高泵送混凝土入泵与出泵性能现场检测结果

施工部位	F57 层剪力墙及梁						
泵送压力/MPa	8～10	排量/（m³/h）	27.5	水平距离/m	105	垂直高度/m	276
混凝土温度/℃	扩展度/mm	J 环扩展度/mm	T_{500}①/s	VF②/s	含气量/%	屈服应力/Pa	塑性黏度/（Pa·s）
入泵	30	735	685	—	46.4	2.3	287.9	92.9
出泵	27	680	610	—	9.9	2.5	276.5	65.9
施工部位	F61 层剪力墙及梁						
泵送压力/MPa	8～10	排量/（m³/h）	25	水平距离/m	105	垂直高度/m	296
混凝土温度/℃	扩展度/mm	J 环扩展度/mm	T_{500}/s	VF/s	含气量/%	屈服应力/Pa	塑性黏度/（Pa·s）
入泵	28.2	710	700	4.1	10.5	2.75	146.9	124.2
出泵	30.4	790	740	2.5	3.3	2.20	282.1	55.6
施工部位	F71 层剪力墙及梁						
泵送压力/MPa	8～10	排量/（m³/h）	25	水平距离/m	105	垂直高度/m	341
混凝土温度/℃	扩展度/mm	J 环扩展度/mm	T_{500}/s	VF/s	含气量/%	屈服应力/Pa	塑性黏度/（Pa·s）
入泵	32.7	725	690	4.1	10.1	2.85	162.7	110.8
出泵	34	705	595	2.6	7.2	2.9	111.7	25.7
施工部位	F90 层剪力墙及梁						
泵送压力/MPa	10～12	排量/（m³/h）	27.5	水平距离/m	105	垂直高度/m	429
混凝土温度/℃	扩展度/mm	J 环扩展度/mm	T_{500}/s	VF/s	含气量/%	屈服应力/Pa	塑性黏度/（Pa·s）
入泵	23.8	665	625	1.6	3.9	—	239.5	13.3
出泵	18.9	440	410	—	5.3	—	446.5	17.6

施工部位				F107 层核心筒钢板剪力墙				
泵送压力 /MPa	12～14	排量/ (m³/h)	22	水平距离/m	105	垂直高度 /m	514	
混凝土温度 /℃	扩展度 /mm	J 环扩展度 /mm	T_{500}/s	VF/s	含气量/%	屈服应力 /Pa	塑性黏度/ (Pa·s)	
入泵	26.2	765	—	—	3.7	3.5	319.3	33.4
出泵	24.3	690	650	—	3.2	2.6	325.7	13.3

① 扩展时间 T_{500} 为混凝土拌合物坍落后扩展直径达 500mm 所需的时间。

② VF 为 V 形漏斗试验中，从出料口底盖开启至混凝土拌合物排空为止的时间。

注：泵管直径 150mm，施工现场采用 ICAR 流变仪检测流变参数。

7.2.2 自密实混凝土

自密实混凝土（self-compacting concrete，SCC）兼具高流动性、均匀性和稳定性，浇筑时无须外力振捣，能够在自重作用下流动并充满模板空间，满足密集配筋的钢筋混凝土、结构异型的混凝土以及水下施工混凝土等难以振捣的特殊混凝土的施工需要[6]。

7.2.2.1 自密实混凝土的性能

自密实混凝土拌合物应具备如下典型特征。

（1）高流动性

通常以混凝土拌合物坍落扩展度表示其填充性，自密实混凝土拌合物的坍落扩展度宜大于 550mm，根据填充性能不同，将自密实混凝土拌合物填充性等级分为三级（表 7.8），优异的流动性使混凝土拌合物可填充至距离浇筑点更远的位置。

表 7.8 自密实混凝土拌合物填充性等级指标

等级	SF1	SF2	SF3
坍落扩展度/mm	550～655	660～755	760～850

资料来源：JGJ/T 283—2012《自密实混凝土应用技术规程》。

（2）高稳定性

通常以混凝土拌合物坍落扩展度与 J 环扩展度差值和离析率表示其稳定性，自密实混凝土拌合物坍落扩展度与 J 环扩展度差值不大于 50mm，离析率不高于 20%，根据这些指标可将其稳定性划分为不同等级，见表 7.9。由于自密实混凝土依靠自重填充到模板内的各个部位，良好的稳定性可保证各部位混凝土组分的均匀性。

表 7.9 自密实混凝土拌合物均匀稳定性等级指标

性能指标	性能等级	技术要求
坍落扩展度与 J 环扩展度差值/mm	PA1	25<PA1≤50
	PA2	0≤PA2≤25
离析率/%	SR1	≤20
	SR2	≤15
粗骨料振动离析率/%	f_m	≤10

资料来源：JGJ/T 283—2012《自密实混凝土应用技术规程》。

7.2.2.2 外加剂性能需求

针对自密实混凝土高流动性、均匀性和稳定性的特殊需求，自密实混凝土对外加剂的性能要求包括：①优异的减水性能和坍落度保持能力，宜选用减水率高、坍落度损失小的高性能减水剂，必要时还需要选择坍落度保持剂；②优异的增稠保水性能，提升骨料与浆体协同运动能力，可选用黏度调节剂、触变剂等；③补偿收缩性能，能够减少混凝土干燥收缩、自收缩，降低自密实混凝土开裂风险，通常选用膨胀剂；④其他性能，包括但不限于延长混凝土凝结时间、优化混凝土气泡结构等，可选用缓凝剂、引气剂、消泡剂等。

7.2.2.3 应用案例

（1）平南三桥钢管自密实混凝土

平南三桥是荔浦至玉林高速公路平南北互通连接线上跨越浔江的一座特大桥，主桥长575米，主拱肋矢高137m，2020年12月28日通车，为当时已建世界最大跨径中承式钢管混凝土拱桥，如图7.7所示。

图7.7　平南三桥

根据设计需求，平南三桥钢管管内混凝土采用C70高性能微膨胀、自密实混凝土，且采用了机制砂骨料，通过4级连续泵送顶升的施工方式，灌注8根拱肋钢管，单根灌注量约950m³。施工过程中需协同解决多个技术难题：①高强混凝土黏度大、泵压高，高压泵后混凝土流动性、自密实性降低；②机制砂批次稳定性差，混凝土流动性损失大、黏聚性波动大；③管内钢结构复杂，内壁密布的法兰、剪力钉要求自密实混凝土应具有良好的间隙通过性和抗离析性，保证混凝土全程泵送压力低、泵送顺利；④灌注后混凝土易收缩，导致混凝土与钢管之间脱空。

基于该自密实混凝土对流动性、稳健性、高远程可泵性和硬化后微膨胀性的特殊要求，使用了减水率大于25%的聚羧酸系高性能减水剂和钙镁复合膨胀剂，其中减水剂中复合使用黏度调节剂（占减水剂质量的2%）和消泡剂（占减水剂质量的0.05%）协同优化自密实混凝土的黏度与气泡结构，采用的高稳健、微膨胀、自密实混凝土配合比见表7.10，减水剂和膨胀剂分开掺加。

表 7.10　管内 C70 自密实混凝土试验配合比　　　　　　　　　　单位：kg/m³

水泥	粉煤灰	硅灰	微珠	砂	小石	中石	膨胀剂	减水剂	水
387	90	24	30	736	407	610	59	12.98	157

现场工况下，C70 自密实混凝土拌合物的流动性大、保水性优、稳健性强，混凝土坍落扩展度为 650～700mm，倒置坍落度筒排空时间为 8～13s，混凝土拌合物未见离析、泌水等和易性不良问题，整个过程泵送压力小于 18MPa，满足施工与设计要求。混凝土拌合物形态及泵后钢管内混凝土拌合物流动性见图 7.8。

 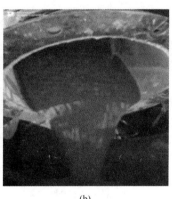

(a)　　　　　　　　　　　　　　　(b)

图 7.8　入泵前混凝土拌合物流动性测试（a）及泵后混凝土自拱顶出浆口流出状态（b）

钙镁复合膨胀剂补偿了自密实混凝土的干燥收缩与自收缩，形成膨胀预压应力，提高钢管混凝土结构承载力。同条件养护试块抗压强度大于 80MPa，管内硬化混凝土密实性效果优，超声波检测波速达 4700m/s，脱空检测合格率 100%，充盈度满足设计要求，如图 7.9 所示。

图 7.9　模拟顶升试验管内混凝土密实情况（剖开面）

（2）深中通道预制钢壳混凝土沉管工程

深中通道是"桥、岛、隧、地下互通"集群工程。其中双向 8 车道的水下隧道是目前世界上最宽的海底沉管隧道。隧道全长 5035m，由 32 个标准管节、6 个非标管节和 1 个水中最终接头组成，单个管节由 2500 多个独立钢仓格构成，如图 7.10 所示。

图 7.10 深中通道钢壳沉管混凝土浇筑现场

沉管管节采用钢-混凝土复合"三明治"结构，钢壳内部灌注强度等级 C50 自密实高性能混凝土。仓格数量多、结构断面净高度较大，且密闭带肋，导致浇筑时混凝土流动路径复杂，因而对混凝土流动性和稳定性要求极高，自密实混凝土拌合物性能控制指标见表 7.11。

表 7.11　深中通道工程钢壳沉管自密实混凝土拌合物性能指标

参数		指标要求				
		初始	15min	30min	60min	90min
填充性	坍落扩展度/mm	650±50				
	扩展时间 T_{500}/s	2～5				
间隙通过性、抗离析性	V 形漏斗通过时间/s	5～15				
	L 型箱 h_2/h_1	≥0.8				
其他	表观密度/（kg/m³）	≤2370				
	含气量/%	≤4				

自密实混凝土对外加剂提出高减水、高保坍和高保水要求，复合型高性能减水剂由聚羧酸高性能减水剂、坍落度保持剂、缓凝剂、触变剂和消泡剂组成。自密实混凝土流动性好，施工期内混凝土拌合物坍落扩展度控制在 650～700mm，泵前泵后混凝土扩展度变化值小于 50mm，含气量变化量小于 1%，泵后混凝土拌合物 V 形漏斗通过时间不大于 12s，混凝土拌合物泌水率小于 0.2%，小仓格内硬化混凝土与钢壳间脱空率小于 3%，混凝土配合比及泵送前后状态见表 7.12 和图 7.11。

表 7.12　钢壳沉管自密实混凝土（强度等级 C50）配合比　　　　　单位：kg/m³

水泥	粉煤灰	矿粉	砂	石子	水	减水剂
275	192	83	804	804	170	6.3

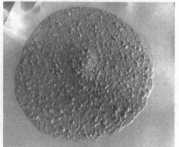

图 7.11　自密实混凝土拌合物入泵前和泵送后状态

7.2.3 喷射混凝土

喷射混凝土（shotcrete 或 sprayed concrete）属于特种混凝土，是借助喷射机械，利用压缩空气或其他动力，将混凝土拌合物通过管道输送并高速喷射到受喷面（岩石壁面、模板、旧建筑物）上快速凝结硬化的一种混凝土。同普通混凝土相比，喷射混凝土能在短时间内形成支护作用，与受喷面具有良好的黏结强度，能够有效地传递剪切应力和拉应力，且无须模具，能够对狭小空间复杂作业面进行施工，机动灵活。因此，喷射混凝土广泛应用于地下工程、薄壁结构、修复加固、耐火工程、防护工程和岩土工程等领域或其他结构的衬砌层以及钢结构的保护层。

7.2.3.1 喷射混凝土施工工艺

根据拌合用水量的多少、速凝剂的掺入方法及投料方式，喷射混凝土的施工工艺可分为干喷工艺（图 7.12）和湿喷工艺（图 7.13）两种。**干喷工艺**采用后加水的方式，混凝土水灰比不易控制，质量稳定性差，回弹量高，施工现场粉尘大，环境恶劣。湿喷工艺采用质量稳定的预拌混凝土，适合强度较高的喷射混凝土施工，现场回弹量低，基本无粉尘，采用机械臂喷射，安全性高。

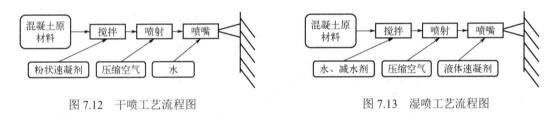

图 7.12 干喷工艺流程图　　　　　　　　　　图 7.13 湿喷工艺流程图

7.2.3.2 外加剂性能需求

喷射混凝土拌合物性能要求如下：①喷射混凝土应具有良好的黏聚性，并应满足工程设计和施工要求；②湿法喷射混凝土拌合物坍落度应为 80～200mm；③引气型湿法喷射混凝土拌合物含气量（在未掺速凝剂前测试）宜为 5%～12%；④当使用碱活性或潜在碱活性骨料时，喷射混凝土中总碱量不应大于 3.0kg/m³。

喷射混凝土力学性能测试试件应采用现场喷射大板、切割并养护至相应龄期的制作方式。1d 龄期的喷射混凝土抗压强度不应低于 8MPa，28d 龄期的抗压强度不应低于 20MPa；喷射混凝土与岩石及混凝土基底的最小黏结强度应符合 GB 50086—2015《岩土锚杆与喷射混凝土支护工程技术规范》的规定，如表 7.13 所示。

表 7.13　喷射混凝土与岩石或混凝土基底的最小黏结强度　　　　单位：MPa

黏结类型	与混凝土的最小黏结强度	与岩石的最小黏结强度
防护作用型	0.5	0.2
结构作用型	1.0	0.8

喷射混凝土耐久性能要求如下：①喷射混凝土的抗渗等级不应小于 P6，当设计有特殊要求时，可通过调整材料的配合比，或掺加外加剂与掺合料配制出高于 P6 的喷射混凝土；②处于有严重冻融侵蚀环境的永久性喷射混凝土工程，喷射混凝土的抗冻融循环能力不应小

于 200 次；③处于侵蚀性介质中的永久性喷射混凝土工程，应采用由耐侵蚀水泥配制的喷射混凝土。

相较于普通混凝土，湿法喷射混凝土须具备喷射前优良的可泵性与喷射中突出的可喷性，其对外加剂的性能要求包括以下几点。

① 促进凝结硬化，能够显著缩短喷射混凝土的凝结硬化时间，提高早期强度，满足地下空间结构支护要求，适应喷射施工工艺需求。

② 改善混凝土工作性，湿喷工艺中需要选用能大幅提高混凝土拌合物的工作性和坍落度保持能力的外加剂，宜选用标准型高效减水剂或高性能减水剂，必要时还需要复合选用坍落度保持剂。如需选用缓凝剂延长混凝土凝结时间达到坍落度保持要求，则应开展缓凝剂同速凝剂的适应性验证试验。

③ 优良的增稠触变特性，可选用硅灰、微珠等微细颗粒以及黏度调节剂、触变剂等外加剂提升混凝土拌合物的黏聚性与稳定性，降低喷射混凝土回弹量。

④ 复杂工况条件下，用于喷射混凝土的外加剂通常还需满足其他性能需求，如提升喷射混凝土强度等。

7.2.3.3 注意事项

在喷射混凝土中，胶凝材料与砂石骨料的质量比称为**胶骨比**。喷射混凝土的胶骨比宜为 1：4.0～1：4.5，胶凝材料用量少时，混凝土回弹量大，胶凝材料用量多时，混凝土收缩大；砂率应在 45%～55%，砂率较低时混凝土回弹量大，砂率高时混凝土收缩增大且强度较低；水灰比宜为 0.35～0.50，可根据混凝土强度要求通过减水剂和胶凝材料组成进行调整。

喷射混凝土的水泥宜采用 P·O42.5 级以上、C_3A 和 C_3S 含量较高的水泥，具有防腐、耐高温要求时可以选择特种水泥；细骨料宜选用细度模数大于 2.5 的中粗砂、机制砂；粗骨料宜选用粒径小于 15mm 的碎石或卵石，其中 10mm 以上不应超过 15%；湿喷工艺混凝土应根据混凝土的水灰比、初始坍落度以及混凝土运输时间选择合适的减水剂以保障喷射施工顺利进行，同时不影响速凝硬化；有碱骨料风险时，应选择无碱速凝剂。强度较高的喷射混凝土（C30 以上）宜选择无碱速凝剂；耐久性要求较高的喷射混凝土也应选择无碱速凝剂。

7.2.3.4 应用案例

（1）武九高速公路高楼山隧道

武九高速公路高楼山隧道全长 12.26km，其出口段 4190m，最大埋深 1680m，是集岩爆、突涌水、溶蚀结晶、岩溶和高地温等多种复杂技术难题为一体的隧道。隧道洞身段埋深 250～860m，通过地层岩性以片岩、变质砂岩为主，围岩等级主要为Ⅲ（占 34%）、Ⅳ（占 53%）、Ⅴ级（占 13%），有高应力分布，且穿越多条断层破碎带（F3、F4），地下水发育，隧道开挖常有局部岩爆和突涌水现象，如图 7.14 所示。标段难点主要为洞口浅埋偏压施工、穿越断层破碎带施工、高地应力岩爆施工和单口掘进长距离通风。因此，为应对该隧道涌水、岩爆与富水等工程技术难题，采用早强型无碱液体速凝剂设计并制备了早高强型 C25 喷射混凝土（速凝剂性能及喷射混凝土配合比见表 7.14 和表 7.15），以满足隧道初支需求，为隧道的快速建设与安全施工提供了强有力保障。

高楼山隧道采用该喷射混凝土后，其 1d 喷射强度可达 23.2MPa，回弹率可控制在 10%

以内，隧道渗水问题得到有效控制，渗水量降低 83.4%；地质监测报告显示，隧道围岩变形量显著降低，隧道界面收敛量明显降低。图 7.15 为喷射混凝土施工效果。

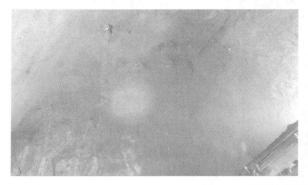

图 7.14　高楼山隧道渗水与溶蚀

表 7.14　无碱液体速凝剂理化性能

型号	碱含量/%	pH 值	固含量/%	凝结时间/min		1d 抗压强度/ MPa	28d 抗压强度比/%	90d 抗压强度比/%
				初凝	终凝			
无碱	0.02	3.1	54.3	1.5	5.4	15.8	102	115

表 7.15　早高强型 C25 喷射混凝土配合比　　　　　　　　　　单位：kg/m³

水泥	砂	碎石	水	减水剂	速凝剂
471	835	835	160	3.77	37.7

注：减水剂为聚羧酸系高性能减水剂，含坍落度保持剂。

图 7.15　高楼山隧道喷射混凝土施工效果

（2）浦梅铁路莲花山隧道

浦梅铁路建宁至冠豸山段正线全长 162km，其中莲花山隧道全长 10.497km，是浦梅铁路中线路最长、施工条件最为复杂的控制性工程。受区域性地质构造影响，莲花山隧道位于断裂构造发育带，沿线地质条件复杂，有 24 处异常风险带，其中 Ⅰ 类异常 5 处、Ⅱ 类异常 19 处；岩体破碎且地下水丰富，在施工过程中易发生崩塌、掉块、突水突泥等风险，现场情况如图 7.16 所示。为解决该隧道围岩自稳定性差、渗水量大等工程技术难题，在优化调整注浆等预处理技术手段的基础上，通过对原材料品质的控制与优化，借助硅灰、膨胀剂的填充密实效应和有碱速凝剂的快速硬化特性，设计并制备了抗渗等级为 P8 的早强型 C25 喷射混凝土，速凝剂性能及混凝土配合比见表 7.16 和表 7.17。

图 7.16　莲花山隧道破碎岩体及地下水

表 7.16　液体有碱速凝剂理化性能

型号	碱含量/%	pH 值	固含量/%	凝结时间/min		1d 抗压强度/MPa	28d 抗压强度比/%	90d 抗压强度比/%
				初凝	终凝			
有碱	15.5	13.1	49.3	2.3	6.2	10.4	82	85

表 7.17　C25 喷射混凝土配合比　　　　　　　　　　　　　　单位：kg/m³

水泥	砂	碎石	水	减水剂	速凝剂
483	816	816	193	4.83	24.2

注：减水剂为聚羧酸系高性能减水剂，含坍落度保持组分。

　　莲花山隧道喷射混凝土终凝时间可控制在 1min 以内，12h 喷射强度可达 14.6MPa，1d 喷射强度 20.7MPa，1d 开挖面沉降量可控制在 10mm，5d 开挖面沉降量可控制在 25mm，14d 开挖面沉降量趋于稳定，回弹率可控制在 15% 以内。实体钻芯抗渗等级达到 P8，满足防水抗渗需求，隧道渗水量显著减少，初支效果的改善，极大地提升了整个隧道的安全建设水平，施工效果见图 7.17。

图 7.17　莲花山隧道喷射混凝土施工效果

7.2.4　大体积混凝土

　　大体积混凝土为混凝土结构物实体最小尺寸不小于 1m 的大体量混凝土，或预计会因混凝土中胶凝材料水化引起的温度变化和收缩而导致有害裂缝产生的混凝土。水电站大坝、高层建筑的基础底板、大型设备基础、桥梁墩台、核电反应堆外壳等混凝土工程，结构尺寸和截面尺寸较大，水泥水化放热产生的温度变化引起较大的温度变形和应力，可能导致混凝土产生裂缝，在混凝土施工过程中须采取措施加以防止[7]。

7.2.4.1　大体积混凝土的性能

大体积混凝土由于水泥水化放热集聚，散热效率低，其芯部温度高（可高达 80～90℃），表面温度低，内外温度差异使表面产生拉应力，当表面拉应力超过混凝土的抗拉强度极限时，混凝土表面产生裂缝。经过一段时间后，大体积混凝土水化放热速率减缓，温度开始下降，体积逐渐收缩，当收缩受到地基和边界等外部约束时，大体积混凝土处于大面积的拉应力状态，此时，表面裂缝极有可能发展为深层裂缝，甚至整个截面全部为受拉区。当该拉应力超过混凝土的极限抗拉强度时，混凝土产生整个截面上的贯穿性裂缝[8-10]。

为减少结构开裂，大体积混凝土应具有以下特性[11]。

① 水化放热少　控制大体积混凝土的水化放热量，可降低芯部最大温度值，减少芯部温度与表层温度差，降低表面拉应力，减少大体积混凝土结构表层开裂。

② 水化放热慢　延缓大体积混凝土放热速度，可延迟芯部温度到达峰值的时间，同等条件下增加了散热量，有利于降低芯部温度峰值，减小里表温差，降低表层和整体拉应力。

③ 凝结时间长　针对一次施工量较大、采用分层浇筑的大体积混凝土，控制凝结时间大于浇筑两层所需施工时间，避免浇筑层间产生施工冷缝。

7.2.4.2　外加剂性能需求

为防止温度裂缝的产生，除了在大体积混凝土结构的构造设计、施工工艺中采取相应的措施以及采用中低热水泥、优选掺合料和集料品种以外，在大体积混凝土制备过程中，选择合适的外加剂也是目前常用的技术手段。

选用减水剂或缓凝型减水剂改善混凝土的工作性，延长混凝土拌合物的凝结时间，方便施工，减少冷缝的产生。可以使用水化温升抑制剂降低水泥水化放热速率，避免早期水化集中放热，在同等散热条件下，降低混凝土结构的温峰，进而降低混凝土温降收缩，如配合适当的散热措施（如冷却水管），抗裂效果更佳。也可以掺加适量的轻烧氧化镁膨胀剂，利用其特有的延迟微膨胀特性来补偿大体积混凝土的温降收缩，保障大体积混凝土体积稳定性，降低温度应力[12]。

7.2.4.3　应用案例

（1）向家坝水电站导流底孔封堵工程

向家坝水电站是金沙江下游河段规划的最末一个阶梯，左岸主体工程预留了 6 个导流底孔，用后需进行混凝土封堵。导流底孔断面为城门洞形式，门洞尺寸为 10m×14m，门洞顶部为圆弧面。导流底孔封堵混凝土结构尺寸大，且为永久建筑物的一部分，正常运行期挡水最高水头（水利水电工程中水头指上游蓄水的水平面至测点位置水面的垂直高度）达 120m，对封堵体的抗滑稳定及防渗要求高，需采取措施减少大体积混凝土温度开裂风险，提升混凝土封堵效果。

除采取三级配混凝土、低温（6～8℃）拌合水以及 1m×1m 间距加密冷却水管降温等措施外，其中 1#、3#和 5#导流底孔最后一段采用外掺氧化镁膨胀剂混凝土进行封堵。1#和 3#导流底孔混凝土设计强度等级为 C25，5#导流底孔混凝土设计强度等级为 C20。按照设计要求，结合室内试验和现场试验，确定 1#和 3#导流底孔封堵混凝土中氧化镁膨胀剂掺量为 4%，5#导流底孔混凝土中氧化镁膨胀剂掺量为 5%。采用减水剂保障混凝土施工性能，采用引气剂提高混凝土抗冻耐久性和抗渗性，混凝土具体配合比如表 7.18 所示。

表 7.18　向家坝水电站导流底孔封堵外掺 MgO 膨胀剂混凝土施工配合比

序号	混凝土设计等级	级配	水胶比	粉煤灰掺量/%	砂率/%	MgO 掺量/%	减水剂/%	引气剂/‰	坍落度/mm	扩展度/mm
1	C25F150W10	三	0.42	25	26	4	0.7	0.4	40～60	—
2	C25F150W10	二	0.42	25	31	4	0.7	0.4	60～80	—
3	C25F150W10	二	0.42	40	43	4	0.8	0.2	160～180	—
4	C25F150W10	二	0.42	30	43	4	0.8	0.2	160～180	—
5	C25F150W10	一	0.45	25	51	4	0.7	0.1	—	650±50
6	C20F100W8	三	0.45	25	27	5	0.7	0.4	40～60	—
7	C20F100W8	二	0.45	25	33	5	0.7	0.4	60～80	—
8	C20F100W8	二	0.42	45	43	5	0.8	0.2	160～180	—
9	C20F100W8	二	0.42	35	43	5	0.8	0.2	160～180	—
10	C20F100W8	一	0.45	30	51	5	0.7	0.1	—	650±50

注：1. 在水利水电工程建设中，C 代表强度等级，F 代表抗冻等级，W 代表抗渗等级。

水利水电工程建设中，常态混凝土指混凝土拌合物坍落度为 10～100mm 的混凝土。（DL/T 5330—2015 《水工混凝土配合比设计规程》）

2. 石子级配比例：常态混凝土（序号 1、2、6、7）中二级配碎石比例为小石：中石=50：50，三级配碎石比例为小石：中石：大石=25：25：50；泵送混凝土（序号 3、4、8、9）中二级配比例为小石：中石=70：30。

现场同步埋设了温度计、无应力计、测缝计、五向应变计等观测仪器，长期观测底孔封堵混凝土的体积稳定性。监测结果表明，底孔封堵混凝土自生体积微膨胀，使新混凝土与老混凝土之间的缝开合度减小，保障了导流底孔封堵质量，测试结果如表 7.19 所示。

表 7.19　导流底孔封堵永久监测仪器和试验段监测仪器结果对比

永久测点			外掺 MgO 膨胀剂试验段测点					
仪器编号	开合度/mm	温度/℃	仪器编号	开合度/mm	温度/℃	仪器编号	开合度/mm	温度/℃
Jd3-1	1.24	18.9	J3dl-1	−0.04	13.4	Jdl5-1	0.20	23.4
Jd3-2	1.14	18.2	J3dl-2	0.43	21.9	Jdl5-2	0.10	23.1
Jd3-3	0.73	18.8	J3dl-3	0.67	22.4	Jdl5-3	0.08	23.7
Jd3-4	1.14	20.2	J3dl-4	0.13	22.2	Jdl5-4	0.28	22.9
Jd3-5	1.40	17.7	J3dl-5	0.29	22.7			
Jd3-6	0.77	20.3	J3dl-6	0.21	21.8			
Jd3-7	1.33	21.5	J3dl-7	0.25	20.6			
Jd3-8	0.83	22.1						
Jd3-9	0.55	18.3						
Jd3-10	1.16	19.6						
最大值	1.33			0.67			0.28	
最小值	0.55			−0.04			0.08	
平均值	1.03			0.28			0.17	

（2）沪苏通长江大桥主塔工程

沪苏通长江大桥是世界首座超千米级（主跨 1092m）公铁两用大型斜拉桥，桥塔为 C60 大体积钢筋混凝土结构，塔壁厚 1.2～4.2m，每次施工高度 6m。

桥塔泵送高强混凝土中胶凝材料用量高、水化放热量大，结构温升、温降及内外温差大，自收缩显著，且内外约束强，竖向结构保温保湿养护难度大，混凝土开裂问题突出。为减少桥塔混凝土开裂现象，采用聚羧酸系高性能减水剂、水化温升抑制剂和钙镁复合膨胀剂，通过配合比优化制备抗裂混凝土，配合比如表 7.20 所示。

表 7.20　塔柱 C60 混凝土配合比　　　　　　　　　　　　　　单位：kg/m³

材料	水泥	粉煤灰	矿粉	减缩抗裂剂	砂	大石	小石	水	减水剂
规格或品种	P·Ⅱ52.5（低碱）	Ⅰ级	S95	TRI+钙镁复合膨胀剂	河砂（中砂）	5～20mm 连续级配碎石		长江水	聚羧酸系高性能减水剂
普通混凝土	270	112	108	0	745	690	297	152	6.37
抗裂混凝土	270	112	68	40	745	690	297	152	6.37

注：TRI 指水化温升抑制剂，参照第 4 章相关内容。

其中，聚羧酸高性能减水剂保障了混凝土的良好流动性，实现超高主塔的泵送施工；复合型减缩抗裂外加剂既显著降低了大体积混凝土内部温峰值，又补偿了大体积混凝土的体积收缩；同时采用混凝土入模温度（不超过 28℃）控制、延长养护时间（带模养护时间不少于 10d）和内设冷却水管等施工措施，桥塔 1.8m 厚的节段部位监测结果表明，混凝土中心最大温升降低了 4.7℃，里表温差降低了 3.6℃；升温期中心和表层混凝土膨胀变形分别增大了 216×10⁻⁶ 和 149×10⁻⁶，降温期中心和表层收缩变形分别减小了 82×10⁻⁶ 和 60×10⁻⁶（图 7.18）。经过一年的观察发现，采用抗裂混凝土的大体积桥塔的收缩裂缝数量平均减少约 80%。

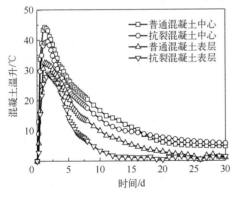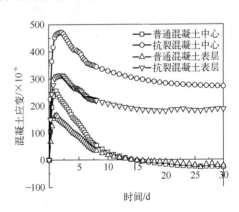

图 7.18　塔柱 1.8m 厚节段混凝土温度和应变历程监测结果

7.2.5　补偿收缩混凝土

补偿收缩混凝土是指由膨胀剂或膨胀水泥配制的自应力为 0.2～1.0MPa 的混凝土。采用补偿收缩混凝土，可以降低由混凝土收缩引起的拉应力，提高结构混凝土抗裂性。补偿收缩混凝土宜用于混凝土结构自防水、工程接缝填充、采取连续施工的超长结构混凝土、大体积混凝土等工程[13]。

7.2.5.1 补偿收缩混凝土的性能

补偿收缩混凝土的关键技术指标是限制膨胀率。根据 JGJ/T 178—2009《补偿收缩混凝土应用技术规程》，补偿收缩混凝土的限制膨胀率应符合表 7.21 的规定。

表 7.21 补偿收缩混凝土的限制膨胀率及混凝土膨胀剂用量

用途	限制膨胀率/%		混凝土膨胀剂用量/（kg/m³）
	水中 14d	水中 14d 转空气中 28d	
用于补偿混凝土收缩	≥0.015	≥-0.030	30～50
用于后浇带、膨胀加强带和工程接缝填充	≥0.025	≥-0.020	40～60

补偿收缩混凝土在设计使用时应根据不同部位进行限制膨胀率取值设计、根据结构长度进行浇筑方式和构造形式的设计。补偿收缩混凝土应用于板梁结构、墙体结构以及后浇带、膨胀加强带等部位的限制膨胀率取值如表 7.22 所示。

表 7.22 补偿收缩混凝土限制膨胀率的设计取值

结构部位	限制膨胀率（水中 14d）/%
板梁结构	≥0.015
墙体结构	≥0.020
后浇带、膨胀加强带等部位	≥0.025

7.2.5.2 外加剂性能需求

补偿收缩混凝土主要采用混凝土膨胀剂实现混凝土可控膨胀变形，同时根据混凝土强度等级、施工方式、凝结时间等需求选用减水剂、坍落度保持剂、缓凝剂等外加剂。补偿收缩混凝土通常采用硫铝酸钙类膨胀剂、硫铝酸钙-氧化钙类膨胀剂或氧化钙类膨胀剂。膨胀剂品种根据工程需要和施工要求事先选择，膨胀剂的掺量根据设计要求的限制膨胀率选用，并应采用实际工程使用的原材料，经过混凝土配合比试验后确定。补偿收缩混凝土浇筑完成后，应加强湿养护以充分发挥其膨胀效能。原材料选择、配合比设计、浇筑与养护等具体要求详见 JGJ/T 178—2009《补偿收缩混凝土应用技术规程》。

7.2.5.3 应用案例

某工程地下一层东西向长 395.6m、南北向宽 135m，呈扇形，总建筑面积约 40515m²，底板最厚达 2.2m，墙板高达 6m，属于典型的超长超大面积的混凝土结构。按照混凝土结构设计规范需要每隔 20～30m 设置伸缩缝，按此规定该工程地下室可能被划分为 40～50 块，大大增加了施工和质量控制难度，并将大幅度延长施工周期。采用补偿收缩混凝土加膨胀加强带的超长结构无缝施工技术，可大幅缩短工期，提升工程质量[14]。

根据 GB 50119—2013《混凝土外加剂应用技术规范》和 JGJ/T 178—2009《补偿收缩混凝土应用技术规程》等的要求，结合该地下工程底板和墙体的实际情况，确定补偿收缩混凝土设计方案（表 7.23）。根据该地下工程底板和侧墙的收缩开裂特征，确定补偿收缩混凝土配合比（表 7.24），其中膨胀剂采用氧化钙类膨胀剂。为了加强补偿收缩混凝土的质量控制，在该工程浇筑现场取样成型限制膨胀混凝土试件，按照 GB/T 23439—2009《混凝土膨胀剂》测试实际工程混凝土膨胀性能，其结果如图 7.19 所示。测试结果表明，现场取样成型的用于底

表 7.23　某地下工程补偿收缩混凝土设计方案

使用部位	混凝土强度等级	抗渗等级	水中 14d 限制膨胀率/%
底板	C35	P6	≥0.02
底板膨胀加强带	C40	P6	≥0.04
侧墙	C40	P6	≥0.02
侧墙膨胀加强带	C45	P6	≥0.04

表 7.24　某地下工程补偿收缩混凝土配合比

使用部位	胶凝材料/（kg/m³）	水泥	矿粉	粉煤灰	膨胀剂	砂率	水胶比	入模坍落度/mm
底板	380	62%	10%	20%	8%	39%	0.42	140±20
底板膨胀加强带	430	63%	10%	15%	12%	38%	0.38	140±20
侧墙	420	77%	0%	15%	8%	38%	0.38	160±20
侧墙膨胀加强带	450	73%	0%	15%	12%	37%	0.35	160±20

板的补偿收缩混凝土试件水中 14d 限制膨胀率为 0.025%，用于底板膨胀加强带的混凝土试件水中 14d 限制膨胀率为 0.041%，用于侧墙的补偿收缩混凝土试件水中 14d 限制膨胀率为 0.030%，用于侧墙膨胀加强带的混凝土试件水中 14d 限制膨胀率为 0.042%，均大于最小限制膨胀率设计值，满足设计要求。补偿收缩混凝土在钢筋限制作用下可以将膨胀能转变成预压应力储存在钢筋中，当水养 14d 后开始干燥时，虽然此时混凝土开始收缩，但是在水养阶段储存起来的膨胀能开始发挥作用，抵消了后期干燥收缩，至 42d 龄期时混凝土试件仍然表现出宏观的膨胀变形，为混凝土结构的抗裂性提供了有力保障。

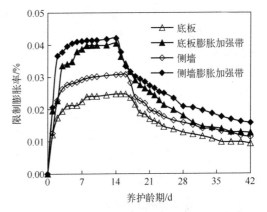

图 7.19　某工程地下一层底板和侧墙现场取样混凝土试件限制膨胀率测试

　　该工程通过应用补偿收缩混凝土加膨胀加强带的超长无缝施工技术，并在施工与养护阶段对混凝土质量进行严格控制，在保证工程质量前提下，有效解决了工期紧张问题。该工程于 2011 年 6 月通过竣工验收，使用至今经雨季高水位浸泡未发现明显裂纹与渗漏现象。

7.2.6　混凝土预制构件

　　混凝土预制构件是以混凝土为基本材料预先在工厂制成的建筑构件，是实现建筑工业化的物质基础。常见的混凝土预制构件有预制混凝土楼盖板、桥梁用混凝土箱梁、工业厂房用预制混凝土屋架梁、地下结构用涵洞框构、地基处理用预制混凝土桩、地铁隧道用混凝土管片等。预制混凝土制品具有生产效率高、质量控制好等显著优点，在房屋建筑、高速铁路、桥梁隧道、地下管网等领域的建设中得到了广泛的应用，是现代混凝土的一个重要发展方向。

7.2.6.1　技术特点

　　典型的混凝土预制构件性能要求如表 7.25 所示，脱模/预应力钢筋放张强度要求较高，高铁后张预应力预制混凝土箱梁甚至张拉强度要求大于设计强度的 80%。

表 7.25 典型混凝土预制构件技术指标要求

序号	种类	脱模/预应力钢筋放张强度	强度等级	耐久性
1	预应力高强混凝土（PHC）管桩	≥45MPa	不低于 C80	抗渗等级≥P12；氯离子含量≤胶凝材料质量的 0.06%；碱含量≤3.0kg/m³
2	高速铁路预制无砟轨道板	≥20MPa	不低于 C60	56d 电通量小于 1000C；干燥收缩不大于 $400×10^{-6}$
3	预制混凝土衬砌管片	吸盘脱模为≥15MPa；其他脱模方式为≥20MPa	不低于 C50	抗渗满足设计要求；氯离子含量≤胶凝材料质量的 0.06%；碱含量≤3.0kg/m³
4	高速铁路后张预应力预制混凝土箱梁	侧模拆除为≥设计强度的 60%；预应力张拉为≥设计强度的 80%	不低于 C50	56d 电通量小于 1000C
5	预应力混凝土电杆	不低于设计强度等级值的 70%	不低于 C50	
6	装配式建筑用预制叠合楼板、楼梯	≥15MPa	不低于 C30	

在混凝土预制构件的生产过程中，模具投入占生产成本的比例很高，为了加快模具周转效率、缩短生产周期，通常采用蒸汽养护或蒸压养护的方式来加速混凝土强度发展。常压蒸汽养护主要用于叠合楼板、楼梯、预制管片、输水管道、电杆等预制构件；高压蒸汽养护主要用于强度要求较高的预制构件，如 PHC 管桩等。与现浇混凝土相比，预制构件在养护过程中需要消耗大量燃煤，增加了碳排放。此外，采用蒸汽高温养护加速水泥水化，会导致水化产物的非均匀分布，孔隙率提高，同时热量使得气固相发生膨胀变形而在混凝土中形成微细裂纹，进而使其脆性增加、后期耐久性降低。因此，提高早期强度，在常温养护条件下缩短脱模时间，从而实现低能耗生产，是混凝土预制构件可持续发展必须解决的问题。此外，预制构件混凝土通常需要具备较好的工作性能与抗收缩开裂性能，保证混凝土基体密实、表面无裂纹与明显气孔，且构件尺寸满足精度要求。

7.2.6.2 外加剂性能需求

为了保证预制构件混凝土具备工作性能优异、早期强度高、基体密实与外形美观等特点，同时实现低能耗制备，除了混凝土配合比优化、施工工艺与材料性能相匹配外，通常采用以下混凝土外加剂技术。

① 宜采用早强型聚羧酸高性能减水剂，在保证混凝土早期工作性能的前提下，缩短凝结时间，提高混凝土早期强度，掺免蒸养型外加剂 24h 抗压强度比≥180%，蒸养型外加剂含气量≤3.0%。

② 对耐久性要求高的混凝土构件宜选用 28d 收缩率比≤110%的高性能外加剂。

③ 在环境温度较低或者不具备蒸汽养护的情况下，可使用纳米晶种型早强剂，12h 混凝土抗压强度比≥180%，快速提升混凝土早期强度，在较短时间内使混凝土达到脱模强度，实现免蒸养和免压蒸制备。

④ 选用合适的消泡剂与脱模剂，保证混凝土基体密实，表面无明显气孔。

7.2.6.3 应用案例

（1）预制混凝土叠合楼板免蒸养制备

叠合楼板是预制和现浇混凝土相结合的一种较好结构形式，由预制薄板与其上部现浇混凝土层结合成为一个整体，具有整体性好、刚度大、抗裂性好、不增加钢筋消耗、节约模板等优点，因此被大量应用于国内装配式建筑中。预制混凝土叠合楼板采用工厂预制的工艺，目前绝大多数采用循环流水线施工工艺，其主要施工工序如图 7.20 和图 7.21 所示。

图 7.20　混凝土叠合楼板及生产线

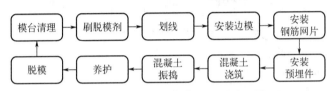

图 7.21　预制混凝土叠合楼板生产工艺

预制混凝土底板的混凝土强度等级不宜低于 C30，预制预应力混凝土底板的混凝土强度等级不宜低于 C40，其性能指标满足 GB 50010—2010《混凝土结构设计规范》、JGJ 1—2014《装配式混凝土结构技术规程》、GB/T 51231—2016《装配式混凝土建筑技术标准》、GB 50666—2011《混凝土结构工程施工规范》的相关要求。典型 C30 混凝土叠合楼板配合比如表 7.26 所示，采用高性能减水剂作为主要外加剂。

表 7.26　典型 C30 混凝土叠合楼板配合比　　　　　　　　　　单位：kg/m³

水泥	粉煤灰	机制砂	碎石	水	高性能减水剂
340	40	785	111	155	3.80

生产线必须采用高精度、高结构强度的成型模具，经自动布料系统把混凝土浇筑其中，经振动工位振捣后送入立体蒸养房进行蒸汽养护。一般情况下，蒸养静停 0.5~1.0h，升温 1~1.5h，恒温 4~4.5h，降温 0~0.5h，蒸养周期 6~7h，当构件强度达到设计强度的 50%以上便可以从蒸养房取出模台，步进至脱模工位进行脱模处理，脱模后的楼板运至堆放场继续进行自然养护。

在使用高性能减水剂的前提下，通过掺入纳米晶种型早强剂可以有效提升叠合楼板混凝土的早期强度，实现免蒸养低能耗制备，如图 7.22 所示。表 7.27 为纳米晶种型早强剂对混凝土早期性能的影响，其中室温为 20℃，混凝土配合比同表 7.26，叠合楼板混凝土的初凝、终凝时间随纳米晶种型早强剂掺量的增加而缩短，在早强剂掺量达到 0.5%时，初凝时间从300min 缩短至 120min，12h 强度从 4.5MPa 提升至 15.2MPa，满足拆模要求。此外，与蒸养组对比，采用纳米晶种型早强剂的混凝土后期强度通常高于蒸养组。

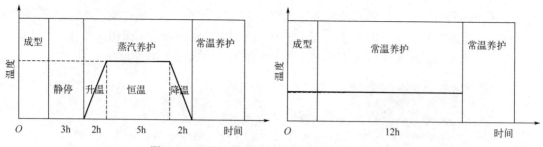

图 7.22 混凝土叠合楼板蒸养与免蒸养工艺对比

表 7.27 免蒸养制备的混凝土性能

组别	纳米晶种型早强剂[①]	高性能减水剂[②]	流动度		初凝时间/min	强度/MPa			
			初始	30min		12h	1d	7d	28d
空白	—	1.0%	200	210	300	4.5	15.9	32.8	42.1
蒸养	—	1.0%	210	210	—	17.0	23.6	31.7	40.2
早强 A	0.25%	1.0%	210	200	185	10.9	18.2	30.8	41.8
早强 B	0.5%	1.0%	220	160	120	15.2	22.5	33.2	43.6

① 早强剂折固掺量占胶凝材料的比例。

② 减水剂按 20%固含量占胶凝材料的比例。

（2）预应力高强混凝土管桩泵送免压蒸制备

预应力高强混凝土管桩（PHC 管桩）是一种优秀的桩基材料，具有质量可靠、施工方便、工期短、桩基抗震性能好等优点，近年来已成为我国水泥制品工业中最具活力、发展最快的产品。预制管桩采用工厂预制的工艺，其主要施工工序包括钢筋绑扎与吊装、模具清理、混凝土生产、浇筑、离心成型、蒸汽养护、蒸压养护和自然养护等，其最终产品形式和具体生产工艺如图 7.23 和图 7.24 所示。

图 7.23 PHC 管桩成品

管桩混凝土的设计强度为 C80 及以上，传统预应力管桩混凝土的配合比如表 7.28 所示，混凝土坍落度控制在 3～5cm，通过人工进行布料施工，每条生产线需要配备工人 4～6 人，且施工效率较低。

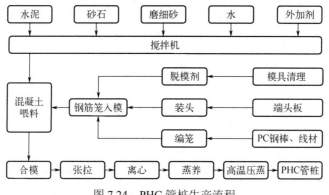

图 7.24　PHC 管桩生产流程

表 7.28　典型开模压蒸工艺管桩混凝土配合比

原材料用量/（kg/m³）						水胶比	砂率/%
水泥	磨细砂	砂	碎石	水	萘系高效减水剂		
315	135	658	1222	144	6.00	0.32	35

　　PHC 管桩生产一般先常压蒸汽养护至混凝土强度满足脱模起吊要求，脱模后再高温高压蒸汽养护至达到设计强度。常压蒸汽养护包括静停、升温、恒温以及降温四个阶段，蒸养静停 0.5～1.0h，升温 1～1.5h，恒温 4～4.5h，降温 0～0.5h，蒸养周期 6～7h，常压蒸养恒温温度一般控制在 85℃。常压蒸汽养护结束后脱模再进入高压蒸汽养护环节，在高温高压条件下，磨细石英砂与氢氧化钙发生反应生成更为密实的水化产物托贝莫来石，从而进一步提升混凝土强度。高压蒸汽养护升温升压 2h，恒温 4～5h，降温降压 1h，蒸养周期为 7～8h，高温高压养护恒温温度控制在 170～180℃，压力为 1.0MPa。PHC 管桩生产过程中，蒸养过程能耗约占管桩生产中总能耗的 90%，据测算单位能耗达到 52kg ce（1kg ce=29.3076MJ），碳排放高，对环境造成了很大的污染，因此采用免压蒸的制备技术具有重大意义，图 7.25 对比了压蒸与免压蒸工艺的养护制度。

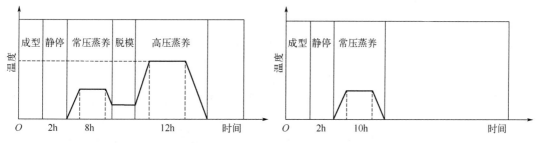

图 7.25　PHC 管桩混凝土压蒸与免压蒸工艺对比

　　实现管桩混凝土泵送布料与免压蒸制备的关键在于提升混凝土流动性以及早期强度，表 7.29 为开模布料压蒸工艺和泵送免压蒸 PHC 管桩混凝土的配合比，表 7.30 为不同工艺的对比，其主要技术措施包括：①采用矿粉、硅灰、磨细粉煤灰等高活性矿物掺合料替代传统磨细石英砂，在常压较低温度下蒸养加速早期水化；②提升砂率，提高混凝土早期流动性与可泵性；③采用早强型高性能聚羧酸减水剂，降低水胶比，提高混凝土早期力学性能。

　　采用泵送免压蒸工艺，管桩混凝土一次蒸养就可以达到 70～80MPa，免去了高压蒸养工艺，降低生产能耗 70%以上。同时，采用泵送免压蒸工艺可以减少工人数量、提高生产效率，同时免去了高压蒸养的高额设备投资与烦琐工艺，社会与经济效益显著。

表 7.29　不同工艺管桩混凝土配合比对比

工艺类型	原材料用量/（kg/m³）								配合比参数	
	水泥	磨细砂	矿粉	砂	碎石	水	高效减水剂	早强型高性能减水剂	水胶比	砂率/%
开模布料压蒸	315	135	—	658	1222	144	6.0	—	0.32	35
泵送免压蒸	315	—	135	755	1133	135	—	4.5	0.30	40

表 7.30　管桩泵送免压蒸工艺对比

项目	开模布料压蒸工艺	泵送免压蒸工艺
胶凝材料	水泥+磨细砂	水泥+矿粉+石膏等
外加剂	萘系高效减水剂	早强型高性能减水剂
布料工艺	人工布料	泵送布料
每条生产线工人数量	6～8 人	2～3 人
工艺参数	85℃蒸养 6h，1MPa、180℃压蒸 6h	85℃蒸养 6h
活性来源	高温高压下的水合反应	胶凝材料水化反应活性激发技术
一次蒸养强度	40～45MPa	70～80MPa
单位产品能耗	52kgce/m³	16.8kgce/m³

7.2.7　超高性能混凝土

超高性能混凝土（UHPC）是指由水泥、掺合料、骨料、增强纤维、外加剂和水等原材料制成的具有超高力学性能、超高抗侵蚀性介质渗透性能和高韧性的水泥基复合材料，其受力开裂后有表观应变硬化或持力软化的行为特征。由于其突出的抗拉、抗压性能和韧性，超高性能混凝土被认为是一种"类钢"材料，且拥有优异的耐久性能，它代表了水泥基材料发展的最新方向，在桥梁工程、国防抗爆工程、薄壁装饰构件、核废料处理等领域具有较好的应用前景。

7.2.7.1　UHPC 的性能特点

超高性能混凝土具有极低水胶比、固体颗粒全级配紧密堆积、高掺量（体积比 2%以上）微细纤维组成特点，具有超高力学性能、优异的韧性、极高密实性、极低渗透性等性能特征，其水胶比低至 0.12～0.24，颗粒堆积密实度高达 0.825～0.855，氯离子扩散系数的数量级在 $10^{-14}m^2/s$。目前，国内与 UHPC 有关的标准有多个，各个标准的性能要求不尽相同。例如，T/CECS 10107—2020《超高性能混凝土（UHPC）技术要求》中按抗压强度和抗拉强度分别将 UHPC 分为 4 个等级，最低抗压强度为 100MPa，最低抗拉强度为 5MPa，如表 7.31 和表 7.32 所示。

表 7.31　超高性能混凝土抗压性能分级

等级	UC1	UC2	UC3	UC4
抗压强度/MPa	$100 \leqslant f_{cu} < 120$	$120 \leqslant f_{cu} < 150$	$150 \leqslant f_{cu} < 180$	$f_{cu} \geqslant 180$

表 7.32　超高性能混凝土抗拉性能分级

等级	UT1	UT2	UT3	UT4
抗拉强度/MPa	≥5	≥5	≥7	≥10
残余抗拉强度/弹性极限抗拉强度	≥0.7	—	—	—
抗拉强度/弹性极限抗拉强度	≥1.00	>1.00	≥1.10	≥1.20
抗拉应变/×10⁻⁶	<1000	≥1000	≥1500	≥2000

注：1. UT1 级代表超高性能混凝土在单轴拉伸试验过程中无显著应变硬化现象或只表现出应变软化现象，UT2、UT3、UT4 级代表超高性能混凝土在单轴拉伸试验过程中表现出不同程度拉伸应变硬化现象。

2. 残余抗拉强度取超高性能混凝土拉伸至拉应变为 1500×10^{-6} 时对应的拉应力。

3. 同一等级中所列指标应同时满足，否则应降级。

T/CBMF 37—2018/T/CCPA 7—2018《超高性能混凝土基本性能与试验方法》中规定 UHPC 抗压强度为 120MPa 以上，如表 7.33 和表 7.34 所示。

表 7.33　抗压性能分级

参数	要求		
	UC120	UC150	UC180
立方体抗压强度 f_{cu} / MPa	$120 \leqslant f_{cu} < 150$	$150 \leqslant f_{cu} < 180$	$180 \leqslant f_{cu} < 210$

表 7.34　抗拉性能分级

参数	要求		
	UT05	UT07	UT10
弹性极限抗拉强度 f_{te} / MPa	≥5.0	≥7.0	≥10.0
拉伸强度 f_{tr} / MPa	≥3.5	—	—
f_{tu} / f_{te}	—	≥1.1	≥1.2
峰值拉应变 ε_{tu} / %	—	≥0.15	≥0.20

注：表中 f_{tr} 为变形达到 0.15% 时对应的拉伸强度；f_{tu} 为抗拉强度。

7.2.7.2　外加剂性能需求

超高性能混凝土的流变性能、干燥收缩特征与普通混凝土差异巨大，对混凝土外加剂提出了极高的要求。用于超高性能混凝土的混凝土外加剂主要具备如下典型特征。

（1）极限减水率高

UHPC 通常采用侧链长、空间位阻大的聚羧酸高性能减水剂，砂浆减水率通常大于 60%，高效分散水泥颗粒的同时，还能较好地分散其他粉体颗粒如粉煤灰、硅灰、矿粉等，最大限度地释放粉体颗粒内部絮凝水，充分提高 UHPC 流动性，满足施工需求。大量减水剂在 UHPC 剧烈搅拌条件下会产生大量气泡，为了控制体系的含气量，避免对强度造成负面影响，必须使用消泡剂。

（2）收缩控制

UHPC 使用的骨料粒径较普通混凝土小，抑制收缩能力弱，且粉体材料粒径更细，水化速率快、水化温升高，造成 UHPC 收缩大。通常采用膨胀剂补偿收缩、减缩剂降低收缩和高吸水树脂内养护抑制收缩方案改善 UHPC 的收缩，降低 UHPC 开裂风险。其中高吸水树脂会显著降低 UHPC 工作性，而减缩剂掺量较高、影响水化，在实际应用中应加以注意。

（3）保障匀质性

均匀分布、高效取向的纤维是提高 UHPC 韧性的关键，这要求 UHPC 必须具有合适的黏度。在拌合 UHPC 时，较低的黏度有利于纤维均匀分散，而在运输、浇筑过程中，较高的黏度有利于维持纤维均匀分散的状态。纤维的形貌及含量不同，适合的黏度不同。有研究认为，在某 UHPC 体系中，适合 1% 和 3% 钢纤维充分分散的黏度分别为 36Pa·s 和 66Pa·s[15]。在减水剂存在的条件下，UHPC 体系的屈服应力和剪切黏度显著降低，在某些级配高度优化的 UHPC 中，黏度往往不能满足纤维充分分散的要求，因此必须采用黏度调控措施，可选的方案包括加入少量黏度调节剂，或者配合比中引入部分无机触变剂，如偏高岭土等。

目前 UHPC 材料主要集中于桥梁建设领域，预制梁、湿接缝、现浇/预制桥面板、结构部位修补加固等场景均有 UHPC 应用实例，国内外已有超过 600 座采用或部分采用 UHPC 的桥梁，此外，UHPC 在市政构件、建筑外墙装饰、特种工程方面也有一定的应用，其应用场景如图 7.26 所示。

图 7.26　桥梁中不同的 UHPC 应用形式（预制梁、预制桥面板和湿接缝）

7.2.7.3　应用实例

南京江心洲长江大桥主桥桥面板是目前世界范围内最大体量(约 11000m³)含粗骨料 UHPC 的单体工程。采用极限减水率高、黏度低的 UHPC 专用减水剂提高胶凝材料的分散性，实现粗骨料、钢纤维 UHPC 拌合物坍落扩展度≥400mm，满足了桥面板预制浇筑成型需求；合理采用高性能混合粉料，搭配膨胀剂，引入粗骨料，实现了弹性模量高于 54GPa，总收缩应变不高于 220×10^{-6}；优化体系黏度，创新施工技术，提高纤维分布均匀性，使材料初裂弯拉强度和极限弯拉强度分别达到 16MPa 和 23MPa 以上。UHPC 材料展示了极佳的结构受力特性，可达 1000 万次以上的疲劳寿命，同时施工性能优异，预制板品质良好，满足工程需求，UHPC 配合比及混凝土性能见表 7.35 和表 7.36，混凝土状态及摊铺施工如图 7.27 所示。

表 7.35　南京江心洲长江大桥 UHPC 材料组成　　　　　　　　　单位：kg/m³

高性能混合胶凝材料（含膨胀剂）	河沙	粗骨料	钢纤维	专用减水剂	水
1074	698	498	197	21.5	160

表 7.36　南京江心洲长江大桥 UHPC 材料性能[16]

抗压强度 /MPa	弹性模量 /GPa	初裂弯拉强度 /MPa	极限弯拉强度 /MPa	断裂能 /（kJ/m²）	收缩变形 /×10⁻⁶
181.0±5.6	56.4±0.7	16.5±0.7	23.5±0.8	30.2	220

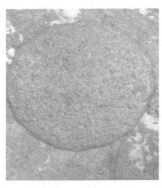

图 7.27　含粗骨料、钢纤维 UHPC 拌合物状态与摊铺施工

7.2.8　严苛施工环境下的混凝土

我国幅员辽阔，疆域广大，东西部、南北方气候特征差异显著，部分地区冬夏、昼夜温差大，相应环境下混凝土的配制、生产与施工技术也不同，如严寒地区的混凝土冬期施工、炎热地区的混凝土高温施工等。

7.2.8.1　冬期施工混凝土

"冬期"是指低温或负温环境下特有的风、霜、雨、雪和冰冻等不利气象条件，对土木工程正常建设造成明显影响的某个时段，与传统意义上的依气象、天文、节气或气候季节法所划分确定的"冬季"概念有所区别。JGJ/T 104—2011《建筑工程冬期施工规程》规定，根据当地多年气象资料统计，当室外日平均气温连续 5d 稳定低于 5℃即进入冬期施工，当室外日平均气温连续 5d 稳定高于 5℃即解除冬期施工。凡进入冬期施工的工程项目，应编制冬期施工专项方案。

（1）冬期施工混凝土的性能

负温环境下，新拌混凝土或处于硬化早期的混凝土中存在的大量游离水、孔隙水将会结冰膨胀；同时，水泥水化速率大幅减慢，甚至停止，混凝土强度发展缓慢，随时间推演，游离水、孔隙水结冰进一步加剧，冰晶膨胀导致混凝土冻胀破坏。冬期施工混凝土在受冻前必须达到受冻临界强度，即受冻以前必须达到的最低强度，否则将对混凝土物理力学性能及其耐久性产生严重影响，因此，受冻临界强度是冬期施工混凝土质量控制的重要指标之一。混凝土工程冬期施工可采用蓄热法、综合蓄热法、广义综合蓄热法（也称负温养护法、防冻剂法）、暖棚法、蒸汽养护法、电加热法等方法，其受冻临界强度根据室外最低气温、养护方式、水泥品种以及混凝土性能而定。JGJ/T 104—2011《建筑工程冬期施工规程》规定了冬期施工混凝土的受冻临界强度指标，如表 7.37 所示。

（2）冬期施工混凝土对混凝土外加剂的性能要求

针对冬期施工混凝土拌合用水量少、冻胀应力小、早强、抗冻的特殊需求，在外加剂的选用上，应重点考虑：①能够显著降低浆体液相冰点，促使冰晶畸变、降低冰晶冻胀应力，通常选用混凝土防冻剂，部分无机盐早强剂在 2%掺量以上时也可以降低冰点；②能够加速水泥水化，提高混凝土早期强度，选用混凝土早强剂，无机盐类早强剂应用较多，部分醇胺类、甲酸盐类有机早强剂亦可使用；③能够改善优化水泥石内部微孔数量和孔结构，提高混凝土抗冻胀和抗冻融破坏能力，通常选用高性能引气剂；④具备减水功能，能有效减少混凝土拌合用水量，通常采用高效减水剂和高性能减水剂。

表 7.37　冬期施工混凝土受冻临界强度的规定

序号	冬期施工混凝土工程采取防冻措施或性能要求	受冻临界强度
1	采用蓄热法、暖棚法、加热法等施工的普通混凝土，采用硅酸盐水泥、普通硅酸盐水泥配制时	不应小于设计混凝土强度等级值的30%
2	采用矿渣硅酸盐水泥、粉煤灰硅酸盐水泥、火山灰质硅酸盐水泥、复合硅酸盐水泥配制时	不应小于设计混凝土强度等级值的40%
3	当室外最低气温不低于−15℃时，采用综合蓄热法、负温养护法施工的混凝土	不应小于 4.0MPa
4	当室外最低气温不低于−30℃时，采用负温养护法施工的混凝土	不应小于 5.0MPa
5	强度等级不低于 C50 的混凝土	不宜小于设计混凝土强度等级值的30%
6	有抗渗要求的混凝土	不宜小于设计混凝土强度等级值的50%
7	有抗冻耐久性要求的混凝土	不宜小于设计混凝土强度等级值的70%

（3）混凝土外加剂在冬期施工混凝土中应用案例

哈尔滨工业大学学生宿舍项目，工程总用地面积 9655.04m²，总建筑面积 77342m²，其中地上建筑面积 63365m²，地下建筑面积 13977m²。该项目的工期紧，冬季施工周期较长，自 2020 年 11 月初开始进入冬季施工，直到 2021 年 4 月初。最低气温为−32℃，项目根据天气实际情况结合混凝土质量保障系数，决定 11 月整月进行冬季施工，温度范围处于−19～0℃之间，需采用冬期施工混凝土。

该项目冬期施工混凝土为 C30 防冻早强泵送混凝土，采用复合型防冻剂与早强剂，通过掺量来调节负温防冻性能，混凝土拌合物坍落度控制在 160～200mm，混凝土配合比及强度结果见表 7.38 和表 7.39。

表 7.38　掺防冻剂 C30 混凝土配合比及抗压强度

强度等级	混凝土配合比/（kg/m³）								负温养护抗压强度/MPa	
	水	水泥	粉煤灰	砂	小石	中石	防冻-减水剂	早强剂	−7d	−7d+28d
C30（−15℃）	175	340	40	710	600	450	34.2	11.4	7.7	31.2
C30（−20℃）	175	340	40	710	600	450	45.6	19.0	8.1	32.6

表 7.39　冬期施工混凝土强度记录表

项目	C30（−15℃）	C30（−20℃）	项目	C30（−15℃）	C30（−20℃）
最大值/MPa	33.6	32.7	平均值/MPa	31.2	32.6
最小值/MPa	30.7	31.2	达设计强度/%	104	108.7

骨料在冬季施工前脱水，采用暖棚加热措施。采用热水拌合混凝土，水温不超过 65℃，热水先与骨料拌合，再加入水泥中。掺防冻剂混凝土搅拌时，搅拌时间比常温延长 50%，从

而保证防冻剂在混凝土中均匀分布，使混凝土强度一致。掺防冻剂混凝土拌合物的出搅拌机温度不低于 10℃，入模温度不低于 5℃。

整个冬季施工非常顺利，没有因为混凝土受冻而影响工程质量，冬季施工质量好，留置的混凝土强度试件，强度满足设计要求。

7.2.8.2 高温气候条件下施工的混凝土

美国混凝土协会编制的报告 ACI 305R-99 *Hot Weather Concreting* 中将"高温气候"定义为较高的环境温度、较高的混凝土温度、较低的相对湿度、较高风速及较强太阳辐射等一种或多种的任意组合。在这种极端环境条件下，现浇混凝土表面水分蒸发和水泥水化速度均会加快，给混凝土施工和硬化性能带来诸多不利影响，如新拌混凝土坍落度损失增大，混凝土凝结时间短，给混凝土振捣、抹面带来困难，混凝土塑性开裂和温度开裂风险增大。较高空气温度、太阳辐射及较低相对湿度再加上风速的增加所造成的不利影响将更为显著。

高温气候条件下施工的混凝土面临的技术难题，通常通过添加外加剂的方法来缓解与解决：①添加坍落度保持剂解决由气温高、水泥水化快造成的新拌混凝土坍落度损失大的问题；②添加缓凝剂延缓混凝土凝结，使混凝土拌合物凝结时间满足可操作施工时间要求；③采用水分蒸发抑制剂抑制混凝土终凝前水分蒸发，采用养护剂进行外保湿养护，采用内养护剂缓解高温干旱条件下混凝土拌合物表面自由水蒸发量大造成的表面龟裂、塑性收缩大、干燥收缩大的问题；④采用减缩剂或具有减缩功能的减水剂，降低混凝土后期干燥收缩，降低开裂风险。

蒙内铁路（Mombasa–Nairobi Standard Gauge Railway，SGR）是非洲大陆上第一条采用中国标准、中国技术和中国装备建造的现代化铁路。铁路沿线部分地区处于高温干旱地区，7～9 月和 1～2 月为旱季，严重干旱缺水，气温达到 36℃ 以上，光照紫外线强烈。工程施工主要难点如下：①高温干旱环境导致新拌混凝土坍落度损失快，易出现开裂问题；②为保证工程质量，混凝土配合比设计强度富余系数较大，水胶比设计较低，且该工程部分标段使用非洲火成岩（表面多孔结构），其形貌如图 7.28 所示，混凝土和易性较差，黏度大。

图 7.28　蒙内铁路 3#标段粗骨料

以 C35 水下桩混凝土为例，其配合比见表 7.40。

表 7.40　C35 水下桩混凝土配合比　　　　　　　　　　　　单位：kg/m³

水泥	粉煤灰	河砂	机制砂	小石	大石	水	减水剂
278	119	424	424	597	398	155	3.97

表 7.40 中"减水剂"为不同减水剂、坍落度保持剂、缓凝剂、黏度调节剂等的复配组合。其中，减水剂为聚羧酸系高性能减水剂，利用其高减水、低收缩性能，达到混凝土低用水量、低干燥收缩、低开裂风险的目的；坍落度保持剂解决机制砂中石粉、多孔骨料无效吸附减水剂带来的流动度损失问题；缓凝剂解决高温条件下水泥水化快、流动度损失大、凝结时间短

的问题；黏度调节剂改善和易性，在大流动度下混凝土具有良好的包裹石子的能力。混凝土性能数据如表 7.41 所示。混凝土和易性良好，黏度低流速快，满足工程施工要求（图 7.29）。

表 7.41　混凝土性能数据

强度等级	坍落度/扩展度/mm		凝结时间/min	
	0min	60min	初凝	终凝
C35	225/620	210/565	575	735

7.2.9　严苛服役环境下的混凝土

混凝土暴露在严苛的环境下性能会逐步劣化，从而直接影响混凝土构筑物的服役性能与寿命，其中海洋与西部盐碱地的氯化物环境、寒区受冻融循环破坏作用下混凝土损伤问题尤为严重，这对重大基础设施可靠性提出了严峻挑战[17]。GB/T 50476—2019《混凝土结构耐久性设计标准》列出了混凝土结构暴露环境类别及劣化机理以及配筋混凝土的环境作用等级，如表 7.42 和表 7.43 所示。

图 7.29　新拌混凝土状态

表 7.42　混凝土结构暴露环境类别

环境类别	名称	劣化机理
Ⅰ	一般环境	正常大气作用引起钢筋锈蚀
Ⅱ	冻融环境	反复冻融导致混凝土损伤
Ⅲ	海洋氯化物环境	氯盐侵入引起钢筋锈蚀
Ⅳ	除冰盐等其他氯化物环境	氯盐侵入引起钢筋锈蚀
Ⅴ	化学腐蚀环境	硫酸盐等化学物质对混凝土的腐蚀

表 7.43　配筋混凝土结构的环境作用等级

环境类别	环境作用等级					
	A 轻微	B 轻度	C 中度	D 严重	E 非常严重	F 极端严重
一般环境	Ⅰ-A	Ⅰ-B	Ⅰ-C	—	—	—
冻融环境	—	—	Ⅱ-C	Ⅱ-D	Ⅱ-E	—
海洋氯化物环境	—	—	Ⅲ-C	Ⅲ-D	Ⅲ-E	Ⅲ-F
除冰盐等其他氯化物环境	—	—	Ⅳ-C	Ⅳ-D	Ⅳ-E	—
化学腐蚀环境	—	—	Ⅴ-C	Ⅴ-D	Ⅴ-E	—

7.2.9.1　抗侵蚀混凝土

抗侵蚀混凝土是指严苛服役环境下可有效抑制混凝土材料内部微结构破坏、减少胶结力下降、阻止钢筋锈蚀的混凝土。

抗侵蚀混凝土主要耐久性技术指标包括抗氯离子渗透性能、抗硫酸盐腐蚀性、抗冻性、抗水渗透性、抗碳化性和钢筋阻锈性能等。现有的设计规范大多通过限定最低混凝土强度等级、最大水胶比、最少水泥用量、最大氯离子含量、最大碱含量等来满足混凝土耐久性指标，如 GB/T 50476—2019《混凝土结构耐久性设计标准》对不同环境作用等级和不同使用年限的钢筋混凝土结构的混凝土配合比要求做了限定，见表 7.44。

表 7.44 不同环境等级下混凝土配合比要求

项目	Ⅰ	Ⅱ	Ⅲ	Ⅳ	Ⅴ
	一般环境	冻融环境	近海或海洋氯化物环境	除冰盐等其他氯化物环境	化学腐蚀环境
最大水胶比	0.55	0.40	0.40	0.40	0.40
最小水泥用量	280	340	340	340	340
最低强度等级	C30	C45	C45	C45	C45
最大氯离子含量	0.3%		0.1%	0.1%	0.15%

CCES 01—2004《混凝土结构耐久性设计与施工指南》（2005 年修订版）规定了 100 年设计使用年限，D 级环境作用程度下，混凝土强度等级不低于 C45，水胶比≤0.40；E 级环境作用程度下，混凝土强度等级不低于 C50，水胶比≤0.36。

不同腐蚀环境的抗侵蚀混凝土除了对混凝土配合比进行优化外，添加功能型化学外加剂也是重要的改善手段。如海工抗侵蚀混凝土，现有的主要技术手段是选用高性能减水剂和矿物掺合料并降低水胶比，提升密实性，从而增强混凝土抗氯离子渗透性；对于腐蚀特别严重的环境，还通过掺入侵蚀抑制剂和钢筋阻锈剂等进一步改善混凝土抗氯离子渗透性和钢筋阻锈性能。对于硫酸盐腐蚀环境，常采用抗硫酸盐水泥来降低硫酸盐对混凝土的腐蚀破坏，此外，也可使用侵蚀抑制剂有效抑制硫酸盐结晶腐蚀或硫酸盐-氯盐耦合等环境腐蚀问题。

（1）青岛某产业园

青岛某产业园，位于青岛市黄岛区，拟建场地原属滨海大陆架区域，后经人工抛石筑坝围堰，前湾港码头航道疏浚港池吹填淤泥、淤泥质土、砂土等而成。桩基与地下室混凝土所处服役环境中 Cl^- 浓度约 40000mg/L，SO_4^{2-} 浓度约 4000mg/L。为解决超高浓度氯盐和硫酸盐对混凝土及钢筋的腐蚀破坏，抗侵蚀混凝土中掺入有机-无机纳米杂化类侵蚀抑制剂和复合胺基醇钢筋阻锈剂，有效提升了混凝土抗介质渗透和钢筋阻锈性能，耐腐蚀混凝土各项指标满足设计与工程需求，混凝土配合比及抗侵蚀性能见表 7.45 和表 7.46。

表 7.45 青岛某工程桩基混凝土配合比 　　　　　　　　　单位：kg/m³

PⅡ52.5 水泥	粉煤灰	矿粉	砂	石	水	减水剂	侵蚀抑制剂 TIA[①]	阻锈剂[②]
192	74.9	174.7	736	1016	123	9.6	30	6.72

① 有机-无机纳米杂化类侵蚀抑制剂。
② 复合胺基醇钢筋阻锈剂。

表 7.46 抗侵蚀混凝土性能

坍落度/mm	扩展度/mm	抗压强度/MPa		D_{RCM}（28d） /（×10⁻¹²m²/s）	抗渗等级	140 次硫酸盐干湿循环抗蚀系数
		7d	28d			
220	520	52.3	65.0	3.2	P10	0.98

针对工程现场同条件成型硫酸盐抗侵蚀混凝土试块，进行了 5%Na₂SO₄ 溶液的干湿循环加速试验，抗硫酸盐侵蚀系数（KS）达到了 140 次循环且抗压强度耐蚀系数≥0.95。基于结果

推测，采用低水胶比和矿物掺合料双掺、混凝土侵蚀抑制剂的技术方案可满足 JTG/T 3310—2019《公路工程混凝土结构耐久性设计规范》中设计年限 100 年对应的抗硫酸盐结晶破坏等级要求。

依据 GB/T 50082—2009《普通混凝土长期性能和耐久性能试验方法标准》，在 5%Na$_2$SO$_4$ 干湿循环［每个循环（24±2）h，即溶液浸泡（15±0.5）h，1h 风干，烘干 6h，冷却 2h；烘干温度 80℃±5℃，冷却温度范围 25～30℃］条件下，混凝土抗侵蚀性能满足设计要求。

（2）重庆某隧道

重庆某隧道通车约两年，仰拱、沟槽、衬砌发生严重腐蚀破坏（路面波浪形拱起），严重威胁结构安全性，引起当地监管部门等的高度重视。地勘结果为 Cl$^-$ 浓度约 50mg/L，SO$_4^{2-}$ 浓度约 1500mg/L，属于严重腐蚀等级，现场腐蚀状况如图 7.30（a）所示。

 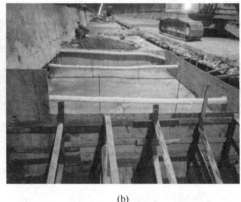

(a)　　　　　　　　　　　　　　　　(b)

图 7.30　重庆某隧道整治前后效果

针对工程现场同条件成型硫酸盐侵蚀抑制混凝土试块，进行了 5%Na$_2$SO$_4$ 溶液的干湿循环加速试验，抗硫酸盐侵蚀系数（KS）达到了 120 次循环且抗压强度耐蚀系数≥0.75。基于测试结果，采用低水胶比和矿物掺合料双掺、混凝土侵蚀抑制剂的技术方案可满足 JTG/T 3310—2019《公路工程混凝土结构耐久性设计规范》中设计年限 100 年对应的抗硫酸盐结晶破坏等级要求。混凝土配合比及抗侵蚀性能见表 7.47 和表 7.48。

表 7.47　重庆某隧道衬砌防腐蚀混凝土（强度等级 C45）配合比　　　　单位：kg/m^3

水泥	粉煤灰	矿粉	砂	石	水	减水剂	侵蚀抑制剂 TIA[①]
225	66.6	159	720.6	1080.9	148.5	5.4	9

①有机-无机纳米杂化材料类侵蚀抑制剂。

表 7.48　重庆某隧道仰拱混凝土耐久性能

循环次数	抗压强度耐蚀系数		结果评定
	平均值	技术指标	
120 次	0.88	≥0.75	合格

7.2.9.2　抗冻混凝土

冻融环境是指混凝土结构或构件经受反复冻融作用的暴露环境。抗冻混凝土是指含水状态下能经受多次冻融循环作用而不破坏、同时强度也不降低的混凝土。混凝土的冻融破坏原因是混凝土中的水结冰后发生体积膨胀，产生静水压力和渗透压力，当压力值超过其抗拉强度时，便使混凝土产生微细裂缝，反复冻融使裂缝不断扩展，最终导致混凝土强度降低直至破坏。冻融破坏是我国东北、西北和华北地区水工混凝土建筑物在运行过程中产生的主要病害之一，除"三北"地区外，华东、华中的长江以北地区以及西南高山寒冷地区均存在此类病害，抗冻混凝土主要应用于这些地区。冻融环境对混凝土结构的环境作用等级按表 7.49 确定。

表 7.49　冻融环境对混凝土结构的环境作用等级

环境作用等级	环境条件	结构构件示例
Ⅱ-C	微冻地区的无盐环境 混凝土高度饱水	微冻地区的水位变动区构件和频繁受雨淋的构件水平表面
	严寒和寒冷地区的无盐环境 混凝土中度饱水	严寒和寒冷地区受雨淋构件的竖向表面
Ⅱ-D	严寒和寒冷地区的无盐环境 混凝土高度饱水	严寒和寒冷地区的水位变动区构件和频繁受雨淋的构件水平表面
	微冻地区的有盐环境 混凝土高度饱水	有氯盐微冻地区的水位变动区构件和频繁受雨淋的构件水平表面
	严寒和寒冷地区的有盐环境 混凝土中度饱水	有氯盐严寒和寒冷地区受雨淋构件的竖向表面
Ⅱ-E	严寒和寒冷地区的有盐环境 混凝土高度饱水	有氯盐严寒和寒冷地区的水位变动区构件和频繁受雨淋的构件水平表面

资料来源：GB/T 50476—2019《混凝土结构耐久性设计标准》。

注：1. 冻融环境按最冷月平均气温划分为微冻地区、寒冷地区和严寒地区，其平均气温分别为-3℃～2.5℃、-8℃～-3℃和-8℃以下。

2. 中度饱水指冰冻前处于潮湿状态或偶与雨、水等接触，混凝土内饱水程度不高；高度饱水指冰冻前长期或频繁接触水或湿润土体，混凝土内高度水饱和。

3. 无盐或有盐指冻结的水中是否含有盐类，包括海水中的氯盐、除冰盐和有机类融雪剂或其他盐类。

（1）抗冻混凝土性能

抗冻混凝土是指抗冻等级不低于 F50 的混凝土，混凝土抗冻性能是抗冻混凝土的核心指标，也是反映混凝土耐久性能的重要指标之一。混凝土抗冻性能测试评价试验基本采用室内加速试验的方法，依据 GB/T 50082—2024《混凝土长期性能和耐久性能试验方法标准》可将常用的试验方法按照冻融的环境划分为"快冻法""慢冻法"和"单面冻融法（盐冻法）"。三种方法都有其各自不同的侧重面，混凝土快冻法更加适合由水的冻结引起的冻融破坏，而混凝土单面冻融法更适用于有盐溶液情况下的冻融破坏，混凝土慢冻法的试验最接近现实情况，但实验过程较慢，耗费时间较多。

① 抗压强度损失率　混凝土抗压强度损失率是慢冻法评估抗冻混凝土抗冻性能的主要评价指标，测试通过一定循环冻融次数后的试件的抗压强度，计算混凝土抗压强度的损失率。一般认为试件抗压强度的损失率大于 25% 时，试件产生破坏。

② 质量损失率　混凝土质量损失率是快冻法和慢冻法都采用的评价手段，测试通过一定循环冻融次数后的试件的剩余质量，计算混凝土质量损失率。一般认为试件质量损失率大于 5% 时，试件产生破坏。

③ 相对动弹性模量　混凝土相对动弹性模量是混凝土快冻法和混凝土单面冻融法的主

要评价指标，测试通过一定循环冻融次数后的试件，混凝土快冻法相对动弹性模量通过测试混凝土横向基频确定，单面冻融法通过超声波相对传播时间确定混凝试件的相对动弹性模量变化。相对动弹模量大于一定数值为合格，其中快冻法要求大于 60%，单面冻融法要求大于 80%。

④ 混凝土冻融耐久性指数（DF） 混凝土冻融耐久性指数（DF）定义为混凝土试件在经 300 次快速冻融循环后的动弹性模量与初始值的比值，如在 300 次循环以前，试件的动弹性模量已降到初始值的 60% 以下或质量损失已超过 5%，则以此时的循环次数 N 计算 DF 值，并取 DF=0.6×N/300。重要工程和大型工程，混凝土抗冻耐久性指数不应低于表 7.50 中技术指标。

表 7.50 混凝土的抗冻耐久性指数 DF　　　　　　单位：%

设计使用年限	100 年			50 年			30 年		
环境条件	高度饱水	中度饱水	含盐环境下冻融	高度饱水	中度饱水	含盐环境下冻融	高度饱水	中度饱水	含盐环境下冻融
严寒地区	80	70	85	70	60	80	65	50	75
寒冷地区	70	60	80	60	50	70	60	45	65
微冻地区	60	60	70	50	45	60	50	40	55

资料来源：GB/T 50476—2019《混凝土结构耐久性设计标准》。

注：对于厚度小于 150mm 的薄壁混凝土构件，其 DF 值宜增加 5%。

（2）抗冻混凝土对外加剂的性能需求

抗冻混凝土通常掺加引气剂来调节混凝土的含气量，引气剂能在混凝土拌和过程中引入大量均匀微小且不连通的气泡，这些气泡阻断了与外界连通的毛细管向内部渗透的通道，能明显改善混凝土的抗冻融能力。同时这些气泡能提供一定的空间，缩短毛细管内液体移动的距离，缓解冻融过程中产生的膨胀压力和毛细孔水的渗透压力，防止混凝土微裂缝的生长，从而提高混凝土的抗冻融能力。为了确保混凝土良好的抗冻性能，混凝土含气量和平均气泡间隔系数需控制在合适的范围内，表 7.51 列出了引气混凝土含气量及平均气泡间隔系数的技术要求。

表 7.51 引气混凝土含气量和平均气泡间隔系数

项目		混凝土高度饱水环境	混凝土中度饱水环境	混凝土含盐环境下冻融
含气量/%	10mm（骨料最大粒径）	6.5	5.5	6.5
	15mm（骨料最大粒径）	6.5	5.0	6.5
	25mm（骨料最大粒径）	6.0	4.5	6.0
	40mm（骨料最大粒径）	5.5	4.0	5.5
平均气泡间隔系数/μm		250	300	200

资料来源：GB/T 50476—2019《混凝土结构耐久性设计标准》。

注：1. 表中含气量：C50 混凝土可降低 1.0%，C60 混凝土可降低 1.5%，但不应低于 3.0%。

2. 表中平均气泡间隔系数：C50 混凝土可增加 25μm，C60 混凝土可增加 50μm。

（3）混凝土外加剂在抗冻混凝土中应用案例

青岛海湾大桥位于胶州湾北部，横跨胶州湾海域，是青岛市道路交通网络布局中胶州湾东西两岸跨海通道的重要组成部分。青岛海湾大桥全长 28.880km，其中海上段桥梁长为 27.089km，是我国最大规模的海湾大桥之一，也是我国北方的第一座特大型桥梁集群工程。胶州湾海水含盐度为 2.94%～3.29%，其海域冬季温度较低，每年有 50 次左右的自然冻融循环。除了海水与冻融的复合作用外，还有冬季桥面撒的除冰盐或融雪剂与冻融的复合作用，因此对青岛海湾大桥混凝土的抗冻性提出了很高的要求。青岛海湾大桥全线结构混凝土都采用了引气剂与高性能减水剂复合，以及磨细矿渣粉与粉煤灰复合的综合技术措施，以保证混凝土具有高抗冻能。

对青岛海湾大桥现场混凝土抗冻性能和抗盐冻性能进行了检测，结果见表 7.52 和表 7.53。经对现场几个标段箱梁混凝土的抽查检测结果表明，箱梁混凝土均具有高的抗冻性和抗盐冻性，满足相关设计指标和标准的要求。

表 7.52　青岛海湾大桥现场混凝土抗冻性检测结果

标段	水胶比	含气量/%	剩余相对动弹性模量/%/质量损失/%						
			0 次	50 次	100 次	150 次	200 次	250 次	300 次
11 合同段	0.30	4.5	100/0	99.9/0.01	99.8/0.03	99.8/0.07	99.5/0.09	99.3/0.11	98.8/0.14
12 合同段	0.32	—	100/0	99.9/0.02	99.7/0.03	99.6/0.06	99.6/0.38	99.3/0.60	99.2/0.63

表 7.53　青岛海湾大桥现场混凝土盐冻试验检测结果

编号	剥落量/（kg/cm²）		
	15 次	30 次	45 次
9 合同段	0.156	0.315	0.556
10 合同段 476	0.134	0.267	0.378
10 合同段 516	0.089	0.144	0.178
11 合同段	0.094	0.176	0.289
12 合同段	0.082	0.111	0.163
混凝土参数：水胶比 0.33，掺合料 40%（其中粉煤灰 10%），含气量 3.2%	0.025	0.054	0.095

哈大高速铁路北起哈尔滨市，南经长春、四平、铁岭、沈阳、辽阳、鞍山、营口，直抵大连，线路全程 921km。这条纵贯东北平原和辽东半岛的客运专线，与既有的哈大铁路实行"客货分线"运营，能有效地缓解沈阳铁路局运输紧张状况，对东北老工业基地振兴和发展具有重要意义。

铁路客运专线预应力混凝土铁路桥箱形简支梁的设计使用年限为 100 年，且钢筋密集，施工时采用泵送工艺，因此，对混凝土原材料及混凝土提出了很高的要求，要求混凝土具有高强度、高流动性和高耐久性，混凝土的设计强度等级 C50～C55，混凝土的坍落度为（200±20）mm，能经受 200 次以上冻融循环。除此之外，对铁路客运专线预应力混凝土铁路桥箱形简支梁的外观质量要求也高，要求外观光亮、颜色均匀一致，表面致密，气泡少，无裂缝。

现场使用混凝土配合比如表 7.54 所示。测试混凝土力学性能和抗冻融性能如表 7.55 所示。现场应用结果表明混凝土拌合物和易性好、可泵性良好。泵送压力为 12～16MPa。成功预制 56 片箱梁，箱梁表面平整光滑，气孔少，无裂缝。

表 7.54　混凝土材料配合比　　　　　　　　　　　　　　　单位：kg/m³

水泥	粉煤灰	矿粉	砂	石	水	外加剂
329	71	71	732	1052	147	4.7

表 7.55　混凝土力学性能和抗冻融性能

立方体抗压强度/MPa			静力受压弹性模量/GPa		冻融循环次数	冻融后相对动弹性模量/%	冻融后相对质量损失率/%
4d	10d	28d	4d	10d			
43.0	52.7	58.8	41.4	44.1	425	62.8	1.5

思考题

1. 根据混凝土的性能需求，请举例说明如何选用外加剂种类。
2. 阐述混凝土外加剂的主要选用原则。
3. 哪些现象表现出减水剂与水泥不相容，相容性主要受哪些因素影响？请分别从水泥和减水剂的角度阐述。
4. 水泥中哪些因素影响速凝剂的使用效果，如何影响？
5. 粉煤灰如何影响外加剂的作用效果，请举例描述。
6. 骨料如何影响外加剂的作用效果？
7. 泵送混凝土拌合物的典型特征是什么？从外加剂的角度谈一谈泵送施工混凝土中外加剂的必要性及作用机理。
8. 自密实混凝土和泵送混凝土有何异同？
9. 简述喷射混凝土湿喷和干喷工艺的优缺点。
10. 冬期施工混凝土和抗冻混凝土对混凝土外加剂的技术需求有何异同点？
11. 从混凝土减缩抗裂的角度，阐述大体积混凝土中为什么选用水化温升抑制材料。
12. 大体积混凝土中外加剂的选用规则是什么？
13. 大体积混凝土和补偿收缩混凝土有何异同，举例说明它们的应用范围。
14. 论述混凝土预制构件免蒸养（压）的必要性和采用外加剂的可行性。
15. 简述 UHPC 对外加剂的要求。
16. 何为冬期施工混凝土，如何通过外加剂来满足冬期施工要求？
17. 高温干旱严苛环境下混凝土施工会带来哪些问题，如何通过外加剂来解决？
18. 从材料和外加剂角度简述如何提升混凝土抗介质侵蚀能力。

参考文献

[1] Plank J, Dai Z, Keller H, et al. Fundamental mechanisms for polycarboxylate intercalation into C_3A hydrate phases and the role of sulfate present in cement[J]. Cement & Concrete Research, 2010, 40(1): 45-57.

[2] Qiao M, Shan G C, Chen J, et al. Effects of salts and adsorption on the performance of air entraining agent with different charge type in solution and cement mortar[J]. Construction and Building Materials, 2020, 242: 118188.

[3] 张建纲. 喷射混凝土用液体速凝剂的水泥适应性研究[J]. 隧道建设, 2010, 30(1): 6-8, 19.

[4] Ng S, Plank J. Interaction mechanisms between Na montmorillonite clay and MPEG-based polycarboxylate superplasticizers[J]. Cement & Concrete Research, 2012, 42(6): 847-854.

[5] 马保国. 新型泵送混凝土技术及施工[M]. 北京: 化学工业出版社, 2006.

[6] 李悦. 自密实混凝土技术与工程应用[M]. 北京: 中国电力出版社, 2013.

[7] 朱伯芳. 大体积混凝土温度应力与温度控制[M]. 北京: 中国水利水电出版社, 2012.

[8] Japan Concrete Institute. Guidelines for control of cracking of mass concrete[S]. Tokyo: Japan Concrete Institute, 2016: 13-15.

[9] Fairbairn E M R, Azenha M. Thermal cracking of massive concrete structures—State of the art report of the RILEM Technical Committee 254-CMS[R]. Cham: Springer International Publishing, 2019: 257-304.

[10] American Concrete Institute. Cement and concrete terminology: ACI 116R-00[S]. Farmington Hills: American Concrete Institute, 2000: 17.

[11] 刘加平, 田倩. 现代混凝土早期变形与收缩裂缝控制[M]. 北京: 科学出版社, 2020.

[12] 中国长江三峡集团公司. MgO 膨胀剂和低收缩高镁水泥的制备及其在大型水电工程中的应用[R]. [S.l.: s.n.], 2015.

[13] 游宝坤, 李乃珍. 膨胀剂及其补偿收缩混凝土[M]. 北京: 中国建材工业出版社, 2005.

[14] 曹国祥, 张守治. 补偿收缩混凝土在京沪高铁南京南站工程中的应用研究[J]. 混凝土, 2013(5): 158-160.

[15] Teng L, Meng W N, Khayat K H. Rheology control of ultra-high-performance concrete made with different fiber contents[J]. Cement and Concrete Research, 2020, 138: 106222.

[16] 刘建忠, 韩方玉, 林玮, 等. 超高性能混凝土制备关键技术及其工程应用实践[J]. 江苏建材, 2019 (3): 16-19.

[17] 孙伟. 现代结构混凝土耐久性评价与寿命预测[M]. 北京: 中国建筑工业出版社, 2015.

专有名词索引

中文	英文	缩写	章节	页码
Stern 层（紧密层）	Stern layer		2.2.3	24
ζ 电势	Zeta potential		2.2.3	25

A

中文	英文	缩写	章节	页码
氨基磺酸盐减水剂	sulfamate water reducer		1.2.1，2.4.1	3, 29
泵送混凝土	pumping concrete		7.2.1	174

B

中文	英文	缩写	章节	页码
比热容	specific heat capacity		4.1.1	79
表观黏度	apparent viscosity		2.1.2	12
表面活性剂	surfactant		5.2.1	110
表面张力	surface tension		5.2.4	117
表面自由能	surface free energy		4.1.2	81
宾汉姆流体	Bingham fluid		2.1.2	12
玻璃化转变温度	glass transition temperature		6.5.1	159
补偿收缩混凝土	shrinkage compensation concrete		7.2.5	187
布朗运动力	Brownian force		2.1.2	17

C

中文	英文	缩写	章节	页码
拆开压力	disjoining pressure		4.1.2	81
超高性能混凝土	ultra-high performance concrete	UHPC	7.2.7	194
高效塑化剂	superplasticizer		1.2.1	3
沉降收缩	settlement		4.1	77
稠度系数	consistency factor		2.1.2	12
触变剂	thixotropic agent		2.6.3	49
触变性	thixotropy		2.1.2	10, 19
传统混凝土	traditional concrete		1.1	2

D

中文	英文	缩写	章节	页码
大体积混凝土	mass concrete 或 massive concrete		4.1.1，7.2.4	77, 184
单硫型水化硫铝酸钙	monosulfoaluminate 或 calcium monosulfoaluminate hydrates	AFm	3.1.2	59
导热系数	thermal conductivity		4.1.1	79
等温吸附方程	isothermal adsorption equation		2.2.2	23
冬期施工混凝土	winter construction concrete		7.2.8	197

E

中文	英文	缩写	章节	页码
额外水灰比	additional water to cement ratio		4.5.3	102

F

中文	英文	缩写	章节	页码
发泡剂	foaming agent		6.3	153
防冻剂	anti-freezing admixture		6.1	146
防水剂	water-repellent admixture		5.5	139
非牛顿流体	non-Newtonian fluid		2.1.2	12

中文	英文	缩写	章节	页码
	G			
钙矾石	ettringite	AFt	3.1.1	54
钙镁复合膨胀剂	calcium and magnesium oxides based expansive agent		4.2.1	84
干喷工艺	dry-mix process		7.2.3	181
干燥收缩	dry shrinkage		4.1，4.1.3	77, 83
高吸水性树脂	super absorbent polymer		4.5.1	98
高效减水剂	high range water-reducing agent		1.2.1，2.4	3, 29
高性能减水剂	high performance water reducer		2.5	33
工作性	workability		2.1.1	8
惯性力	inertial force		2.1.2	18
硅酸二钙	dicalcium silicate 或 belite	C_2S	3.1.1	53
硅酸三钙	tricalcium silicate 或 alite	C_3S	3.1.1	53
硅酸盐矿物	silicate minerals		3.1.1	53
硅酸盐水泥	Portland cement		3	52
	H			
化学收缩	chemical shrinkage		4.1.2	79
化学吸附	chemical adsorption		2.2.2	23
缓凝剂	set retarding admixture		3.2.1	60
回弹率	rebound rate		7.2.3	182
混凝土外加剂	concrete admixture		1	1
活性反应时间	reaction time		4.2.3	88
火山灰材料	pozzolanic material		3.1.1	55
	J			
加速期	acceleration period		3.1.2	57
假塑性流体	pseudo plastic fluid		2.1.2	12
减水剂	water reducer		1.2.1, 2.2.4	3, 28
减缩剂	shrinkage-reducing agent		4，4.3.1	77, 90
减缩率	shrinkage reduction ratio		4.3.3	94
剪切力	shear force		2.1.2	11
剪切黏度	shear viscosity		2.1.2	13
剪切速率	shear rate		2.1.2	11
剪切应变	shear strain		2.1.2	11
剪切应力	shear stress		2.1.2	11
胶骨比	binder-aggregate ratio		7.2.3	182
胶体作用力	colloidal force		2.1.2	17
静电斥力	electrostatic repulsion		2.2.3	25
聚合物乳液	polymer emulsion		6.5	158
聚合物乳液类外加剂	polymer emulsion admixture		6.5.1	158
聚羧酸减水剂	polycarboxylate water reducer 或 polycarboxylate superplasticizer	PCE	1.2.2，2.5.1	5, 33
聚氧乙烯醚	polyethylene glycol 或 polyethylene oxide	PEG/PEO	2.5.1	33
绝热温升	adiabatic temperature rise		4.4.3	97
	K			
开裂	cracking		4	77
抗拉强度	tensile strength		4	77
空间位阻	steric hindrance		2.2.3	27
扩散层	diffusion layer		2.2.3	24

中文	英文	缩写	章节	页码
L				
拉应力	tensile stress		4	77
冷缩	thermal shrinkage		4.1.1	77
离析	segregation		2.1.1	9
里表温差	temperature difference of core and surface concrete		4.1.1	78
链转移剂	chain transfer agent		2.5.1	34
临界胶束浓度	critical micelle concentration	CMC	5.2.1	113
流动性	fluidity 或 flowability		2.1.1	8
流体动力	hydrodynamic force		2.1.2	18
硫铝酸钙类膨胀剂	calcium sulphoaluminate expansive agent		4.2.1	84
硫铝酸钙-氧化钙类膨胀剂	calcium sulphoaluminate-calcium oxide expansive agent		4.2.1	84
铝酸三钙	tricalcium aluminate	C_3A	3.1.1	53
M				
毛细管张力	capillary pressure		4.1.2	81
泌水	bleeding		2.1.1	9
密胺减水剂	melamine water reducer		2.4.1	29
木质素磺酸盐减水剂	lignosulfonate water reducer		2.3	28
N				
萘系减水剂	naphthalene water reducer 或 naphthalene-based water reducer		1.2.1, 2.4.1	3, 29
内养护	internal curing		4.5	98
内养护材料	internal curing materials		4, 4.5	77, 98
黏弹性	viscoelasticity		2.1.2	11
黏度	viscosity		2.1.2	13
黏度调节剂或增稠剂	viscosity modifying admixture	VMA	2.6.2	47
黏聚性	cohesiveness		2.1.1	8
凝缩	setting shrinkage		4.1.2	80
牛顿流体	Newtonian fluid		2.1.2	11
P				
喷射混凝土	shotcrete 或 sprayed concrete		7.2.3	181
膨胀剂	expansive agent		4, 4.2.1	77, 84
膨胀历程	expansion process; expansion history		4.2.3	86
普通减水剂	water reducing admixture		2.3	28
Q				
切动面（滑移面）	shear plane		2.2.3	24
侵蚀抑制剂	erosion inhibitor for concrete		5.4	134
氢氧化钙	calcium hydroxide	CH	3.1.2	55
屈服应力	yield stress		2.1.2	12
R				
热膨胀系数	coefficient of thermal expansion		4.1.1	78
熔剂型矿物	flux-type minerals		3.1.1	53
S				
散热系数	heat transfer coefficient		4.1.1	79
湿喷工艺	wet-mix process		7.2.3	181
收缩	shrinkage		4	77

中文	英文	缩写	章节	页码
	S			
衰退期	deceleration period		3.1.2	59
双电层	electric double layer		2.2.3	24
水化放热速率	hydration heat release rate		4.4.1	95
水化硅酸钙凝胶	calcium silicate hydrate	C-S-H	3.1.2	55
水化温升抑制剂	concrete temperature rise inhibitor		4，4.4.1	77，95
水灰比	water to cement ratio		1.2.1	3
水胶比	water to binder ratio		1.2.1	3
水榴石	hydrogarnet	C_3AH_6	3.1.2	55
水下不分散混凝土	anti-washout underwater concrete		6.4	155
水下不分散混凝土絮凝剂	anti-washout admixture for underwater concrete		6.4	155
速凝剂	flash setting admixture		3.4	70
塑化剂	plasticizer		1.2.1	3
塑形变形	plastic deformation		2.1.2	11
塑性黏度	plastic viscosity		2.1.2	12
塑性收缩	plastic shrinkage		4.1	77
酸醚比	acid to ether ratio		2.5.2	37
	T			
坍落度	slump		2.1.1	10
坍落度保持剂	slump retaining agent		2.6.1	45
坍落扩展度	slump flow		2.1.1	10
弹性	elasticity		2.1.2	11
弹性变形	elastic deformation		2.1.2	11
碳化收缩	carbonation shrinkage		4.1	77
特性吸附	specific adsorption		2.2.3	24
铁铝酸四钙	tetracalcium aluminoferrite	C_4AF	3.1.1	53
	W			
外养护	external curing		4.5	98
弯月面	meniscus		4.1.2	81
围岩等级	surrounding rock grade		7.2.3	182
温度变形	thermal deformation		4.1.1	77
温度收缩	thermal shrinkage		4.1，4.1.1	77
温降收缩	thermal shrinkage		4.1.1	77
稳定期	steady state period		3.1.2	60
稳定性	stability		2.1.1	8
物理吸附	physical adsorption		2.2.2	23
	X			
现代混凝土	modern concrete		1.1	2
限制膨胀	restrained expansion		4.2.2	84
限制收缩	restrained shrinkage		4.2.2	84
相容性	compatibility		7.1.2	168
消泡剂	defoamer		6.2	149
	Y			
阳极抑制	anodic inhibition		5.3.2	127
养护	curing		4.5	98
氧化钙类膨胀剂	calcium oxide expansive agent		4.2.1	84